规划环境影响评价技术方法研究

Techniques and Methods Studies on Planning Environmental Impact Assessment

徐 鹤 主编

白宏涛 王会芝 林健枝 副主编

科学出版社

北京

内 容 简 介

本书在对中国规划环境影响评价进行系统回顾的基础上，从规划环境影响评价法律规章、实践进展、理论研究等方面入手，对中国规划环境影响评价进行了详细、系统的分析研究；重点探讨了不同技术方法在规划环境影响评价中的应用，并结合典型案例，综合阐述了滨海新区战略环境评价的方法学实践经验；探讨了开展规划环境影响评价有效性评估的方法、标准和评估框架，结合案例分析规划环境影响评价的有效性；最后，本书针对当前中国规划环境影响评价发展的问题，提出改善规划环境影响评价效果、促进规划环境影响评价发展的方法和建议，为完善中国规划环境影响评价理论体系、指导未来实践提供思路依据和技术支持。

本书可供环境影响评价、管理科学、规划科学等领域的科技人员、高等院校师生及政府部门有关人员参考。

图书在版编目（CIP）数据

规划环境影响评价技术方法研究/徐鹤主编. —北京：科学出版社，2012
ISBN 978-7-03-034192-1

I. 规… II. 徐… III. 环境规划–环境影响–评价–研究–中国
IV. X820.3

中国版本图书馆 CIP 数据核字（2012）第 082497 号

责任编辑：张 震/责任校对：朱光兰
责任印制：徐晓晨 /封面设计：无极书装

科学出版社出版
北京东黄城根北街 16 号
邮政编码：100717
http://www.sciencep.com

北京京华虎彩印刷有限公司 印刷

科学出版社发行 各地新华书店经销
*
2012 年 5 月第 一 版 开本：B5（720 × 1000）
2015 年 8 月第二次印刷 印张：18
字数：360 000

定价：99.00 元

（如有印装质量问题，我社负责调换）

序

规划环境影响评价是环境保护参与综合决策的有效切入点，2003 年 9 月 1 日《中华人民共和国环境影响评价法》的正式实施是我国环境影响评价发展的里程碑，标志着具有中国特色的规划环境影响评价(以下简称规划环评)制度进入了新阶段。作为与经济社会发展联系最紧密的环境管理制度，规划环评走过了不平凡的历程。

“十二五”是我国落实科学发展观、加快转变经济发展方式、提高生态文明水平的关键时期，对环境保护发挥优化经济发展的作用提出了更高要求。随着“十二五”规划期间国家发展战略的逐步出台，规划环评全面深入政府决策、全程介入规划编制变得更为迫切。规划环评应发挥其调控引导作用，成为指引经济社会持续健康发展的“灯塔”。

环境保护部、国家发展和改革委员会于 2011 年联合发出《关于进一步加强规划环境影响评价工作的通知》，要求认真贯彻落实《规划环境影响评价条例》，更好地发挥规划环评在规划编制和审批决策中的作用，促进经济社会全面协调可持续发展，这对落实规划环评制度、推进“转方式、调结构”具有重要意义。

规划环评是优化产业布局、转变经济发展方式、确保环境与发展相互协调的有效措施。通过规划环评，从决策源头优化资源配置，调整产业结构，推动低碳经济、循环经济发展，最终实现“转方式、调结构”的目标。

规划环评是从源头控制污染、解决区域性和流域性环境问题的重要工具。规划环评可以将环境因素纳入国民经济与社会发展的综合决策之中，可以按照环境、资源的承载能力和容量要求，对区域、流域、海域的重大开发活动、生产力布局、资源配置提出更加科学合理的建议，以保证经济社会健康有序向前发展。

规划环评是践行生态文明、促进我国城市生态化进程的保障手段。我国今后很长一段时间仍将处于城镇化快速推进时期，城市发展的资源、环境约束将继续强化，生态化建设将成为城市发展的必然要求，城市将日益成为我国生态文明建设的重要空间载体。通过规划环评，把环境容量和资源承载力作为城市发展的基本前提，制定和优化城市生态功能区划，搞好城市生态化顶层设计和总体规划。

规划环评的技术方法研究和应用是规划环评有效开展的重要保障。环评法实施以来，我们在规划环评技术方法研究和应用方面取得了一批重要研究成果，积累了宝贵经验。本书的目的就是要将这些成果和经验进一步提炼和总结，以丰富和充实我国规划环评的理论体系，为指导规划环评的实践提供思路依据和技术支持。

朱坦

2012 年 2 月

前　　言

我国2002年通过的《中华人民共和国环境影响评价法》(以下简称《环评法》)首次将政府的规划纳入环境影响评价的范畴，从而确立了规划环境影响评价(以下简称规划环评)的法律地位，标志着我国环境与资源立法步入一个新阶段——力求从决策源头防止环境污染和生态破坏，成为中国环境保护事业又一个重要的里程碑。2009年通过的《规划环境影响评价条例》，为规划层面的战略环境评价提供了具有可操作性的法律依据，为环境决策融入政府宏观决策提供了制度保障，这对提高政府宏观决策的科学性和推动战略环境评价的发展具有举足轻重的意义。

自《环评法》出台以来，各级地方政府及相关部门都因地制宜地制定了规划环评实施的相关方案、法规和技术导则，规划环评的实践试点稳中有序地开展，有关规划环评的研究成果越来越多，研究领域也逐渐扩展。随着研究的深入，研究人员对于规划环评的研究重点，逐步从规划环评的基础理论、制度建设和评价程序转向对规划环评的方法学、指标学的研究，专项规划研究和案例分析也逐渐增多。中国规划环评发展已初具规模，但是作为一项新生事物，规划环评没有现成的经验和发展模式，与国际战略环评发展的实际相似，中国规划环评的发展也面临着理论研究滞后于实践发展的问题。

为全面了解中国规划环评发展现状，有效推进规划环评的发展，南开大学联合国内外环境影响评价领域的科研机构发起“中国战略环境评价学术论坛”，倡议形成制度。论坛创办的原则为学术性、民间性、自发性和非营利性，旨在通过国内外相关领域专家学者、研究人员和技术人员的学术交流，探讨中国战略环境评价的发展现状、瓶颈和发展前景。“中国战略环境评价学术论坛”已成功举办两次，在2009年“首届中国战略环境评价学术论坛”成果的基础上，南开大学协同香港中文大学出版了专著《中国战略环境评价理论与实践》，专著涉及规划环评的理论研究、实践经验、技术方法研究、典型案例研究和能力建设等方面，这些研究成果是《环评法》实施五年来，各领域环境影响评价专家学者理论研究和实践经验的总结。2011年“第二届中国战略环境评价学术论坛”主要针对规划环境影响评价的技术方法、实践领域、导则制定以及制度改进与完善等研究成果展开讨论，论坛还设“低碳与规划环评”专题论坛，重点探讨如何将气候变化因素纳入规划环评中。

规划环评技术方法的研究和应用是“中国战略环境评价学术论坛”探讨的主要内容，同时也是我国规划环评有效开展的重要保障。由于规划环评的时间跨度长、空间范围大，内容上更强调累积影响分析和不确定性评估，所以在技术方法上也提出了很高的要求。目前，我国关于规划环评技术方法的研究，往往脱离规划环评实际，仅提出原则性要求，就方法论方法，技术方法的实用性研究较为薄弱，缺乏关于各种技术方法如何应用于规划环评的探讨，无法对规划环评的实践形成指导。因此，有必要回顾国内外规划环评技术方法的研究成果，结合实际案例分析这些技术方法在我国规划环评实践中的应用现状，提出适用于我国规划环评的主要技术方法。这也是写作本书的出发点和初衷。

本书基于 2003~2010 年中国规划环境影响评价的研究成果和实践经验，在对中国规划环境影响评价进行系统回顾的基础上，同时涵盖各省市环保部门网站数据资料，从中国规划环境影响评价法律规章、实践进展和理论研究等方面入手，对中国规划环境影响评价的发展进行了详细系统的分析研究。在此基础上，从规划环境影响评价技术方法的应用研究出发，重点探讨不同领域专项规划环境影响评价的技术方法应用和指标体系研究，并对主要评价方法的应用研究进行深入分析，提出规划环评发展的瓶颈和方向，为完善中国规划环境影响评价理论体系、指导未来规划环境影响评价的实践提供思路依据和技术支持。

本书内容主要分为 7 章。第 1 章介绍中国规划环评的发展及相关理论、规划环评的内涵和工作程序；第 2 章从中国规划环评法律规章、理论研究、实践进展等方面出发，对中国规划环评的现状及进展进行详细系统的分析研究；第 3 章探讨国内外规划环评技术方法的研究和应用，并系统阐述规划环评不同阶段常用的技术方法以及方法的应用；第 4 章结合案例研究，重点分析规划环评技术方法在不同层次和行业的应用和研究(其中包括指标体系分析法、情景分析法、系统动力学分析方法、第二代法规空气质量模式、噪声地图法、生态学评价方法、循环经济分析方法、费用效益分析方法、低碳分析方法等在规划环评中的应用研究)；第5章结合典型案例，综合介绍滨海新区规划环评的方法学实践经验；第 6 章研究开展规划环评有效性评估的标准、方法和评估框架，并进行了规划环评有效性的案例分析；第 7 章针对当前中国规划环评发展的问题，提出改善规划环评效果、促进规划环评发展的方法和建议。

本书主要着墨于规划环评技术方法的应用研究，同时指出，规划环评的不断发展不仅需要科学的方法指导和技术分析，还需要结合其所处的社会、文化、行为背景以及制度结构，特别需要政府和相关部门的协调合作，这应当是未来中国规划环评努力的方向之一。

本书由南开大学的徐鹤教授主持编写并统稿。白宏涛、王会芝、林健枝作为副主编参与部分章节的编写工作。参与本书编写工作的人员(排名不分先后)还包括陈永勤、吴婧、田丽丽、汲奕君、禤雪坚、冯晓飞、刘佳、王絮絮、丁洁、杨颖、冯晗、高颖楠、陶以军、李文超、游添茸、彭靓宇和杨瑶等。在此，我们向所有为本书付出努力的人员表示诚挚的感谢。

本书在编写过程中参考了不少相关领域的文献，引用了国内外许多专家和学者的成果以及图表资料，谨此向有关作者致以谢忱。本书的出版也得到了香港研究资助局(RGC)项目(CUHK445809)、南开大学基本科研业务费项目(65012501，65011931)及天津市科技计划项目(09ZCGHHZ00700)的资助。

限于我们的知识修养和学术水平，本书难免存在一些不足和疏漏之处，恳请专家、学者及广大读者批评和指正。

徐鹤

2012年1月

目　　录

第1章 绪　　论

1.1　规划环境影响评价概述

规划环境影响评价(以下简称规划环评)指在规划编制阶段，对规划实施后可能造成的环境影响进行分析、预测和评价，提出预防或者减轻不良环境影响的对策和措施的过程。在我国，“规划”和“计划”没有明确的界限，因此单从字面上区别这两个词很困难，现在比较公认的办法是把它们统称为规划环评。就其功能、目标和程序而言，规划环评是一种结构化的、系统的、综合性的过程，用以评价规划及其替代方案的环境效应，通过评价将结果融入制定的规划，或单独提出并将成果体现在决策中，以保障可持续发展战略落实在规划中。

2003 年《中华人民共和国环境影响评价法》(以下简称《环评法》)的实施，正式确立了中国规划环境影响评价的法律地位，明确要求对土地利用、区域、流域、海域和 10 个专项规划进行环境影响评价，这是对中国环境影响评价制度的重大完善。

规划环评制度的核心和宗旨是将环境因素纳入决策制定的范畴，它是联系环境和发展的纽带，是实施综合决策、实现可持续发展的途径与手段。主要功能表现在以下四个方面。

(1) 规划环评着眼于消除长期的、广域范围的环境影响。规划环评具有跨地区和跨部门的性质，在开展过程中能综合考虑区域范围内的环境影响并协调部门间的工作，使规划决策更具科学性，对保护区域环境具有重要的作用。

(2) 规划环评有助于保证决策与环境政策、法规的协调。长期僵化的计划经济体制，导致条块和部门分割，地方和部门闭门造车，使得各种规划之间矛盾重叠。通过规划环评能够搭建一个平台，将社会、环境和经济作为一个整体进行综合性考虑，强调各地和各部门发展规划的协调性和均衡性，使资源分布和生态功能区域的划分更加科学。

(3) 规划环评考虑规划区域内的环境累积影响。通过规划环评，能够设定整个区域的环境容量，限定区域内的排污总量，从而将区域经济发展规模控制在生态环境容量许可的范围内。规划环评的早期介入，从更高层次来分析决策的环境影响，同时对决策和决策下层项目进行合理的分析，指导未来项目的开展。

(4) 规划环评促进政务公开和公众参与。规划环评能为公众提供范围更广、层次更高的平台，使公众能及早地对关涉他们切身利益的发展规划享有知情权与发言权。规划环评对协调政府、企业和公众的环境权益具有非常积极的意义，可以有效推进政府决策的民主化和科学化。

我国规划环评是在政策法规制定之后、项目实施之前，对有关规划进行科学评价，内容涉及土地利用、区域、流域、海域开发建设，与工业、农业、畜牧业、林业、能源、水利、交通、城建、旅游和自然资源开发等主要经济发展部门相关。根据我国《环评法》的规定，需要开展环境影响评价的规划主要包括以下两类。

(1) 专项规划。专项规划环境影响评价，一般指规划的范围或者领域相对较窄，内容比较专的规划，包括工业、农业、畜牧业、林业、能源、水利、交通、城市建设、旅游和自然资源开发的有关专项规划。专项规划一般可以分为指导性的专项规划和非指导性的专项规划。对专项规划中的非指导性规划，需要编写环境影响报告书；对专项规划中的指导性规划，需要编写规划实施后的环境影响的篇章或者说明。

(2) 综合规划。综合性规划，并不是所有的综合规划，而是综合规划的一部分，即土地利用有关规划，区域、流域、海域建设、开发利用规划。土地利用有关规划，从习惯上看，其范围应当包括土地利用总体规划等土地利用规划。土地利用总体规划指在一定区域内，根据国家社会经济可持续发展的要求和当地自然、经济、社会条件，对土地开发、利用、治理、保护在空间上和时间上所作的总体安排和布局，是国家实行土地用途管制的基础，具有综合性、长期性(期限一般为15 年)、战略性和强制性等特点。

土地利用有关规划，区域、流域、海域的建设、开发利用规划要求编写规划实施后有关环境影响的篇章或者说明，对一些比较重要、实施后对环境影响比较大的规划，用“篇章”的形式；对一些重要性较弱、实施后对环境影响相对较小的规划，可以用“说明”或者“专项说明”的形式。

《环评法》规定国务院有关部门、设区的市级以上地方人民政府及其有关部门，对其组织编制的土地利用的有关规划，区域、流域、海域的建设、开发利用规划，应当在规划编制过程中进行环境影响评价，编写该规划有关环境影响的篇章或者说明。规划有关环境影响的篇章或者说明，应当对规划实施后可能造成的环境影响做出分析、预测和评估，提出预防或者减轻不良环境影响的对策和措施，作为规划草案的组成部分，一并报送规划审批机关。未编写有关环境影响的篇章或者说明的规划草案，审批机关不予审批。需要提交环境影响篇章或说明的规划见表1-1。

《环评法》还规定国务院有关部门、设区的市级以上地方人民政府及其有关部门，对其组织编制的工业、农业、畜牧业、林业、能源、水利、交通、城市建设、旅游、自然资源开发等专项规划(以下简称专项规划)，应当在该专项规划草案上报审批前，组织进行环境影响评价，并向审批该专项规划的机关提供环境影响报告书。专项规划中的指导性规划，按照《环评法》第七条的规定进行环境影响评价。报批时需要提供环境影响报告的规划见表1-2。

表1-1 编制环境影响篇章或说明的规划的具体范围

规划	范围
土地利用的有关规划	设区的市级以上土地利用总体规划
区域的建设、开发利用规划	国家经济区规划
流域的建设、开发利用规划	(1)全国水资源战略规划； (2)全国防洪规划； (3)设区的市级以上防洪、治涝、灌溉规划
海域的建设、开发利用规划	设区的市级以上海域建设、开发利用规划
工业指导性专项规划	全国工业有关行业发展规划
农业指导性专项规划	(1)设区的市级以上农业发展规划； (2)全国乡镇企业发展规划； (3)全国渔业发展规划
畜牧业指导性专项规划	(1)全国畜牧业发展规划； (2)全国草原建设、利用规划
林业指导性专项规划	(1)设区的市级以上商品林造林规划(暂行)； (2)设区的市级以上森林公园开发建设规划
能源指导性专项规划	(1)设区的市级以上能源重点专项规划； (2)设区的市级以上电力发展规划(除流域水电规划)； (3)设区的市级以上煤炭发展规划； (4)油(气)发展规划
交通指导性专项规划	(1)全国铁路建设规划； (2)港口布局规划； (3)民用机场总体规划
城市建设指导性专项规划	(1)直辖市及设区的市级城市总体规划(暂行)； (2)设区的市级以上城镇体系规划； (3)设区的市级以上风景名胜区总体规划
旅游指导性专项规划	全国旅游区的总体发展规划
自然资源开发指导性专项规划	设区的市级以上矿产资源勘查规划

表1-2 需要编制环境影响报告书的规划的具体范围

规划	范围
工业的有关专项规划	省级及设区的市级工业各行业规划
农业的有关专项规划	(1)设区的市级以上种植业发展规划； (2)省级及设区的市级渔业发展规划； (3)省级及设区的市级乡镇企业发展规划
畜牧业的有关专项规划	(1)省级及设区的市级畜牧业发展规划； (2)省级及设区的市级草原建设、利用规划

续表

规划	范围
能源的有关专项规划	(1) 油(气)田总体开发方案; (2) 设区的市级以上流域水电规划
水利的有关专项规划	(1) 流域、区域涉及江河、湖泊开发利用的水资源开发利用综合规划和供水、水力发电等专业规划; (2) 设区的市级以上跨流域调水规划; (3) 设区的市级以上地下水资源开发利用规划
交通的有关专项规划	(1) 流域(区域)、省级内河航运规划; (2) 国道网、省道网及设区的市级交通规划; (3) 主要港口和地区性重要港口总体规划; (4) 城际铁路网建设规划; (5) 集装箱中心站布点规划; (6) 地方铁路建设规划
城市建设有关专项规划	直辖市及设区的市级城市专项规划
旅游的有关专项规划	省及设区的市级旅游区的发展总体规划
自然资源开发有关专项规划	(1) 矿产资源:设区的市级以上矿产资源开发利用规划; (2) 土地资源:设区市级以上土地开发整理规划; (3) 海洋资源:设区市级以上海洋自然资源开发利用规划; (4) 气候资源:气候资源开发利用规划

1.2　规划环境影响评价工作程序

规划环境影响评价的工作程序是指“准备阶段—编制阶段—反馈阶段—跟踪管理阶段”的全过程。评价机构在接受委托后，开展规划环境影响评价工作的步骤包括规划分析、现状调查、筛选识别、预测评价、提出减缓措施、开展跟踪评价等几部分，这部分内容由评价机构负责完成，《规划的环境影响评价技术导则(试行)》(HJ/T130—2003)中推荐的工作程序指的就是这方面的内容。

中国《规划环境影响评价技术导则(试行)》推荐了一套规划环境影响评价技术程序(图 1-1)，并对每一步骤的工作内容进行了详细的阐述。

按照《规划环境影响评价技术导则(试行)》推荐的程序，当前规划环评的主要步骤和内容包括规划分析、现状调查、分析与评价、筛选与识别、预测、分析与评价、确定较优方案、提出减缓措施和跟踪评价与环境管理几个部分。

此外，为适应新形势下环境保护工作的需要，进一步提高规划环评的科学性、规范性和有效性，环境保护部根据现行导则实施以来规划环评技术和方法的进展情况，组织了对《规划环境影响评价技术导则(试行)》的修订工作，2009 年《规划环境影响评价技术导则》发布征求意见稿。正式导则出台后，规划环评的工作程序以新导则为准。

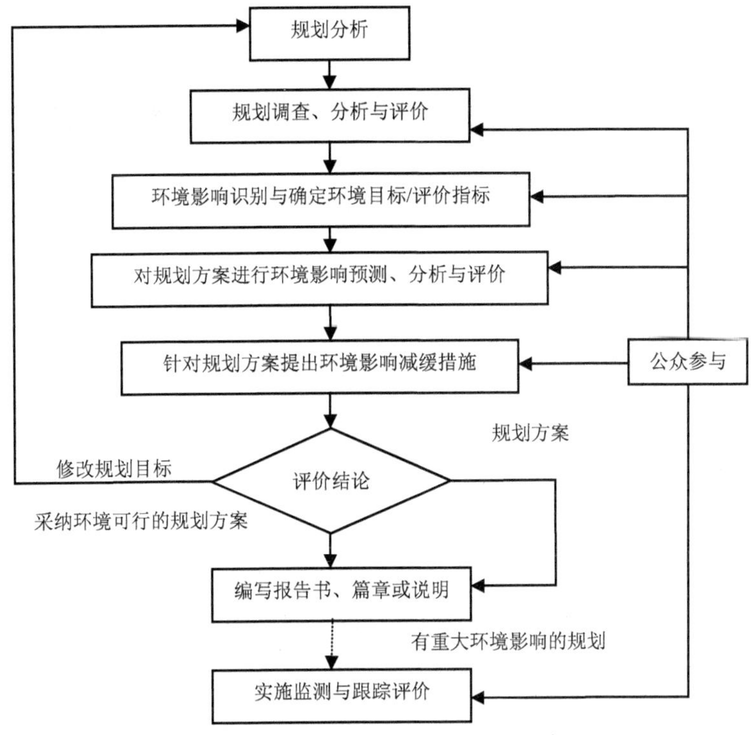

图 1-1　规划环境影响评价工作程序

第 2 章　中国规划环境影响评价实践

2.1　规划环境影响评价法律规章

2.1.1　国家部门规划环境影响评价法律规章

2003 年 9 月 1 日生效的《环评法》，确立了规划层次规划环境影响评价的法律效力。《环评法》实施后，为配合指导规划环境影响评价的实施，促进规划环境影响评价的科学化和规范化，环境保护部组织编制颁发了各项配套法规。

2003 年国家环境保护总局颁发了《规划环境影响评价技术导则(试行)》和《开发区区域环境影响评价技术导则》，以贯彻《环评法》，规范、指导规划区域环境影响评价，导则规定了规划环境影响评价开展的技术方法和程序等。同年，为了规范专项规划环境影响报告书的审查，保障审查的客观性和公正性，国家环境保护总局颁布了《专项规划环境影响报告书审查办法》和《环境影响评价审查专家库管理办法》。

2004 年国家环境保护总局会同有关部门发布了《编制环境影响报告书的规划的具体范围(试行)》和《编制环境影响篇章或说明的规划的具体范围》，规定了规划环境影响评价的具体领域和范围。

2005 年国务院出台的《国务院关于落实科学发展观加强环境保护的决定》，强调“必须依照国家规定对各类开发建设规划进行环境影响评价……对环境有重大影响的决策，应当进行环境影响论证”，要求各类开发建设规划必须依照国家规定进行环境影响评价，各级环境保护行政主管部门负责召集有关部门代表和专家对各类开发建设规划的环境影响评价文件进行审查，进一步强化了规划环境影响评价在政府决策中的重要地位和作用。

2006 年国家环境保护总局颁布了《环境影响评价公众参与暂行办法》（以下简称《暂行办法》）。《暂行办法》第四章明确了公众参与专项规划环境影响评价的权利、具体范围和程序，建议土地利用的有关规划单位，区域、流域、海域的建设、开发利用规划的编制机关积极开展公众参与活动。2007 年，国家环境保护总局公布了《环境信息公开办法(试行)》，明确了环境信息公开的主体，详细规定了环境信息公开的范围和方式，并且建立了相应的考核制度和问责制，在环境保护领域增加了公众参与的机会。

2007 年国家环境保护总局加快推进 9 个专门领域(煤炭矿区、土地利用、流域建设及开发利用、矿产资源开发等)的规划环境影响评价技术导则的制定工作，其中铁路、地下水、公路、煤炭等 4 项的导则制定工作已完成，如 2009 年 3 月环境保护部颁发了《规划环境影响评价技术导则 煤炭工业矿区总体规划》，为煤炭工业矿区总体规划环境影响评价，煤、电一体化，煤、电、化工一体化等专项规划环境影响评价中的煤炭开发规划环境影响评价提供技术支持。

2008 年环境保护部制定了《环境保护部机关“三定”实施方案》，明确将规划环境影响评价列入职责之中，规定对重大经济和技术政策、发展规划以及重大经济开发计划进行环境影响评价。其中提到开展政策环境影响评价的要求，这是对现有规划环境影响评价制度的一种突破和尝试。

2009 年 3 月，环境保护部批准《规划环境影响评价技术导则　煤炭工业矿区总体规划》为国家环境保护标准；同年 8 月 12 日，《规划环境影响评价条例》(以下简称《条例》)在国务院第 76 次常务会议上通过，并于 2009 年 10 月 1 日起施行。《条例》在《环评法》的基础上，进一步完善规划环境影响评价程序，明确实施主体，落实相关方的责任和权利，从而保障《环评法》关于规划环境影响评价的规定得到更好的实施。该《条例》要求将区域、流域和海域生态系统整体影响作为规划环境影响评价的着力点，将经济效益、社会效益与环境效益的统筹作为推进规划环境影响评价的关键点，有利于从决策源头防止由于生产力布局和资源配置不合理造成的环境问题，也有利于在机制体制层面促进经济、社会与环境的全面协调可持续发展，同时，这也标志着环境保护参与综合决策进入了新阶段。

2009 年年底，环境保护部先后发布了《规划环境影响评价技术导则 林业规划(征求意见稿)》、《规划环境影响评价技术导则 土地利用总体规划(征求意见稿)》及《规划环境影响评价技术导则 城市总体规划(征求意见稿)》，规划环境影响评价所涉及的范围更加全面，并且所依赖的条款制度也愈加完善。

《环评法》要求对“一地、三域、十个专项”等规划进行环境影响评价，其中涉及部门行业较多，单一的法规难以适应不同性质部门和行业的规划环境影响评价的开展。此外，规划关乎利益的调整与分配，是不同级别、不同地区政府以及部门共同具有的职权，部门之间利益权衡使得各部门“各司其职”的同时力求本部门的发展。鉴于此，一些部门以《环评法》为基础，针对本部门规划的特点出台了一些实施方案和法律规章(表 2-1)，与此同时，不同部门也着手推动规划环境影响评价实践的开展，国家发展和改革委员会加强了对区域规划、工业和能源类指导性规划环境影响评价的编写；住房和城乡建设部将环境保护和环评作为城乡规划的重要内容；铁道部“十一五”规划环境影响评价探索了部门联合审查规划环境影响评价的模式；交通运输部和国土资源部等部门对本部门规划环境影响评价的范围、评价内容和方法等作了明确的规定。

表 2-1 不同部门规划环境影响评价的法律规章

部门	颁布时间	法律规章	主要内容
交通部	2004 年 8 月	《关于交通行业实施规划环境影响评价有关问题的通知》	规定了交通规划环境影响评价的范围，如国、省道公路网规划、主要港口总体规划和流域内河航运规划需编制环境影响报告书。规定了从事交通规划环境影响评价单位的资质
国土资源部	2005 年 12 月	《省级土地利用总体规划环境影响评价技术指引》	对土地规划环境影响评价的目的、原则、内容、方法和成果要求作了明确的规定
水利部、能源部	2006 年 10 月	《江河流域规划环境影响评价规范》	规定了对流域、区域水资源开发利用规划和专项水利规划开展环境影响评价的技术方法等。明确江河流域规划的适用范围和原则、公众参与的内容
中央军事委员会	2006 年 3 月	《中国人民解放军环境影响评价条例》	要求军级以上单位有关主管机关组织编制涉及军用土地利用的规划，进行环境影响评价，并规定了环境影响评价的内容和审批要求

2.1.2 地方规划环境影响评价法律规章

在地方层次，从 2003 年《环评法》实施到 2005 年年底的两年多时间里，全国有上海、北京、天津、河北、山东、山西、内蒙古以及大连、深圳、杭州等地以不同形式出台了开展规划环境影响评价工作的有关配套规定。例如，上海市政府于 2004 年 5 月发布了《上海市实施〈中华人民共和国环境影响评价法〉办法》，明确规定了由市政府及其有关行政管理部门审批的规划，应在规划上报审批的同时提交环境影响评价文件，并由市环保局组织专家审查，以及审查专家选取的原则，规定了规划环境影响评价的惩罚细则和相关责任，这是我国第一部地方性规划环境影响评价规定。河北省政府 2005 年 4 月发布了《河北省人民政府办公厅关于进一步做好规划环境影响评价工作的通知》，并组织专家对邢台城市总体规划实施后可能造成的环境影响进行了分析。

2005 年，国务院出台了《国务院关于落实科学发展观加强环境保护的决定》，提出深入开展规划环境影响评价工作的要求，促进环境优化经济增长，从决策源头防止环境污染和生态破坏，有效控制新增污染。之后，全国大部分地方政府及其环境保护行政主管部门陆续出台了规划环境影响评价相关的配套规章。《环评法》实施后我国不同地区出台的规划环境影响评价相关规章见表 2-2。全国各地政府都以不同形式出台了规划环境影响评价的相关规章文件，对规划环境影响评价的实施方案、技术方法和管理规章等方面作了明确规定，有效推动了当地规划环境影响评价的开展。

表 2-2 不同地区规划环境影响评价的配套规章

省(自治区、直辖市)	颁布时间	法规规章	主要内容
上海	2004 年 5 月	《上海市实施〈中华人民共和国环境影响评价法〉办法》	明确了对规划环境影响评价文件编制机构的要求；严格规范规划环境影响评价文件的审查；鼓励对有关区域开发、产业发展、资源开发利用等方面的政策开展环境影响评价
	2006 年 8 月	《上海市人民政府关于贯彻〈国务院关于落实科学发展观加强环境保护的决定〉的意见》	要积极推行规划和政策的环境影响评价，对相关政策开展环境影响论证，从决策源头预防污染
	2008 年 11 月	《关于开展环境影响评价公众参与活动的指导意见(暂行)》	PEIA 和 REIA 报告书编制过程中的公众参与，原则上按照环境保护部的相关规定执行。评价机构应在公众参与开展前和环境保护主管部门就公众参与方式和内容进行沟通
	2011 年 5 月	《关于印发〈上海市建设项目及规划环评文件编制格式要求(试行)〉的通知》	上海市建设项目及规划环境影响评价文件编制格式要求(试行)范例(以建设项目环境影响评价文件为例)
北京	2004 年 2 月	《北京市环境保护局关于加强环境影响评价资格证书管理的通知》	开展规划环境影响评价的单位相关管理规定
天津	2004 年 2 月	《天津市人民政府批转市环保局关于贯彻〈中华人民共和国环境影响评价法〉实施意见的通知 》	要求做好规划环境影响评价的宣传立法以及抓好规划环境评价和管理工作，强调做好公众参与工作
	2009 年 7 月	《关于做好区县示范工业园区规划环境影响评价工作的函》	要求做好工业园区规划环境影响评价的开展管理工作，强调做好公众参与工作
	2010 年 2 月	《关于做好规划环境影响评价工作保障天津经济健康快速发展的函》	加强区域流域的环境影响评价，规定了规划环境影响评价的审批和推进工作
重庆	2005 年 4 月	《关于开展规划环境影响评价工作的实施意见》	规定了需要进行环境影响评价的规划范围和不同规划环境影响评价文本编制要求
	2007 年 5 月	《重庆市环境保护条例》	第三章对规定了规划环境影响评价的范围，内容和程序
河北	2005 年 4 月	《河北省人民政府办公厅关于进一步做好规划环境影响评价工作的通知》	强调了需要进行环境影响评价的规划范围，对规划环境影响评价的内容提出了具体要求，明确了评价单位的资质及由环保部门对环境影响评价进行审查论证。
	2010 年 7 月	《河北省人民政府办公厅关于进一步加强规划环境影响评价工作的通知》	加强对区域、流域开发利用的规划环境影响评价，提高城市规划环境影响评价质量，注重矿产资源开发规划环境影响评价的实效性，开展跟踪评价
河南	2009 年 5 月	《河南省环境保护厅关于加快推进产业集聚区规划环境影响评价工作的通知》	规划环境影响评价范围；报告书编制单位、规范等
	2009 年 7 月	《河南省环境保护厅关于加快产业集聚区规划环评工作的紧急通知》	加强组织协调和指导调度，适当简化规划环境影响评价内容，严格把关，协调推进
	2010 年 1 月	河南省人民政府关于贯彻落实《规划环境影响评价条例》的通知	加强区域流域的环境影响评价，规定了规划环境影响评价的审批和推进工作

续表

省(自治区、直辖市)	颁布时间	法规规章	主要内容
河南	2010年6月	《河南省环境保护厅关于印发推进产业集聚区发展 2010 年工作方案的通知》	完成规划环境影响评价。创新环境影响评价管理机制，建立监测服务平台
山东	2005年11月	《山东省实施〈中华人民共和国环境影响评价法〉办法》	明确编制环境影响评价报告书的专项规划的范围；要求县级人民政府开展流域水电规划的环境影响评价
	2011年3月	《德州市规划环境影响评价工作实施办法》	开展规划环境影响评价
	2011年6月	《山东省环境保护厅关于贯彻落实环发〔2011〕14号文件加强产业园区规划环境影响评价有关工作的通知》	抓好经济开发区和产业园区的规划环境影响评价工作，执行审查程序，完善规划和项目环境影响评价的互联机制，部门协调配合
山西	2005年11月	《山西省人民政府办公厅关于做好规划环境影响评价工作的通知》	提出将规划的环境影响评价工作费用应纳入规划的编制费用预算。
	2010年1月	《山西省人民政府关于贯彻实施〈规划环境影响评价条例〉的意见》	建立规划环境影响评价齐抓共管机制，落实政府规划环境影响评价责任，进一步规范规划环境影响评价管理程序
湖北	2004年2月	《关于推荐专项规划环境影响评价审查专家的通知》	评审专家实行专家库管理，提出入选专家库的专家的条件
	2005年12月	《湖北省人民政府办公厅关于切实做好规划环境影响评价工作的通知》	分级审查，责任监督，提出将规划的环境影响评价工作费用应纳入规划的编制费用预算
	2011年3月	《环境保护部关于加强产业园区规划环境影响评价有关工作的通知》的通知	对产业园区规划环境影响评价的开展情况进行调查，产业园区规划组织开展跟踪评价
广西	2005年11月	《广西壮族自治区人民政府办公厅关于做好规划环境影响评价工作的通知》	强调环境影响评价报告书的审批，将规划环境影响评价费用纳入规划编制费用预算。对沿海工业规划、重点行业规划提出编制规划环境影响报告书的要求
	2010年11月	《广西壮族自治区人民政府办公厅关于贯彻执行国务院〈规划环境影响评价条例〉的通知》	要严格规范各类开发区、工业集中区(园区)规划环境影响评价
广东	2010年6月	《广东省人民政府关于进一步做好我省规划环境影响评价工作的通知》	对开展规划环境影响评价的实施单位和具体范围、评价机制审查程序提出要求
安徽	2006年12月	《关于省人大常委会对实施环境影响评价工作评议意见整改情况的报告》	对未依法开展环境影响评价的规划和项目，审批部门不得审批或核准。没有明确的开展办法和相关规定
	2010年3月	《安徽省环境保护厅关于进一步加强规划环境影响评价工作的通知》	严格按照《条例》执行
陕西	2006年12月	《陕西省实施〈中华人民共和国环境影响评价法〉办法》	对规划环境影响评价的内容、公众参与和法律责任等作了相关规定
	2007年1月	《陕西省环境保护局关于进一步做好开发区和工业园区规划环境影响评价工作的通知》	规定高新技术、经济技术开发区、保税区、农业区、旅游度假区以及各类工业园区，应开展规划环境影响评价，重视专家意见

续表

省(自治区、直辖市)	颁布时间	法规规章	主要内容
陕西	2007年10月	《陕西省规划环境影响评价技术规范(试行)》	详细规定了应编制环境影响评价篇章说明和报告书的规划类型；明确了规划环境影响评价编制的一般要求和特别要求
福建	2008年4月	《开展流域面积500平方公里以下流域综合规划环境影响评价工作实施方案》	要求市各部门应按各自职责分工积极开展我市辖区内流域面积500km^{2}以下流域综合规划环境影响评价工作
	2010年10月	《福建省关于进一步规范专项规划环境影响报告编制工作的通知》	认真执行法规和规范的要求，不断提高报告编制质量、增强服务意识，提高规划环境影响评价质量与效率、合理收取环境影响评价费用。进一步规范规划环境影响评价行为、形成有序环境影响评价市场
江苏	2006年1月	《江苏省政府关于依法开展规划环境影响评价工作的通知》	强调要加强规划环境影响评价工作的组织领导，促进规划环境影响评价制度化、规范化。要求相关部门密切配合
	2008年5月	《江苏省规划环境影响评价试点工作方案》	明确了规划环境影响评价的主要内容和任务，明确"十一五"期间规划环境影响评价的重点，包括农业行业规划、农业发展专项规划等12项重点规划
	2008年8月	《江苏省发展和改革委员会关于做好我省沿海开发规划环境影响评价工作的通知》	明确了环境影响评价的重点，目的和原则，以及环境影响评价的工作安排
	2011年5月	《关于切实加强规划环境影响评价工作的意见》	要求全省各市、县政府和省相关部门，必须坚持"规划要先行、环境影响评价须同步"
吉林	2006年7月	《吉林市人民政府办公厅关于编制规划的环境影响评价的实施意见》	提出了综合性规划和专项规划的编制要求，要求将规划环境影响评价执行情况的监察工作纳入年度工作计划
	2007年6月	《开发区(工业集中区)区域环境影响报告书编制技术要点》	规定了开发区环境影响评价报告书编制的要求和技术要点
内蒙古	2005年9月	《内蒙古自治区人民政府办公厅关于做好规划环境影响评价工作的通知》	开展规划环境影响评价的范围，强调跟踪评价和监督管理
	2008年4月	《规划和建设项目环境影响评价审批程序》	对规划和建设项目环境影响评价审批程序进行规定
	2009年7月	《内蒙古自治区工业园区规划环境影响评价审查要点》	自治区工业园规划环境影响评价审查重点
	2009年9月	《鄂尔多斯关于贯彻主导产业和重点区域发展规划环境影响评价实施意见》	辖区行业和区域发展
云南	2007年7月	《云南省人民政府办公厅关于进一步加强环境影响评价管理工作的通知》	要求抓好工业园区、经济技术开发区、旅游度假区等规划和流域水电开发规划的环境影响评价工作；对环境影响评价行政机关及其工作人员的各种违法违纪行为作了明确规定，时限上的具体要求
新疆	2007年7月	《自治区环保局规划环评与建设项目环境管理办法(试行)》	侧重于建设项目环境影响评价，要求对专项规划和工业园区规划进行环境影响评价

续表

省(自治区、直辖市)	颁布时间	法规规章	主要内容
新疆	2011年3月	关于转发环境保护部《关于加强产业园区规划环境影响评价有关工作的通知》的通知	高新技术、经济技术开发区、保税区、农业区、旅游度假区以及各类工业园区，应开展规划环境影响评价，重视专家意见
海南	2006年7月	《海南省人民政府贯彻国务院关于落实科学发展观加强环境保护的决定的实施意见》	强调积极开展区域和行业发展规划环境影响评价
四川	2007年2月	《四川省人民政府关于大力推进战略环境影响评价的意见》	加强开发区规划环境影响评价制度；强调把规划环境影响评价纳入重要议事日程，作为规划审批的前置条件，进入宏观经济决策程序，纳入一把手目标考核
	2007年9月	《四川省〈中华人民共和国环境影响评价法〉实施办法》	对规划环境影响评价的评价重点、范围和法律责任等作了相关规定，着重说明了流域水利水电开发规划和区域规划环境影响评价的内容，要求规划实施期每两年报告跟踪评价情况
	2008年1月	《四川省战略环境影响报告书审查办法》	要求对国民经济和社会发展规划进行环境影响评价，加强审批管理；要求凡产业定位涉及石化、化工、电镀、制浆造纸等工业园区及流域规划的环境影响报告书应报省环保局审查批准
浙江	2007年2月	《浙江省人民政府办公厅关于进一步依法推进规划环境影响评价工作的通知》	强调加强部门沟通合作，指出环境影响评价的规划范围，其中要求重点推进流域、工业集聚区、能源、交通、水利、城建、矿山资源开发等重点区域和重点行业开展规划环境影响评价
	2008年9月	《浙江省人民政府办公厅关于进一步规范完善环境影响评价审批制度的若干意见》	加强规划环境影响评价管理，由省和设区市政府及有关部门负责审批的专项规划，要依法开展规划环境影响评价。
江西	2009年12月	《关于加强规划环境影响评价工作的意见》	统一思想、认真组织、分工合作、抓住重点、完善制度
甘肃	2009年1月	《关于贯彻落实全国环境影响评价会议精神 加快环评制度改革创新的通知》	在工业开发区区域环境影响评价的基础，加强对城镇总体规划和供热、给排水、交通、供电等专项规划依法开展环境影响评价
西藏	2008年1月	《西藏自治区人民政府关于加强规划环境影响评价工作的通知》	规定了进行环境影响评价的范围、审批机制，重点抓好矿产、旅游等资源开发和交通、电力、水利等重点行业以及流域开发规划的环境影响评价工作
宁夏	2011年4月	《自治区人民政府办公厅关于进一步加强全区规划环境影响评价工作的通知》	加强重点领域：区域、流域规划环境影响评价工作，把区域、流域生态系统的整体性、长期性环境影响作为环境影响评价工作的关键点。开展对重点区域规划环境影响评价执行情况检查

续表

省(自治区、直辖市)	颁布时间	法规规章	主要内容
黑龙江	2009 年 9 月	黑龙江省环境保护厅办公室关于转发《关于学习贯彻<规划环境影响评价条例>加强规划环境影响评价工作的通知》的通知	对工业园区规划环境影响评价的开展情况进行调查，如规划环境影响评价报告书的名称、审查单位、审查时间、审查文件文号等情况；对未进行规划环境影响评价的开发区、工业园区督促其尽快完成规划环境影响评价文件的编制、报审等工作

2.2　规划环境影响评价理论研究进展

《环评法》实施后，我国研究人员积极开展了大量规划环境影响评价的理论研究工作并取得了一定的成果，目前规划环境影响评价的多数研究主要集中在以下几个方面：①规划环境影响评价基本理论，如规划环境影响评价定义，规划环境影响评价开展的必要性以及开展的目的等。近年来，规划环境影响评价的理论建设出现起色，有些学者开始研究规划环境影响评价和规划、决策间的关系，并取得一定的进展。②规划环境影响评价的实施开展，包括宏观水平和微观水平的开展：宏观上即整个规划环境影响评价系统的开展，微观水平主要关注规划环境影响评价的程序和方法应用。③规划环境影响评价的应用，如规划环境影响评价的执行效果如何，规划环境影响评价的现实意义等(图 2-1)。

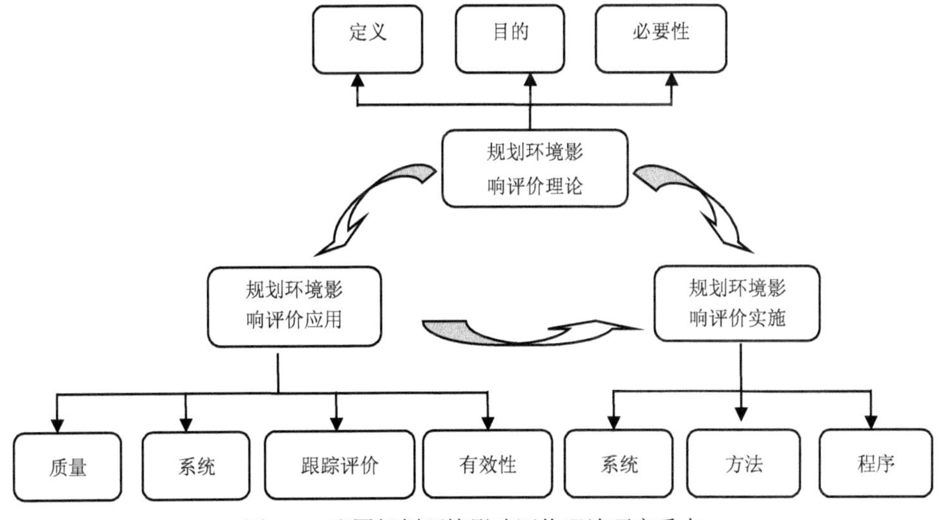

图 2-1　我国规划环境影响评价理论研究重点

在不同的规划体系方面，《环评法》规定的“一地、三域、十个专项”的规划环境影响评价中，受关注较多的是交通、土地、区域、流域、煤矿区等规划的环境影响评价研究，其中交通规划环境影响评价的研究较为透彻和全面，研究人员分别从交通规划环境影响评价的意义作用、主要内容、评价方法、指标体系建立、风险分析、替代方案和生态适宜性等方面展开了研究。土地利用规划方面的研究也相对较多，其中大多集中在对土地利用规划的程序框架、指标与方法的深入研究。此外，学者们对城市规划对规划环境影响评价的介入时间、评价过程、方法指标和生态环境影响也进行了深入的探讨。

通过大量的文献回顾和分析，笔者对 2002~2010 年涉及规划环境影响评价领域的主要期刊文献数量进行了统计，结果如图 2-2 所示。

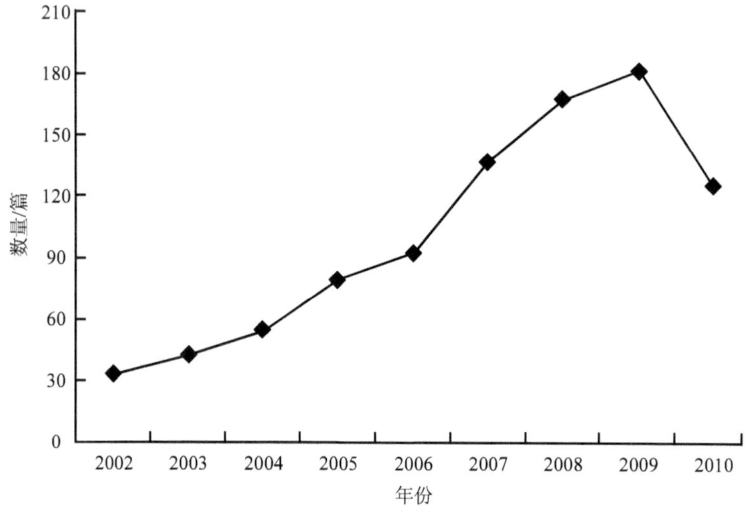

图 2-2　2002~2010 年规划环境影响评价领域期刊文献数量统计图

资料来源：根据 CNKI 中国知网文献检索统计整理（以“规划环评”、“战略环评”、“规划环境影响评价”为检索词）

由图 2-2 可以发现，《环评法》实施后，2002~2009 年规划环境影响评价领域的研究成果逐年增加，尤其是 2006~2007 年论文数量有大幅度增加的过程。

规划环境影响评价的研究主要集中于四个领域：规划环境影响评价的基础理论研究，技术方法学、指标体系的研究，“一地、三域、十个专项”的专项应用研究以及案例研究等，见表 2-3。《环评法》出台以来，对于每个领域的研究力度也有所差别，见图 2-3。

表 2-3　《环评法》出台后规划环境影响评价的研究范围和重点领域

研究领域	基础理论研究	方法指标研究	专项研究	案例研究
研究重点	规划环境影响评价的制度建设，程序框架，困境和建议等	不同方法的介绍以及其在规划中应用和改进	规划环境影响评价理论和方法学在“一地、三域、十个专项”的应用研究	不同地区空间规划和行业规划环境影响评价实践研究

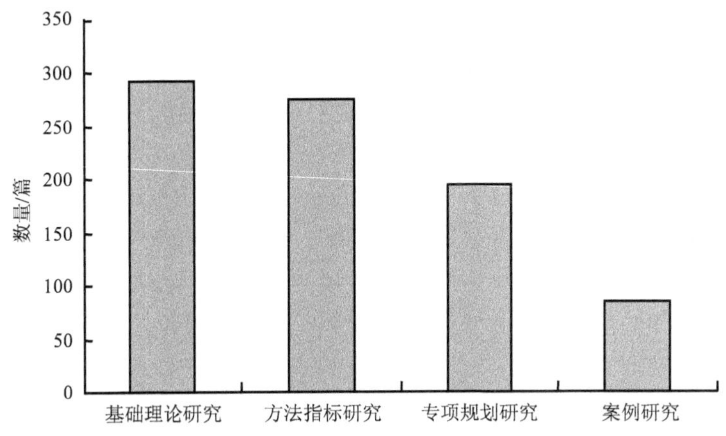

图 2-3　2002~2008 年各领域论文数量比较图

资料来源：根据 CNKI 中国知网文献检索统计整理(以“规划环评”、“规划环境影响评价”、“战略环评”为检索词)

由图 2-3 可以发现，自《环评法》出台以来，关于基础理论的研究最多。《环评法》出台初期，国内规划环境影响评价的基础理论研究着重于规划环境影响评价的意义、程序框架、规划环境影响评价与项目环境影响评价、可持续发展的关系等方面。例如，朱坦等(2003)讨论了在中国开展规划环境影响评价应考虑的一些原则，提出了中国开展规划环境影响评价的管理程序和技术路线；毛文锋和张淑娟(2004)对实施规划环境影响评价的意义进行了分析，并提出规划环境影响评价应遵循的原则、方法和基本程序，分析了规划环境影响评价和可持续发展之间的内在联系，着重考察了以规划环境影响评价的实施可持续发展的理论依据和方法。

伴随着规划环境影响评价在全国范围的深入展开，对其研究开始“由粗入细”，研究重点逐渐转向规划环境影响评价的实施现状、困境、对策、管理等方面，其中主要对空间规划和规划行业环境影响评价的内容、原则和程序框架进行了深入探讨，尤其是近年来对于推行规划环境影响评价存在问题的研究比较多。例如，秦建春和李文水(2007)从法律角度，对规划环境影响评价的发展提出了相关建议和对策；田丽丽等(2007)探讨了我国城市国民经济和社会发展规划环境影响评价的技术思路和技术方法；王超(2010)分析了当前我国推进土地规划环境影响评价过程中存在的主要障碍，有针对性地探讨了克服困难的对策。

关于法律制度，研究人员也进行了研究。《环评法》出台后的前几年，主要针对《环评法》中规划环境影响评价的部分进行研究。付璐(2003)着重分析了《环评法》中有关规划环境影响评价制度的若干主要内容，指出了规划环境影响评价的不足；李爱年和胡春冬(2004)在比较中美两国规划环境影响评价制度的基础上，对建立完善我国规划环境影响评价制度提出了建议。2009 年《规划环境影响评价条例》实施后，曾贤刚等(2010)对条例促使“区域限批”走向完善进行了分析。

随着规划环境影响评价波及范围日渐宽广，对基础理论的研究也开始基于不同角度，将相关理论融入规划环境影响评价中。朱坦等(2005)对规划环境影响评价在生态城市建设与管理中的应用进行了探讨；刘涛(2006)从工效学角度分析了规划环境影响评价的评价流程；李燕等(2007)从循环经济角度阐述了规划环境影响评价与循环经济的相容性、匹配性和效果等；林而达(2007)指出应该将适应气候变化纳入我国的规划环境影响评价；徐鹤等(2010)开展了气候变化、低碳经济与规划环境影响评价的研究，构建了将气候变化纳入规划环境影响评价的理论框架和程序。

中国对规划环境影响评价的研究很多集中在规划层次，涉及多种规划内容。针对不同的规划体系，《环评法》规定的“一地、三域、十个专项”的规划环境影响评价中，受关注较多的是交通、土地利用、城市建设和区域等规划的环境影响评价研究。

对于土地利用规划环境影响评价的研究颇为多产，初期对理论方面研究得较多，主要集中在土地利用规划环境影响评价的程序框架和指标方法，随着研究的深入，更多地转向结合实际应用进行研究。赖力等(2003)总结了土地利用总体规划环境影响评价的理论基础，初步提出了土地利用总体规划环境影响评价的方法框架，探讨了土地利用总体规划环境影响评价的内容、程序、指标体系和方法等；周永红等(2010)以生态系统服务价值为评价指标，对马鞍山市土地利用总体规划进行了评估。

对于交通规划环境影响评价的研究也较为透彻和全面，研究人员分别从交通规划环境影响评价的意义作用、主要内容、评价方法、工作难点、指标体系、风险分析、替代方案和生态适宜性等方面展开了研究。梁波和陆雍森(2004)探讨了城市交通规划环境影响评价的特点和要点，包括评价目标、范围、指标体系、技术工作程序与方法；陈冲等(2006)分析了交通发展战略环境评价的基本工作程序，对交通发展战略环境评价方法应用的缺陷性，提出了需对技术方法进行系统集成的建议。

对城市建设规划环评的研究也较多，研究人员多从建设总体规划切入，对其中指标体系构建、规划环评的介入时间、评价重点、景观风险评价及环境承载力等进行了研究，如熊鸿斌等(2009)对城市规划环评中指标体系的构建、评价重点、如何进行评价工作等问题进行了探讨，代欣召等(2010)提出建立一体化的城乡规划环评组织机制、工作程序和审批管理制度。

除了对以上几个规划体系的研究比较集中外，还涉及矿产资源规划的承载力分析，水利和农业规划环境影响评价工作程序和指标体系建立的研究，旅游规划环境影响评价中旅游环境承载力研究，流域开发规划环境影响评价的研究意义、方法和评价指标体系的建立及环境影响评价中累积影响的研究等。

2.3　规划环境影响评价实践进展

2.3.1　国家部门规划环境影响评价实践

《环评法》实施初期，规划环境影响评价在全国的实践稍有涉及但尚未深入展开，在国家层面，应进行环评的规划占所有各类城市总体规划、行业发展规划和专项规划的 90%以上，但仅有近 1/3 的省区在规划环境影响评价方面开始起步。全国每年审批数千项各类发展规划，但是依法进行规划环境影响评价并报同级主管部门审批的屈指可数，国家环境保护总局 2004 年受理了《全国林纸一体化建设“十五”及 2010 年专项规划》的环境影响评价工作，国家级规划的环境影响评价受理仅此一项；在地方层面，规划环境影响评价的展开主要以区域环境影响评价、流域环境影响评价以及交通行业环境影响评价为主，如广州开发区、北京经济技术开发区在内的 11 个国家级开发区开展了区域环境影响评价，澜沧江中下游、塔里木河流域、四川大渡河等流域开发利用规划环境影响评价以及天津港港口环境影响评价等。

从 2005 年起，规划环境影响评价逐渐为政府部门所重视并主推，各政府部门加大了土地、工业、农业、能源、城市建设、交通和林业等 10 个专项规划中规划环境影响评价工作的力度。2005 年，我国开展了典型行政区、重点行业和重要专项规划三种类型 23 个规划环境影响评价试点。2006 年，武汉开城市战略环评先河，其国民经济和社会发展第十一个五年总体规划纲要战略环评是我国环评史上一项开创性、示范性的工作，它的成功尝试为国家环评法制建设及管理提供了模式。2008 年开始，环境保护部组织开展了《汶川地震灾后重建规划环境影响评价》和《新增千亿斤粮食规划环境评价》，推动了决策的科学化和合理化。此外，环境保护部组织开展了辽宁沿海经济带“五点一线”、江苏沿海地区及广东横琴重点开发区域规划环境影响评价，推动上海等 30 个重点城市开展轨道交通规划环境影响评价，截至 2009 年年底，国家 112 个煤炭矿区中的 66 个已开展或正在开展规划环境影响评价，沿海 25 个主要港口中的 10 个已完成规划环境影响评价。

《环评法》实施优化了各地产业结构和行业结构，如内蒙古通过国民经济和社会发展“十一五”规划纲要环境影响评价，将煤炭年产能从 5 亿 t 调整为 4 亿 t，淘汰落后火电装机容量 1100 多万千瓦；重庆对三峡库区产业发展开展规划环境影响评价，科学指导产业发展；通过规划环境影响评价，山东全部关闭 5 万 t 以下的小制浆造纸厂，一些省市通过规划环境影响评价，合理限定区域排污总量，促进了经济结构优化。

在重点行业上，交通和土地规划方面开展了大量的规划环境影响评价实践，如交通运输部截止到2008年年底完成29个港口总体规划、20多个公路网规划的环境影响评价工作。近两年来也完成了多个港口及公路网的规划环境影响评价工作，以及长江三角洲地区(以下简称长三角)高等级航道网规划和四川内河水运发展规划等规划环境影响评价工作。铁道部规划环境影响评价试点从2005年开始，涉及16个省(自治区、直辖市)的23个规划。上海、大连和苏州等19个重点城市开展了轨道交通规划环境影响评价，湖北、湖南、安徽和广东等31个省(自治区、直辖市)基本完成高速公路网规划环境影响评价，包括焦煤矿区在内的33个国家规划煤炭矿区和沿海16个主要港口也启动了规划环境影响评价工作。

有些部门和行业还开展了规划环境影响评价的回顾性评价，如对已经批复的黄河上游、澜沧江中下游等流域水电规划，国家发展和改革委员会开展了环境影响回顾评价；经国务院批准，中国工程院组织开展了三峡工程前期论证及运行情况的阶段性后评估；黑龙江、贵州等地对若干已批行业规划也进行了环境影响后评价，积极探索跟踪监督机制。

2.3.2　地方规划环境影响评价实践

近年来，各省市均开展了不同程度和范围的规划环境影响评价工作。本书根据各省市环保局公布的资料数据进行统计，分析不同省市规划环境影响评价开展情况。由于网上资料的不完整性以及信息的不完全性，本书的统计结果以网上发布的数据为准，供研究人员参考。

1. 江苏

江苏政府和环保部门很重视规划环境影响评价工作，积极推进当地规划环境影响评价的发展，特别是在2006年向国家环境保护总局申请列入规划环境影响评价试点省后，江苏的规划环境影响评价工作有了更快、更显著的发展。并且，随着《江苏省规划环境影响评价试点工作方案》的出台，明确了江苏沿江开发、沿海开发和“十一五”期间的农药产业、国土资源开发、电力发展、能源发展、生态农业建设、综合交通体系、公路水路交通和铁路建设等12个重点规划必须进行规划环境影响评价，使得江苏的规划环境影响评价的评价方向逐渐变得多元化。

通过初步统计，江苏在2005~2009年开展规划环境影响评价的情况如表2-4所示。

从表2-4可以看出，江苏规划环境影响评价以区域规划环境影响评价为主，且交通规划环境影响评价的发展呈上升趋势。

表 2-4　江苏历年规划环境影响评价开展情况统计　(单位：个)

年份	区域规划环境影响评价	交通规划环境影响评价	总和
2005	15	0	15
2006	26	0	26
2007	27	0	27
2008	49	2	51
2009	8	4	12

资料来源：江苏省环境保护厅. 2011-8-10. http://www.jshb.gov.cn

2. 天津

天津 2003 年在全国率先开展规划环境影响评价实践工作，对海河两岸综合开发规划进行了环境影响评价，并据此编制了《海河两岸综合开发改造环境保护规划》，为政府从决策源头防治环境污染和生态破坏提供了科学依据，促进了该区域招商引资和海河经济的健康、快速和可持续发展。

2004 年 2 月，天津市政府下发的《天津市人民政府批转市环保局关于贯彻〈中华人民共和国环境影响评价法〉实施意见的通知》中规定："各区县人民政府和市有关部门要高度重视贯彻落实环境影响评价法的工作，切实加强对这项工作的组织领导，把编制规划环境影响评价和建设项目环境影响评价纳入工作规划、工作程序和审批环节"。

2009 年 7 月，天津市环境保护局印发《关于做好区县示范工业园区规划环境影响评价工作的函》，要求各有关区县政府按照国家规划环境影响评价的要求，督促本辖区内的示范工业园区及开发区依法做好工业园区规划的环境影响评价及报审工作，确保园区建设的顺利开展。

2010 年 2 月，天津市环境保护局印发《关于做好规划环境影响评价工作保障天津经济健康快速发展的函》，落实规划环境影响评价法律法规，做好"十二五"规划工业园区规划等环境影响评价、补充环境影响评价及报审工作。

截至 2010 年年底，依据环境影响评价法以及规划环境影响评价条例，天津各级环保部门会同有关部门代表和专家对海河两岸综合开发改造规划、天津市城市供热规划、空客 A320 系列飞机总装线及配套产业用地控制性详细规划、部门区县总体规划以及各类工业园区规划等 100 多个规划的环境影响报告书或者环境影响篇章进行了审查。通过调研统计，天津 2006 年前通过审查的规划环境影响评价为 3 个(海河两岸综合开发改造规划、天津市城市供热规划、天津市城市总体规划)；2006~2008 年通过审查的规划环境影响评价为 54 个；2009 年通过审查的规划环境影响评价为 19 个(不包括区县)；2010 年通过审查的规划环境影响评价为 22 个。具体的规划环境影响评价开展情况如表 2-5 所示。

表 2-5　天津历年规划环境影响评价开展情况统计　（单位：个）

年份	区域	城建	土地	交通	总和
2006 之前	1	2	0	0	3
2006~2008	39	4	9	2	54
2009	19	0	0	0	19
2010	22	0	0	0	22

资料来源：天津市环境保护局. 2011-8-7. http://www.tjhb.gov.cn

通过表 2-5 可知，天津规划环境影响评价工作的开展呈现递加的趋势，其中以区域规划环境影响评价为主，同时开展了少量的土地、交通和城建环境影响评价工作。2003 年至 2010 年年底，天津共开展了规划环境影响评价 98 个，其中区域规划环境影响评价 81 个，占总规划环境影响评价的比例达 82.7%，城市建设类规划环境影响评价 6 个，土地规划环境影响评价 9 个，交通规划环境影响评价 2 个。总体来看，天津的规划环境影响评价是以区域规划环境影响评价为主的。

3. 内蒙古

2005 年 8 月，作为国家环境保护总局确定的第一批规划环境影响评价试点省区之一的内蒙古，在全国率先开展了全区国民经济和社会发展“十一五”规划纲要的战略环境影响评价，同年下发了《内蒙古自治区人民政府办公厅关于做好规划环境影响评价工作的通知》，明确要求相关部门、行业及经济技术开发区、工业园区均应按国家要求开展规划环境影响评价工作。内蒙古自治区环境保护局下发了《规划和建设项目环境影响评价审批程序》配套文件，草拟了《内蒙古自治区〈中华人民共和国环境影响评价法〉实施条例》，明确了规划环境影响评价的审批权限。鄂尔多斯制定了《关于贯彻主导产业和重点区域发展规划环境影响评价实施意见》，全面统筹辖区行业和区域发展。为了加强全区工业园区（开发区）的建设和管理，规范规划环境影响评价审批工作，内蒙古自治区环境保护局出台了《内蒙古自治区工业园区规划环境影响评价审查要点》，重点从园区环境敏感性、资源环境承载能力、污染物总量控制和环境风险预警等 10 个方面，整体评估工业园区规划的环境可行性。内蒙古严格按照“先规划环境影响评价，后项目审批”的原则，稳步推进重点行业、园区的规划环境影响评价工作，明确要求全区各行业、工业园区都必须编制规划环境影响评价，并依据环境影响评价提出的约束条件，审批相关建设项目，有效避免了发展的盲目性和无序性。截至 2009 年，内蒙古已经编制审批园区规划环境影响评价 15 个、煤炭资源矿区总体规划环境影响评价 9 个、旅游区规划环境影响评价 6 个、城市建设类规划环境影响评价 4 个。总体来看，内蒙古的规划环境影响评价也是以区域规划环境影响评价为主的。

4. 福建

福建 2006 年 8 月全面启动流域综合规划的环境影响评价工作，对所有重要流域综合规划进行环境影响评价，共涉及流域 68 条，面积均在 500km^2 以上。2008 年，在已完成全省 68 条流域面积 500km^2 以上流域综合规划环境影响评价工作的基础上，开展全省 905 条流域面积 500km^2 以下的流域综合规划环境影响评价工作。2010 年 10 月 22 日，福建省环境保护厅发布了《福建省关于进一步规范专项规划环境影响报告编制工作的通知》，就进一步规范福建省专项规划环境影响评价报告编制工作提出了具体要求。截至 2011 年 6 月 3 日，福建的环境影响评价开展情况如表 2-6 所示。

表 2-6 福建 2008 年至 2011 年 6 月规划环境影响评价开展情况统计（单位：个）

年份	区域	煤矿	交通	流域	总和
2008	10	2	0	1	13
2009	11	0	2	0	13
2010	16	0	0	0	16
2011	5	2	0	0	7

资料来源：福建省环境保护厅. 2011-8-15.http://www.fjepb.gov.cn

从表 2-6 可以看出，在 2008~2010 年这 3 年间，福建的规划环境影响评价以区域环境影响评价为主，且数量呈现缓慢增加的趋势；同时还开展了煤矿规划环境影响评价、交通规划环境影响评价和流域规划环境影响评价，虽然数量不多，但是涉及的范围还是比较广的。

5. 新疆

2005 年 11 月，新疆首个规划环境影响评价项目——新疆克拉玛依石化工业园规划环境影响评价通过评审。这是自 2003 年 9 月《环评法》颁布实施以来，新疆审批的第一个规划环境影响评价项目。近几年来，新疆的规划环境影响评价工作开展领域不再局限于区域规划环境影响评价，还涉及旅游、煤矿、城建和流域等领域。具体开展情况如表 2-7 所示。

表 2-7 新疆规划环境影响评价开展情况统计（单位：个）

年份	区域	旅游	煤矿	城建	流域	水利
2007	20	1	0	0	1	0
2008	8	0	2	2	0	2
2010	23	1	0	1	0	0

资料来源：新疆维吾尔自治区环境保护厅. 2011-8-15.http://www.xjepb.gov.cn

由表 2-7 可知，新疆的规划环境影响评价以区域规划环境影响评价为主，同时开展了少量的旅游、煤矿、城建、流域和水利环境影响评价。

6. 其他省(自治区、直辖市)

(1) 四川省。四川省先后出台了《四川省人民政府关于大力推进战略环境影响评价的意见》和《四川省〈中华人民共和国环境影响评价法〉实施办法》，强化了战略和规划环境影响评价的法律地位；开展了"泸州、德阳、攀枝花"战略环境影响评价试点，以及大渡河干流水电规划、卧龙自然保护区生态旅游总体规划和全省各地的工业园区、开发区等规划环境影响评价工作。从总体上来说，四川省的规划环境影响评价以区域规划环境影响评价为主，同时伴有流域、水利和交通规划环境影响评价工作的开展。

(2) 广西壮族自治区。截至 2010 年 1 月，南宁市规划的工业集中区已完成 10 个规划环境影响评价的审查。2008 年至 2009 年 8 月间，桂林市环境保护局共组织通过荔浦长水岭工业园区、平乐二塘工业园区和阳朔县城总体规划(2008—2025)等 9 个规划环境影响评价的审查。

(3) 广东省。广州市南沙区在 2006 年由国家环境保护总局授予全国规划环境影响评价试验区的牌匾，南沙成为首个国家规划环境影响评价试验区。截至 2008 年 7 月，广东省在部分行业和区域的规划环境影响评价工作取得了积极进展，在交通、水利和电网等行业开展专项环境影响评价和区域环境影响评价，截至 2009 年，全省已上报环境保护部审查的专项规划环境影响评价有 8 项。广东省环境保护厅组织审查专项规划环境影响评价 15 项，产业转移工业园和重污染行业基地的规划或区域环境影响评价执行率达 100%。2009 年 12 月，《广东省石化产业调整和振兴规划环境影响报告书》通过审查，这是自 2009 年 10 月国家《规划环境影响评价条例》施行以来，广东省组织审查通过的第一个行业规划环境影响评价。2010 年 6 月，广东省人民政府下发《广东省人民政府关于进一步做好我省规划环境影响评价工作的通知》，确定开展规划环境影响评价的实施单位和具体范围，建立健全由"环保、发展改革、经贸、国土资源、建设、规划、交通、财政、水利、农业、林业、海洋渔业、旅游"等部门参加的规划环境影响评价联动工作机制，完善规划环境影响评价审查程序，加强组织领导和监督检查。

(4) 安徽省。截至 2007 年 6 月底，89 个省级以上开发区全面启动了区域环境影响评价工作。在这 89 家省级开发区的 99 个工业园区中，33 家园区区域环境评价已通过审批，66 家园区环境影响评价正在编制报批中。

(5) 浙江省。织里镇和练市镇于 2004 年开展了总体规划的环境影响评价工作并通过了专家评审，这是浙江省开展的首个城镇总体规划环境影响评价。2006 年，为使交通建设与资源环境保护更为协调，浙江省交通厅组织了《浙江省公路网建设规划环境影响报告书》的编制工作。2007 年，作为国家环境保护总局全国规划环境影响评价第二批试点城市之一的宁波市，其国民经济和社会发展第十一个五年规划环境影响评价工作方案于 3 月 28 日在北京通过专家评审。2009 年，浙江省环境保护厅在年底的工作总结中指出，全省 117 个省级以上开发区(工业园区)基本完成了区域环境影响评价或规划环境影响评价，先后完成了全省电力发展规划、省公路网建设规划、台州石化工业园区规划和长兴县蓄电池行业发展规划等规划环境影响评价，提高了土地集约利用水平。同时，在 2010 年工作思路中提出，2010 年环境保护厅将进一步强化规划环境影响评价，积极推动建立与省发改委、规划、国土、交通、水利等部门的联动机制，推进规划环境影响评价早期介入，与规划编制互动；并在“十二五”规划编制体系中进一步明确需要开展环境影响评价的规划目录，即对经济技术开发区、高新技术产业开发区或工业园区、工业功能区等工业项目集聚区等重点区域的开发建设规划，对设区市以上政府及其有关部门编制的工业、农业、畜牧业、林业、能源、水利、交通、城市建设、旅游和自然资源开发等重点行业专项规划，以及土地利用的有关规划，区域、流域、海域的建设和开发利用等综合性规划，进行全面规划环境影响评价，切实从规划源头优化产业布局和经济结构。

(6) 吉林省。吉林省吉林市人民政府在 2006 年印发了《吉林市人民政府办公厅关于编制规划的环境影响评价的实施意见》，就综合性规划的环境影响评价的编制和专项规划的环境影响评价的编制给出了具体的实施意见。2011 年，吉林省全省环境保护工作会议指出，“十一五”时期吉林省坚持以规划环境影响评价和项目环境影响评价为抓手，优化区域产业布局和结构，完成了 66 个开发区、工业集中区区域环境影响评价。积极开辟绿色通道，建立了超前谋划、提前介入和现场办公等审批长效机制，审批效率提高了一倍以上。

(7) 辽宁省。大连市环境保护局在 2005 年印发了《大连市人民政府办公厅关于做好规划环境影响评价工作的通知》，要求有关部门今后组织编制各类规划时，必须进行环境影响评价，避免因规划的实施对环境造成不良影响，从规章上为开展规划环境影响评价铺好路。在推进规划环境影响评价工作中，大连市环境保护局选择《大连城市发展规划》进行规划环境影响评价，以此带动其他规划环境影响评价的开展。同年，《沈阳农业高新区区域规划》通过了规划环境影响评价的审查，这是国内首例以农业高新技术开发区总体规划为对象的规划环境影响评价。2006 年 3 月，作为抚顺市工业园区建设中首次实施的规划环境影响评价——抚顺市望花冶材深加工工业园区规划环境影响评价报告书，通过了由辽宁省环境保护局组织的专家评审。2006 年 6 月，《大连金港区总体规划(2005—2020)》和《大连港总体规划》的环境影响评价通过国家环保总局的审查，同时，大连市城市发展规划环境影响评价、长兴岛临港工业区规划环境影响评价、高新技术园区规划环境影响评价、大孤山半岛区域风险评价等也已完成；辽宁省环境保护局组织编制的《辽宁省“五点一线”沿海经济带建设战略环境影响评价报告书(讨论稿)》发布，国家环境保护总局将其列为全国战略环境影响评价试点。2007 年，编制完成《大连市城市快速轨道交通建设及线网规划环境影响报告书》，并于 2008 年正式通过国家环境保护总局审查，至 2020 年，大连市将在市内四区及金州、旅顺建设包括地铁在内的轨道交通线网约 193 公里。2008 年，辽阳市城市总体规划(2001—2020)环境影响评价通过专家评审，这是辽宁省第一个将城市总体规划报经国家审查的城市。

(8) 山西省。山西省人民政府办公厅于 2005 年下发了《山西省人民政府办公厅关于做好规划环境影响评价工作的通知》，规定省人民政府及其有关部门、各市人民政府及其有关部门编制的规划，必须依法进行环境影响评价工作，同时省、市环境保护行政主管部门应当会同有关部门负责建立规划环境影响评价专家库和基础数据库，预防因规划实施对环境造成的不良影响，促进经济、社会和环境的协调发展。2006 年，省农业厅决定对《山西省农业和农村经济发展“十一五”规划》进行环境影响评价，从农业和农村经济发展“十一五”规划源头进行规划环境影响评价，深入分析制约和影响农业发展的主要因素，制定切实可行的减缓措施，实施农业生态环境保护战略，逐步实现农业的可持续发展目标。2007 年，经国家环境保护总局批复，临汾市成为山西省首个列入全国规划环境影响评价试点的城市。临汾市作为一个典型的以煤为主的资源型工业城市，环境污染问题突出，列入全国规划环境影响评价试点城市，对于促进临汾市进一步科学调整产业结构，推动经济、社会和环境协调可持续发展具有至关重要的指导意义。2008 年，《山西省人民政府关于推进规划环境影响评价的意见》对规划环境影响评价的编制、审批以及规划环境影响评价的管理做出了具体的规定，将推进省、市、县(市、区)人民政府及其有关部门编制的综合规划及专项规划依法进行环境影响评价作为山西当前和今后一段时间规划环境影响评价的主要任务，并给出了具体范围。

(9) 河北省。石家庄市环境保护局于 2004 年主持召开了《2003~2020 年石家庄市集中供热规划》环境影响评价工作讨论会，这是石家庄市，也是河北省首次对规划开展环境影响评价。2005 年 1 月，衡水市人民政府办公室印发了《关于各类规划执行环境影响评价制度的通知》，标志着衡水市首部对各类规划进行环境影响评价的规范性文件正式出台。2007 年 8 月，石家庄市人民政府办公厅下发《河北省石家庄市人民政府关于进一步做好规划和区域环境影响评价工作的通知》，要求编制土地利用规划要进行环境影响评价，以防止规划和建设项目实施后对环境造成不良影响。近年来，河北省开展了“涿鹿矿区总体规划环境影响评价”、“西山产业集聚区总体规划环境影响评价”和“矿区规划环境影响评价”等多个规划环境影响评价，且规划环境影响评价的重点主要集中在区域规划环境影响评价上。

截至 2011 年 5 月，全省 5 个国家级园区、100 个产业聚集区、44 个省级园区中，有 116 个完成规划环境影响评价审查，20 个正在编制规划环境影响报告书，其他类别工业聚集区共有 47 个完成规划环境影响评价审查。

根据各省级环保部门收集统计的数据，本书总结出上述全国 14 个省(自治区、直辖市)(天津、江苏、内蒙古、福建、新疆、河北、四川、广西、广东、安徽、浙江、吉林、辽宁、山西)2007~2010 年的规划环境影响评价开展情况，部分省(自治区、直辖市)开展情况见表 2-8。由于网上资料的不完整性，各省(自治区、直辖市)在 2007~2010 年的数据都会有不同程度的缺失，本书的统计结果仅以网上发布的数据为准，供参考。

表 2-8 部分省(自治区、直辖市)2007~2010 年规划环境影响评价开展情况总计 (单位：个)

省(自治区、直辖市)	江苏	天津	内蒙古	吉林	福建	河南	新疆
总计	90	73	34	66	42	78	61

资料来源：根据相应环保部门官方网站数据统计整理

规划环境影响评价的重点是区域环境影响评价，其开展的数量远远高于其他 7 个领域。城建、交通、煤矿、土地和旅游等规划环境影响评价开展比例也较大。不过，需要注意的是，由于网上资料的不完整性和数据的缺失，区域、旅游、煤矿、城建、流域、土地、交通和水利的数据统计应该高于表中数据，见表 2-9。

表 2-9 2007~2010 年不同领域规划环境影响评价开展情况统计 (单位：个)

年份	区域	旅游	煤矿	流域	城建	水利	交通	土地
2007~2010	245	8	13	2	11	2	10	9

资料来源：根据相应环保部门官方网站数据统计整理

在这 7 个省(自治区、直辖市)中，江苏的规划环境影响评价实践数量较多，其次是河南、天津、吉林和新疆。总体而言，我国规划环境影响评价实践的展开主要集中于中部和东部沿海地区，这些地区大都属于经济相对发达的地区，同时，规划环境影响评价开展力度较大的地区，一般都出台了相应的规划环境影响评价的法规文件。可见，规划环境影响评价的开展力度和强度与地区的经济发展水平和政府对环境的重视程度有关。需要指出的是，由于数据收集的不完善，我们只能对部分省市的规划环境影响评价实践展开情况进行大体趋势的研究，并不能给出绝对准确的统计情况。

第3章　规划环境影响评价技术方法

3.1　规划环境影响评价技术方法研究和应用现状

有关规划环境影响评价的学术研究，最突出的热点是对规划环境影响评价技术方法学的研究应用。规划环境影响评价方法学是如何开展规划环境影响评价的科学方法的总称，是指在规划环境影响评价中使用的技术手段、操作规程及模拟模型。

规划环境影响评价方法学的研究包括宏观和微观两个层次的内容：宏观层次包括规划环境影响评价的评价思路、管理及工作程序等；微观层次则是指在规划环境影响评价各活动阶段所具体使用的方法。在我国，从20世纪90年代中期开始，一些学者就规划环境影响评价的理论方法开始了系列研究，总结了微观层次上的规划环境影响评价方法，并结合《中华人民共和国大气污染防治法》、“中国能源战略体系”和“经济技术开发区战略”等进行了尝试性案例研究，为我国的规划环境影响评价积累了经验。《环评法》实施后，规划环境影响评价的方法学研究在规划环境影响评价研究领域中仍占有重要的地位，我国环境保护部出台的《规划环境影响评价技术导则(试行)》中也推荐了一些规划环境影响评价方法。

3.1.1　国外方法学研究和应用现状

国外战略环境影响评价的方法学研究主要基于三部分：①对传统的环境影响评价方法的提升和改进。将项目环境影响评价的评价方法学直接应用到较高层次上，克服项目环境影响评价在程序和技术上固有的缺陷。美国、荷兰、欧洲的战略环境影响评价都与项目环境影响模型有关，或者直接建立在这种模型上，它们均利用项目环境影响评价的经验，将相关的要求和程序扩展到规划和计划的制订当中。②从规划实践和政策分析中发展起来的技术方法。英国结合战略环境影响评价的目的和特点，推荐了若干适用于战略环境影响评价的技术方法，这些方法大部分是定性或半定量的，具有灵活性强和可操作性强的特点，应用这些方法得到的评价结果能够影响决策。英国2005年推出的《战略环境评价操作导则》等结合本国特点推荐了一些技术方法，其中既包含传统的项目环境影响评价方法如数学建模法、费用效益分析法、风险分析评价法和专家判断法等，也着重推荐基于地理信息系统的叠图法、可持续发展能力评价法、多目标分析、网络法、生活质量评价法和情景分析法等更适合规划环境影响评价的方法。这些方法整体性很强，很难区分规划程序和战略环境影响评价从何处开始。③新发展的技术方法。例如，英国、美国等国家开始尝试从定性到定量的综合集成方法、政策评估方法等。其中重点对地理信息系统系统、环境承载力、不确定性和基于生态学的方法进行了探索和应用研究。

目前，国外战略环境影响评价技术方法研究注重实用性和可行性，以现实条件为基础，处理好科学性与针对性、前瞻性与实用性的关系。战略环境评价中使用过于复杂的方法，会耗费大量的时间和精力，从而影响战略环境评价的有效性，因此，战略环境评价应该尽可能地使用简单的方法，如核查表和矩阵等，以判断战略可能产生的影响以及是否需要进一步使用复杂方法。战略环境影响评价的目标是实现增益，不能成为发展的包袱，鼓励使用新知识、新手段来实现评价方法的改革和创新。

3.1.2　国内方法学研究和应用现状

从 20 世纪 90 年代中期开始，我国一些学者就规划环境影响评价的理论方法开始了系列研究，并结合《中华人民共和国大气污染防治法》、“中国能源战略体系”、“经济技术开发区战略”等进行了尝试性案例研究，为我国的规划环境影响评价积累了经验。但这些研究的缺陷在于评价思路沿袭项目环境影响评价，使得技术方法复杂化，不利于规划环境影响评价的推广。

在如何将方法学进行扩充推广上，也出现了诸多研究。彭应登和王华东(1995)认识到传统项目环境影响评价方法应用于区域环境影响评价的局限性，提出应借鉴国外规划环境影响评价的方法来研究区域开发环境影响评价。李明光等(2003)指出，我国的规划环境影响评价方法倾向于对项目环境影响评价的思路照搬，采用过于复杂的方法，使得评价不够高效和灵活，建议采用与规划结合更紧密、宏观，灵活性更强的方法。随着规划环境影响评价工作的深入开展，循环经济理论与方法、公众参与方法、投入产出模型、景观生态评价法、风险评价、生态足迹法、GIS 和生态服务功能评价法等技术方法在规划环境影响评价中得到了广泛的探讨研究与实际应用。

我国规划环境影响评价的方法学研究主要基于以下三部分。

(1) 项目环境影响评价(EIA)方法以及一些对传统 EIA 方法的提升和改进。规划环境影响评价与项目 EIA 在程序和参与者等方面有很多相似之处，因此，很多项目 EIA 的方法在规划环境影响评价中依然可以发挥作用，特别是核查表法、矩阵法等实用、易懂的方法，在目前的规划环境影响评价方法中仍占有重要地位。此外，系统学中的系统流程图、灰色系统分析法、系统动力学法、引入资源价值核算的费用效益分析法和投入产出分析法等都是经过改进可以应用到战略环境影响评价中的方法。例如，李明光等(2003)在划分评价层次的基础上，对层次间的相互作用、效益及条件进行了分析，探讨了评价层次与评价方法间的关系。

(2) 区域规划环境影响评价(REIA)方法的应用。REIA 更加重视对区域环境承载力和环境容量的分析，注重研究区域内的累积影响，这些方法在规划环境影响评价实施过程中起到很大作用，如环境容量评价法、环境承载力评价法和累积环境影响评价法等。郭怀成等(2004)建立了基于不确定性多目标的规划环境影响评价模型，以反映系统内不同组分间的多目标性、动态性和不确定性等特征，吴静(2007)探讨了累积环境影响评价在战略环境影响评价中的应用，王宪恩和张海华(2006)讨论了模糊模式识别理论在规划环境影响评价中的应用，朱俊等(2006)建立基于 GIS 的基础数据平台，运用 GIS 的空间分析功能对港区规划的生态环境影响进行分析和评估。

(3) 规划政策方法的应用。目前的规划环境影响评价，以计划和规划层次为主，计划和规划的制订本应是与规划环境影响评价紧密结合的综合决策过程，但这就很难将计划、规划的制订方法与规划环境影响评价方法截然分开，因此，一些在经济部门和规划研究中使用的方法，经过适当的修正后也为规划环境影响评价所利用，如各种形式的情景和系统模拟分析、区域预测、投入产出法、投资-效益分析、循环经济、产业生态学、替代方案的优化选择等也成为规划环境影响评价方法学的一部分。这些方法的提出和应用，不仅促进了相关规划理论的发展，而且大大丰富了规划环境影响评价评价的方法体系。但在具体方法选择上，同样需要根据规划环境影响评价的对象、层次及主要议题进行选取，目前该类方法的研究还处于探索阶段。

随着科学发展，其他各领域出现的许多新技术、新方法也可以有选择地应用到规划环境影响评价中。例如，在系统学方面的系统流程图、灰色系统分析法和系统动力学等方法；在经济学方面，传统的费用效益分析法和投入产出分析法在引进资源价值核算后也可以在规划环境影响评价中得到应用；在新技术方面 GIS 技术应用，新的数学模型、生态足迹评价等；此外，逼近理想状态、可持续发展能力评估、物质流分析、效率分析和绿色 GDP 核算等方法也不失为规划环境影响评价的有效方法。

3.2 规划环境影响评价具体方法及应用

规划环境影响评价的程序和项目环境影响评价差别不大，通常包括环境影响识别、预测和评价三个阶段。与之相对应的就出现了环境影响筛选识别方法、预测方法和评价方法，具体可选择的方法见《规划环境影响评价技术导则》(试行)的推荐(表 3-1)。

表 3-1　环境影响评价的技术方法

方法	筛选识别	现状调查阶段	预测	评价阶段	减缓措施与环境管理
定义法	☆				
专业判断法	☆	☆	☆	☆	☆
网络法	☆		☆		
幕景分析法			☆	☆☆	☆☆
对比、类比分析	☆		☆☆	☆☆	☆
风险分析、评价与管理	☆		☆	☆☆	☆☆
逼近理想状态排列法				☆	☆
收集资料法	☆☆	☆☆			
现场调查和监测法		☆☆			
层次分析法	☆			☆	
加权比较法	☆			☆	
博弈论分析	☆		☆		☆
数学模型法			☆	☆	
投入产出法				☆	☆
叠图法+地理信息系统法	☆☆	☆☆	☆	☆☆	☆
费用效益分析法			☆	☆	☆
多目标分析	☆		☆	☆	
逻辑框架法				☆	☆
核查表法	☆		☆	☆	
矩阵法	☆		☆	☆	
趋势外推预测法	☆		☆	☆	
规划相容性分析法	☆			☆	
可持续发展能力评价法				☆	
承载力分析法				☆	
会议讨论(听证会、论证会、专家咨询等)	☆	☆	☆	☆	☆
调查表(实地采访和信函等)	☆	☆	☆		☆
传媒(报纸、广播、电视和网络等)		☆		☆	☆

注："☆"的多少代表使用的频率

3.2.1　筛选、识别阶段方法及应用

1. 专家咨询法

1）方法介绍

专家咨询法是通过向专家咨询的途径对城市规划的环境影响进行求证。该方法的特点是反馈比较系统，获得的结果普遍性强，可靠性高，缺点是效率较低。

专家咨询法主要包括判别法、头脑风暴法和德尔菲法等。

判别法是列出规划实施后可能的建设行动或者某种行动的环境后果，请专家对规划的环境影响做出判断。这种判断可以是定性的、半定量的或定量的。但是由于不同专家背景不同，对环境影响的判断可能存在较大的分歧。

头脑风暴法通常以会议形式出现，参会各方对各种行动的环境后果做出判断，当场进行交流，以修正各自的看法，最终形成较为一致的观点。头脑风暴法的好处是不同专家能够面对面地讨论问题，在讨论中相互启发，修正观点，趋向一致。不足之处在于，由于专家的背景和研究体系不同，部分专家的观点可能有更大的“权重”，导致会议讨论不尽充分。

德尔菲法依据系统的程序，采用匿名发表意见的方式，即专家之间不得互相讨论，不发生横向联系，只能与调查人员发生关系，通过多轮次调查专家对问卷所提问题的看法，经过反复征询、归纳、修改，最后汇总成专家基本一致的看法作为预测结果。这种方法具有广泛的代表性，较为可靠。德尔菲法的不足之处是占用的时间较多，需要多轮通信，有的专家由于时间等因素，可能临时委托他人通信，使得意见不能完全透明的反馈。

2）优缺点

专家咨询法的优点：快速、廉价；能考虑到那些无法量化的、局部的和与政治有关的信息等；能得出新颖、双赢的解决方法；有助于专家信息共享，相互启发；其结果的不确定性不一定比其他更复杂方法的大。

缺点：因为参与专家的不同，结果可能出现偏差；可能导致评价过程不具透明性；专家的判断可能会受到心理因素的影响（屈服于权威或多数人意见而产生偏差）；不可重复，不具科学性。

3）方法应用示例：《邛崃市土地利用总体规划（2004~2020 年）》规划方案的环境影响评价

在邛崃市土地利用总体规划环境影响评价中，指标权重是通过德尔菲法确定的。①进行德尔菲法征询表设计，根据邛崃市土地利用总体规划环境影响评价的评价指标，设计出邛崃市土地利用总体规划环境影响评价指标权重值调查表。②测算程序设计根据德尔菲法调查表和德尔菲法赋分的要求，设计出测算均值和方差的计算机程序。③ 制作德尔菲法说明书，该说明书简要说明了邛崃市土地利用总体规划环境影响评价工作开展的意义，采用的方法，德尔菲法的原理、操作步骤、测定的目标和内容，专家的作用和任务等内容。④选择专家，根据专家应具有权威性、广泛性、代表性和熟悉邛崃市土地利用总体规划和环境及专家人数适当的原则，邀请 30 位专家。

第一轮因素因子权重调查表收回后，立即进行统计处理，测算出各因子专家赋值的平均值和方差，将结果反馈给专家，并请专家根据各因子权重的均值和方差所反映的专家总体意见趋向和离散程度进行第二轮赋值。

第二轮调查表收回后，再次进行统计处理，测算出各因素因子权重的平均值和方差，并对第一轮和第二轮的均值和方差进行显著性检验，以检验第二轮和第一轮方差的离散程度是否具有显著差异。如果两轮方差检验量有显著差异，则表明方差离散度较大，还需进行第三轮专家征询，如果两轮方差检验量没有显著性差异(即两轮方差具有显著整齐性)，就表明方差离散度较小，不需要再征询专家意见，即专家征询的轮次到两轮间方差无显著性差异时为止。评价指标及权重示例如表 3-2 所示。

表 3-2　评价指标及权重

指标层	权重/%	元指标	权重/%
生产力因子	C_1	土地利用率	C_{11}
		基本农田保护面积	C_{12}
		非农建设用地率	C_{13}
		粮食单产水平	C_{14}
稳定性因子	C_2	土地利用结构多样性	C_{21}
		土地开发率	C_{22}
		土地整理率	C_{23}
		土地复垦率	C_{24}
		耕地转化率	C_{25}
保护性因子	C_3	生态用地面积比例	C_{31}
		森林覆盖率	C_{32}
		自然和人文景观保护区面积比例	C_{33}
		水面指数	C_{34}
		城镇人均公共绿地面积	C_{35}
经济活力因子	C_4	建设用地产值指数	C_{41}
		农用地产值指数	C_{42}
		人均 GDP	C_{43}
		经济密度(地均 GDP)	C_{44}

2. 核查表法和矩阵法

1) 方法介绍

核查表法是将可能受规划行为影响的环境因子和可能产生的影响性质列在一个清单中，然后对核查的环境影响给出定性或半定量的评价。核查表法使用方便，容易被专业人士及公众接受。但建立一个系统而全面的核查表是一项烦琐且耗时的工作，同时由于核查表没有将“受体”与“源”相结合，并且无法清楚地显示出影响过程、影响程度及影响的综合效果。

矩阵法是将规划目标、指标以及规划方案(拟议的经济活动)与环境因素作为矩阵的行与列，并在相对应位置填写用以表示行为与环境因素之间因果关系的符号、数字或文字。矩阵法可用于评价规划筛选、规划环境影响识别、累积环境影响评价等多个环节。

2）方法优缺点

矩阵法的优点：可以直观地表示交叉或因果关系，矩阵的多维性尤其有利于描述规划环境影响评价中的各种复杂关系，简单实用，内涵丰富，易于理解。

矩阵法的缺点：对影响产生的机理解释较少，不能表示影响作用是立即发生的还是延后的，长期的还是短期的；难以处理间接影响，也难以反映规划在复杂时空关系上的不同层次的影响。

简单矩阵法(表 3-3)只是两维的图表，一轴表示环境要素，另一轴表示开发活动。从某种程度上说，矩阵法是在了解开发项目不同要素的不同影响基础上，对核查表法的拓展。

表 3-3　简单矩阵法示例

环境要素	开发活动		
	道路建设	搬迁移民	…
土壤和地质			
生物多样性			
空气质量			
水环境质量			
就业			
交通			
住房			
…			…

核查表法和矩阵法都是以表格的形式将行动与环境后果联系起来。二者的区别在于是否仅仅列出环境影响因子或是对环境因子进行某种程度的定量估计。武汉市“十一五”国民经济社会发展规划环境影响评价案例中采用矩阵法进行了环境影响识别，示例见表 3-4。

表 3-4　区域发展的环境影响识别矩阵

规划引发的开发活动	环境质量					城市生态						资源利用				气候
	空气质量	水环境质量	土壤环境	声环境	固体废物	生物多样性	生态敏感区	水土流失	洪涝灾害	园林绿化	历史文化遗产	土地资源	水资源	能源	林地资源	城市热岛
A. 区域发展及功能分区																
1. 钢铁化工及环保产业板块	−3	−3	?	−1	−3	−1	−3	−1	?	−1	−1	−1	−3	−3	0	−2
2. 汽车及机电产业板块	−1	−1	−1	−1	−1	−1	0	0	0	0	−1	−1	−2	−1	0	0
⋮																
B. 产业发展																
1. 钢铁制造业	−3	−3	−1	−1	−3	−1	−3	0	0	0	0	0	−3	−3	0	−2
2. 汽车为重点的机械制造业	0	?	−1	−1	−3	−1	−3	0	0	0	0	−1	−2	−1	0	0
⋮																
C. 交通体系																
1. 建设轨道交通体系	+3	−1	0	−3	0	−1	−2	−1	0	−2	?	+2	0	+2	0	0
2. 优先发展城市公共交通	+3	0	0	+1	0	0	0	0	0	?	0	+3	0	+2	0	+1
⋮																

注：表中 0 为基本无影响，1 为轻微影响，2 为一般影响，3 为重大影响，“?”为不确定，“+”表示有利影响，“−”表示不利影响

3. 网络法

1）方法介绍

网络法是用网络图来对规划行动的后果进行判断和分析，多级影响逐步展开。该方法是对上述列表法的发展和改进，其关键之处在于分析行动后果的直接影响后，寻求后续影响。网络法能够分析累积的和间接的影响，可用于建设项目和规划环境影响识别，包括累积影响或间接影响。网络法主要有以下两种形式：①因果网络法，实质是一个包含建设项目或规划与其调整行为、行为与受影响因子以及各因子之间联系的网络图。优点是可以识别环境影响发生途径、便于依据因果联系考虑减缓及补救措施。缺点是要么过于详细，致使花费很多有限的人力、物力、财力和时间去考虑不太重要或不太可能发生的影响；要么过于笼统，致使遗漏一些重要的间接影响。②影响网络法，即把影响矩阵的关于经济行为与环境因子进行的综合分类以及因果网络法中对高层次影响的清晰追踪描述结合起来，形成一个包含所有评价因子(即经济行为、环境因子和影响联系)的网络。

网路法的步骤：通过专业判断，画出流程图(行为、结果)和箭头(表示它们之间的相互作用)构成的网络系统，用来表示行为的直接影响和间接影响。为了识别累积效应，应提供评价人员查询相关行动对资源可能产生的各种影响的性质和范围，通过展示因果关系预测各种影响，展示对每一种资源附加的次级影响。

2）方法优缺点

网络法的优点：易于理解、透明，有利于公众参与；快速，成本低；能明确表述环境因子间的关联性和复杂性；识别有效实施战略行为的制约因素；能够为其他规划环境影响评价方法提供信息，如建模。

网络法的缺点：无法定量，不能重现；不能反映空间关系和时间跨度的变化影响；图表可能变得非常复杂。

3.2.2　预测阶段常用方法及应用

环境影响预测可分为定性、定量和综合预测三种方法，主要用于预测战略性环境影响评价指标体系中各指标在战略实施后某一时间所处的状态，它反映了战略对环境影响的程度，如情景分析法、环境数学模型法、投入产出法、对比分析法。

1. 情景分析法

1）方法介绍

情景分析法(scenarios analysis)是对系统未来发展的可能性和导致系统从现状向未来发展的一系列事件的描述和分析，将规划方案实施前后、不同时间和条件下的环境状况，按时间序列进行描绘的一种方式。可以用于规划环境影响的识别、预测及累积影响评价等环节。情景分析的内容主要由以下几部分组成：情景设立、未来多重情景方案的描述、情景发展的敏感度分析、引入突发事件后对未来情景发展的影响和调整。

2）情景分析法的步骤

情景分析法的步骤如图 3-1 所示。

3）方法优缺点

情景分析法可以反映出不同规划方案(经济活动)情景下的环境影响后果，以及一系列主要变化的过程，便于研究、比较和决策。情景分析法还可以提醒评价人员注意开发行为。但情景分析法只是建立了一套进行环境影响评价的框架，分析每一情景下的环境影响还必须依赖于其他一些更为具体的评价方法，如环境数学模型、矩阵法或 GIS 等。情景分析法在交通规划环境影响评价中的应用范例见图 3-2。

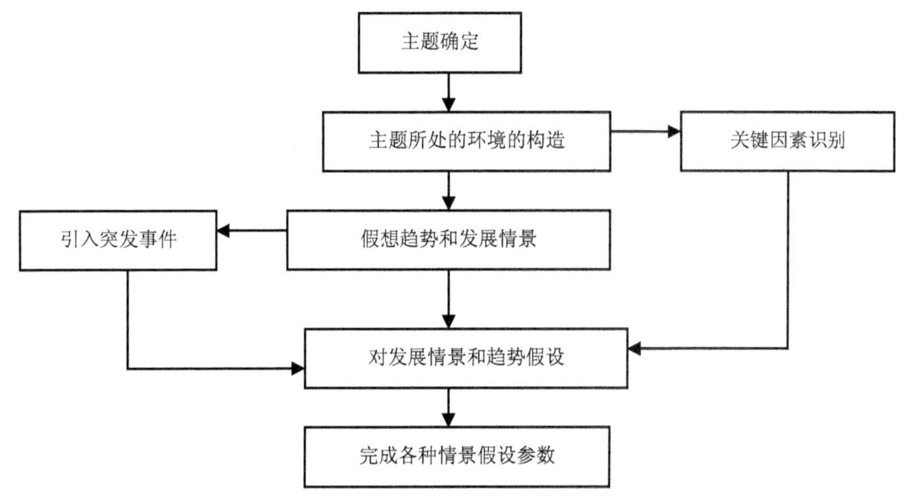

图 3-1　情景分析法的步骤

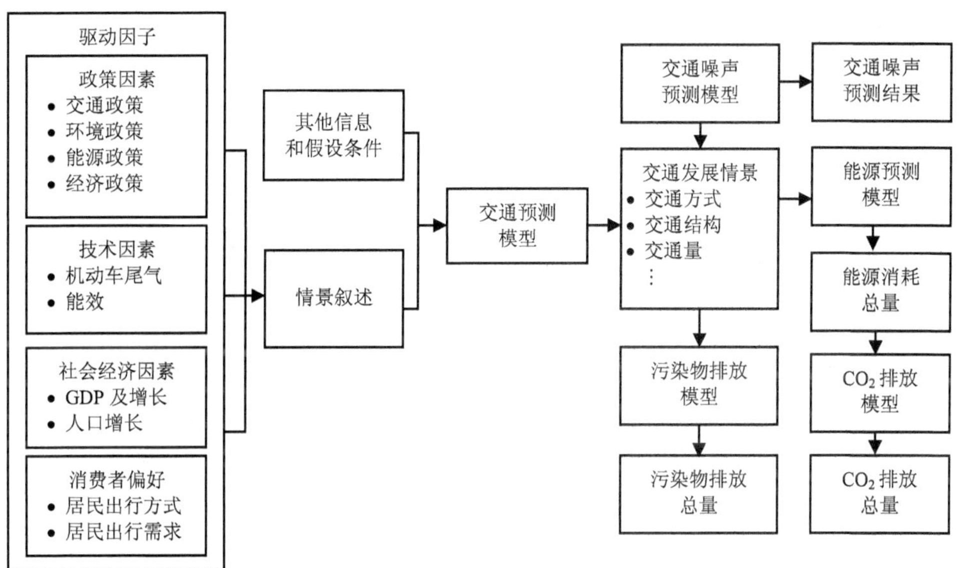

图 3-2　交通规划环境影响评价的情景分析法

2. 环境数学模型法

1）方法介绍

环境数学模型法是基于污染物迁移及转化的规律，建立数学模型，模拟预测污染物进入环境后对环境质量的影响。目前，环境科学及其相关学科的模型很多，可以用来模拟环境质量的变化，但这些模型一般以污染源数据作为输入，还没有直接与社会经济的内容相联系。下文将对水环境和大气环境模型进行详细的介绍。

建模分析需要在不同情景下对未来状况作出一系列假设，并计算由此产生的影响。建立模型需要先选用一个已有模型，或建立新模型，而后获取用于建立和利用模型所必需的数据。规划环境影响评价中所用到的许多模型是从项目 EIA 方法发展而来的，而且许多模型是用计算机处理的。

2）方法优缺点

数学模型法具有以下优点：①定量描述多个环境因子和环境影响的相互作用及因果关系。②充分反映环境扰动的空间位置和密度，可以分析空间累积效应及时间累积效应。③具有有较大的灵活性，如适用于多种空间范围，可用来分析单个扰动及多个扰动的累积影响。

但是数学模型法也有其不足的地方，如：①对基础数据要求较高，而通常我们对规划进行环境影响评价时，由于介入的时期较早和部门之间缺乏有效的信息共享以及信息不公开，很难获得全面的基础数据。②应用于人们了解比较充分的环境系统，这些模型多是用于狭义的水、气、声环境质量等方面。③应用于建模所限定的条件范围内，通常模型的许多条件都是在理想条件下，而现实中许多情况往往不符合。④费用较高且通常只能分析对单个环境要素的影响。

3. 投入产出法

1）方法介绍

投入产出法原是经济学中一个联系生产投入与产出关系的方法，它以表格为基础，将国民经济的不同部门联系起来，构成一个模拟现实国民经济结构和社会产品再生产过程的经济数学模型，并借助计算机，综合分析和确定国民经济各部门间错综复杂的联系和再生产的重要比例关系。目前，它的应用范围已广泛扩展，可用于分析和计量一个地区、一个部门、一个公司或企业的经济活动，也可用于研究国际经济关系，还可用于环境经济问题和城市生态系统研究。环境科学将它引入，将生产过程与环境联系起来，考察生产过程中产生的各种废弃物，研究减少废弃物的方法和策略。采用此方法需要做大量的调研工作以获取数据，数据处理的工作量也比较大。在规划环境影响评价中，投入产出分析可用于拟定规划引导下区域经济发展趋势的预测与分析，也可以将环境污染造成的损失作为一种投入(外在化的成本)，对整个区域经济环境系统进行综合模拟。

2）编制投入产出表的基本程序

(1) 准备工作阶段：成立机构、明确编表要求、进行表式设计、制订工作计划、筹集工作经费。

(2) 资料收集阶段：明确调查要求、确定调查方法、进行调查试点、全面开展调查、审核调查资料。

(3) 汇总编表阶段：汇总调查资料、进行比较推算、反复平衡调查、计算各种系数、写出技术报告。

3）方法优缺点

优点：投入产出法为经济学家和决策者广泛接受，在研究多个变量结构上的相互关系时极为有用，适用于作为处理某些类型的环境问题的手段，分析投入产出系统中可以用实物表现的各种物物交换。

缺点：适于发展阶段的投入产出关系，不适于较长时间段；需要大量的数据，计算方法复杂，耗费大量的时间和资源；约束条件过多，在环境经济分析中难以得到广泛的应用。

4）方法应用举例

水泥行业粉尘污染较为严重，根据相关数据分析，提高水泥散装率是治理水泥粉尘污染的重要措施。散装率每提高 1 个百分点，粉尘排放量将减少 14.24 万 t。一方面，提高散装率需要增加投入；另一方面，控制粉尘排放量也需要增加除尘设施等的投入，因此，可以通过投入产出法来研究水泥散装率变化对粉尘排放的影响。示例如图 3-3 所示。

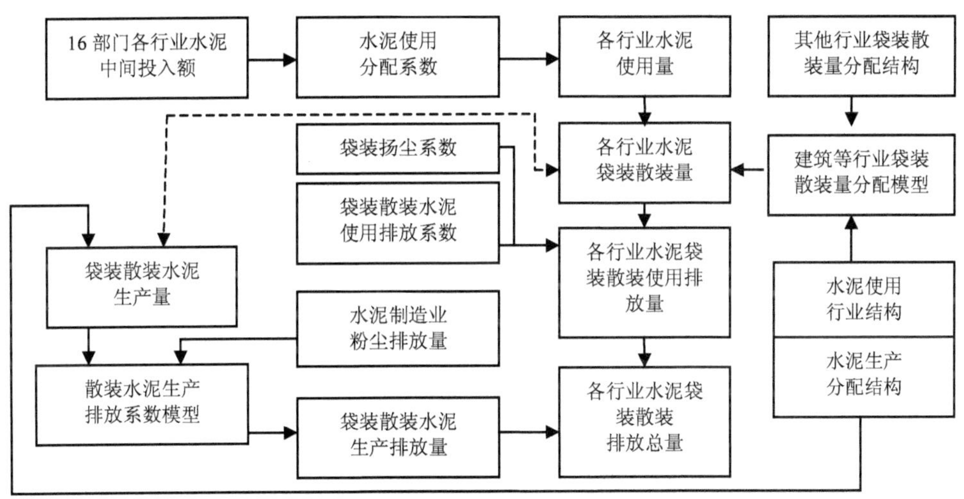

图 3-3　水泥散装率变化对粉尘排放的影响的分析思路

4. 对比分析方法

1）方法介绍

对比分析方法是目前研究城市规划环境影响的常用方法，具体做法是选择与规划城市类似的城市，这种类似体现在城市自然环境条件和社会经济发展状况等方面，当规划城市在一个或多个方面与对照城市有一定程度相似时，就可以做一些类比。对比分析法广泛应用于政策评价，具体来说，对比评价法有前后对比分析和有无对比分析两种类型。

2）两种方法的优缺点

前后对比分析法是将规划实行前后的环境质量状况进行对比，从而评价规划环境影响。其优点在于简单易行，缺点是可信度较低，因为难以确定这些变化(环境效益)是否由该规划引起，以至于难以确定对比法所确定的环境影响就是规划"净"影响。

有无对比分析法是将规划环境影响预测情况与若无战略执行这一假设条件件下的环境状况进行比较，以评价规划的真实或"净"环境影响。确定无规划实施这一假设条件下的环境状况可以通过趋势类推预测法、类比预测法进行。趋势类推预测法是预测评价战略实施后某一时刻的社会经济环境状况，同时预测假设没有该战略实施同一时刻的社会经济环境状况，两者的差值即为评价战略的"净"环境影响。而类比预测法则是选择与评价区域有共同或类似之处，但不实施评价地区战略的地区作为对照区，预测评价战略实施后评价区域的社会、经济和环境变化情况，同时，考察对照区的社会、经济和环境的变化，以两者之差作为评价战略的"净"环境影响。与前后对比分析法相比，有无对比分析法的优点是能更为客观、准确地反映"净"影响；但是，合适的对照点的选择很难，并且对照点选择不当，会造成评价结论出现较大的偏差。

3.2.3 评价阶段常用方法及应用

1. 3S 技术方法

1）遥感原理

遥感(remote sensing, RS)原理于 1960 年在美国问世，正式采用是在 1962 年第一届环境遥感学术讨论会上。遥感主要涉及的是电磁波谱遥感，应用机理为电磁波和地球表面物质相互作用，应用功能为利用航天、航空(包括近地面)遥感平台上的遥感仪器，获取地球表层(包括陆圈、水圈、生物圈、大气圈)特征的反射或发射电磁辐射能的数据，探测、分析和研究地球资源与环境，定性、定量地研究地球表层的物理、化学、生物、地学过程，为资源调查和环境监测服务，揭示地球表面各要素的空间分布特征与时空变化规律。

2）GIS 概况与基本功能

GIS 即地理信息系统，由加拿大测绘学家 R. T. Tomlinson 博士提出，是在计算机软、硬件支持下，采用地理模型分析方法，适时提供多种空间的、动态的地理信息，对地理空间数据库和信息实现输入、存储、管理、检索、处理和综合分析的技术系统，简言之，GIS 就是集用户、分析方法、空间数据和属性数据、计算机软、硬件和个人设计能力于一体，能有效收集、处理、存储、修正、管理、分析和显示所有与地理有关的信息的计算机系统，通过地理信息系统自动匹配管理和传输信息。

GIS 的基本功能可归纳为以下五点。

(1) 空间数据的采集、编辑和处理功能。GIS 在计算机软、硬件的支持下，具备一般数据库系统的数据采集、编辑能力、专题图件存储能力。同时可以进行编辑和修改，清除图形数据，描述数据错误，为了更有效地利用遥感资料，GIS 还具备处理利用航空、航天技术获得的空间数据的能力。

(2) 空间数据的管理能力。地理信息数据库是 GIS 的核心，为了实现数据共享，提供最新的数据资源，该数据库提供了庞大的地理图形和文本数据管理功能，并能与其他数据库管理系统相互转换。

(3) 空间查询与空间分析能力。GIS 具有综合、分解、计算等各种空间分析能力，围绕总体目标从实体图形数据和属性数据的空间关系中获得派生的信息和知识，协助空间关系的查询，进行空间分析。

(4) 图形处理和制图功能。GIS 具有处理、制作、修改、整饰图形和多层次框架叠置分析能力等多种功能，可绘制全要素地图或分层绘制各种专题地图，还可以通过空间分析得到特殊的地学分析用图。

(5) 分析结果的各种输出与转化功能。GIS 可将空间查询和空间分析结果以数学表格或转化为二维、三维图形等多种形式输出，输出范围相当广泛。

3) RS+GIS 方法案例研究

张林波等(2008)以中国经济特区深圳为例，将景观生态概念模型与生态系统服务功能价值评估方法结合起来，在 GIS 技术的支持下，构建了城市最小生态用地空间分析模型，并分别按照保留城市面积 30%、40%、50%和 60%生态用地四种情景，分析最小生态用地空间分布的合理性，结果表明本文所构建的最小生态用地模型能够很好地将城市当中具有重要生态系统服务功能的土地提取出来。

(1) 数据收集。遥感信息源包括 1989 年、1995 年、2000 年、2003 年等四个时相的深圳 Landsat-5 遥感影像，用于深圳生态环境状况动态分析，购置 2003 年的 SPOT5 遥感影像，用于和 2003 年的 Landsat-5 影像融合，提取包括土地利用现状、河流水系、海洋岸线与湿地、道路交通和绿地分布等专题信息。

GIS 数据源包括深圳 1：10000 的 DEM 数据，用于坡度、坡向、水土流失等专题信息提取，还包括深圳土壤图等数据；收集的文字材料包括政府正式颁布的统计年鉴和统计公报等数据，重点对植被覆盖和城市扩张情况进行现场踏勘，以校核遥感解译数据。

(2) 理论分析、影响因子识别。最终确定以“集中与分散相结合”的景观空间格局分析方法，结合生态系统服务功能价值估算，以景观组分(土地利用类型、生态活力)、生态系统服务功能和景观空间结构为主要评价因子，建立基于城市发展目标的最小生态用地空间分析模型，为生态用地空间评价提供良好的理论基础。

(3) 模型建立。模型构建立足于 GIS 和 RS 技术，根据对生态景观自身的性质、所处的空间位置、所具有的一些服务功能(如水源涵养、土壤侵蚀防护等)以及该生态景观与其他生态景观之间的空间位置关系等方面信息的解读，选取有代表性的指标因子组成模型的指标体系，通过对指标数据的叠加分析和计算，实现对城市最小生态用地的定量化表达。

(4) 评价步骤。城市生态景观综合评价可按以下步骤进行。

第一步，按照评价指标体系中第三层次的指标项、指标值划分等级及相应等级的评价分值，生成相应的专题栅格数据。

第二步，按照评价指标体系第二层次中的分类对各自所属指标进行乘积运算，相关叠加计算方法如表 3-5 所示。

表 3-5　第二层次独立指标项计算方法

<table>
<tr><th colspan="2">指标项</th><th>计算式</th></tr>
<tr><td colspan="2">景观组分</td><td>景观组分= $\sqrt[2]{\text{生态系统类型}\times\text{状态}}$</td></tr>
<tr><td rowspan="2">生态服务功能</td><td>水源涵养功能、土壤敏感性防护功能、生物多样性保护功能项的评价分值赋值为“max”</td><td>生态服务功能=5</td></tr>
<tr><td>其他条件</td><td>生态服务功能= $\sqrt[2]{\text{水源涵养功能}\times\text{土壤敏感性防护功能}}$</td></tr>
<tr><td colspan="2">景观空间结构</td><td>景观格局=距离指数</td></tr>
</table>

第三步，对第二层次中三个指标进行加权叠加运算得出综合评价指数，其算式如下：

$$\text{城市景观综合}=\text{景观格局}\times W_1+\text{景观组分}\times W_2+\text{生态服务功能}\times W_3$$

式中，$W_1=0.3$、$W_2=0.4$、$W_3=0.3$ 为三个指标因子各自的权重值，权重值由专家打分得到。

第四步，为了防止建设用地和未利用地等非生态用地类型的干扰，在最终的结果中，对该用地类型的区域赋以最低分值“0”。

(5) 情景分析与研究结果。根据上述综合分析，以城市生态景观评价综合指数来反映生态用地需保护的级别，指数分布范围为 0~5，指数越高，需要受保护的级别也就越高。将综合评价结果从高到低排序，分别以全市土地面积的 30%、40%、50%和 60%为标准，从综合评价结果中提取相应的生态用地范围。

4) RS+GIS 深层次探索

在人地关系日益紧张的今天，一些可能产生视觉景观不良影响的项目不得不建设于自然保护区、历史文化遗迹等视觉景观敏感区内或附近，为避免建设项目对自然、历史、文化、旅游资源产生不必要的损失和造成难以弥补的遗憾，视觉景观环境影响评价就显得尤为重要。

张林波(2006)开展了基于 GIS 的视觉景观影响定量评价方法研究——以对明十三陵景区的景观影响评价为例，研究结合传统建设项目环境影响评价的程序步骤，采用反视的分析方法，综合应用 GIS 技术，以基础数据采集、敏感视点选择、景观暴露程度分析、可视距离分析和减缓措施分析为重点，建立了基于 GIS 的视觉景观环境影响评价技术流程，如图 3-4 所示。

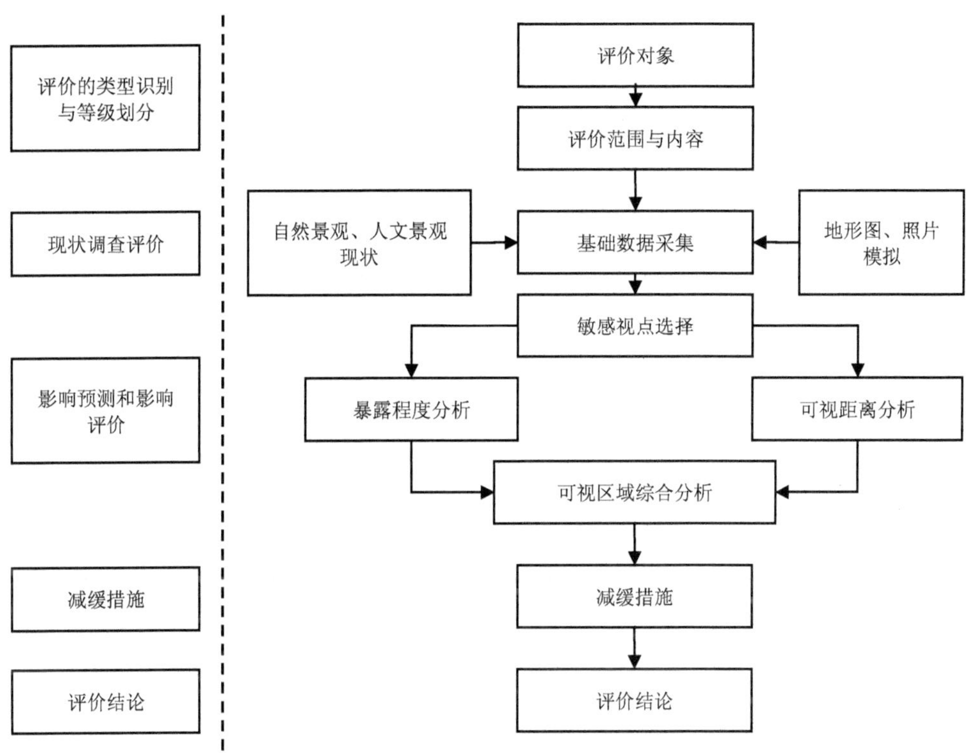

图 3-4　基于 GIS 的视觉景观影响评价技术流程

2. 资源环境承载力分析

1）方法介绍

资源环境承载力分析是要估算在一定时期内，某种特定状态下，一定区域内的资源和环境对人类社会经济活动支持能力的阈值。承载力的大小可用人类行动的方向、强度、规模等来表示。

利用资源环境承载力分析评价城市发展规划的环境影响主要是在确定各区域的

资源环境承载力基础上，结合预测的按照规划的经济、社会发展方式与速度需要的资源量和环境容量，将区域资源与环境容量的需要量与区域资源环境承载能力进行对比，计算环境承载率，通过环境承载率判断规划的规模、结构、布局的合理性。

2）方法优缺点

承载力分析法的优点：在阈值的基础上对累积效应进行近似真实的度量，在对一个地区的环境承载力进行分析后，确定各环境因子的阈值，从而使预测和评价更具科学性；以系统观点表达影响和表达时间因素。

承载力分析法的缺点：几乎不可能准确度量承载能力；往往在确定很多的阈值时缺乏所需的相关地区的资料。

3）方法应用

承载力分析适用于规划环境影响的预测与评价及累积环境影响评价，尤其适用于累积影响评价，因为环境的承载力可以作为一个阈值来评价累积影响显著性。在评价下列方面的累积影响时，承载力分析较为有效可行：基础设施或公共设施；空气和水体质量；野生生物数量；自然保护区域的休闲使用；土地利用。

资源环境承载力分析，可采用综合指标评价法，一般包括：①建立资源环境承载力指标体系，确定指标的具体数值(通过现状调查或预测)。②建立资源环境承载力评估的具体准则和方法。③对城市现状或未来的资源环境承载力进行估算和评估，提出相应的结论和对策建议。资源环境承载力分析，也可以通过建立人口经济与环境资源消耗之间的数学模型，测算出承载力的大小。环境承载力的计算方法见表 3-6。

表 3-6　环境承载力的计算方法

计算方法	判断承载力的依据	方法局限
资源与需求差量法	资源存量、需求量、生态环境现状和期望状况之间的差值	该方法比较简单，但不能表示研究区域的社会经济状况及人民生活水平
自然植被净第一生产力估测法	生态系统内自然植被的第一性生产力估测值	不能反映生态环境所能承受的人类各种社会经济活动的能力
状态空间法	根据时间空间，比较准确地判断某区域某时间段的承载力状况	定量计算较为困难，所需资料较多
生态足迹法	一个地区所能供给的人类的生态生产性土地的面积总和	不能反映社会、经济活动等因素
模型预估法	数学模型定量计算，如大气环境容量模型、水环境容量模型、系统动力学模型、模糊目标规划模型、层次分析模型等	对基础数据要求较高，很难获得全面的基础数据；多是用于狭义的环境的质量方面；通常模型都是在理想条件下，现实情况往往不符合；费用较高及通常只能分析对单个环境要素的影响

4）应用案例 1：承载力方法在煤电、煤化工基地规划环境影响评价中的应用

时进钢等(2010)以某煤电、煤化工基地规划环境影响评价为例，探讨了以区域资源、环境承载力为约束条件，以经济效益最大化为规划目标，采用线性规划法优化煤电、煤化工基地规划结构的过程。

案例背景：某地区规划的煤电、煤化工基地具有丰富的煤炭资源，规划发展煤电、煤化工(甲醇、二甲醚、煤制油、烯烃、尿素、天然气)等产业，但区域水资源缺乏，水资源完全靠区域调水补给。

研究目标：煤电化基地的工业增加值最大化。

(1) 构建线性规划模型。

$$\max F = V \times X$$

$$C \times X \leqslant B$$

$$X = \begin{pmatrix} x_1 & x_2 & \dots, & x_7 \end{pmatrix}^{\mathrm{T}}$$

$$V = \begin{pmatrix} v_1 & v_2 & \dots, & v_7 \end{pmatrix}^{\mathrm{T}}$$

$$C = \begin{pmatrix} c_{11} & c_{12} & \cdots & c_{17} \\ c_{21} & c_{22,} & \cdots & c_{27} \\ \vdots & \vdots & & \vdots \\ c_{61} & c_{62} & \cdots & c_{67} \end{pmatrix}$$

$$B = \begin{pmatrix} b_{1,} & b_2 & \dots, & b_6 \end{pmatrix}^{\mathrm{T}}$$

式中，F 为煤电化基地总的工业增加值；$x_i(i=1,2,\cdots,7)$ 为煤电化基地各产品的规模，数字下标 1~7 分别对应的是煤电、甲醇、二甲醚、煤制油、烯烃、尿素、天然气；$v_i(i=1,2,\cdots,7)$ 为各产品单位产量的工业增加值；$c_{ij}(i=1,2,\cdots,6; j=1,2,\cdots,7)$ 为各行向量分别代表各产品单位产量的资源消耗量和污染物排放量(包括各产品单位产量的水资源消耗量、蒸汽消耗量、电能消耗量、煤炭资源消耗量、SO_2 排放量和 CO_2 排放量)；$b_i(i=1,2,\cdots,6)$ 为煤电化基地可用资源量或环境容量(以原规划产品结构及规模下的水资源消耗量、蒸汽消耗量、电能消耗量、煤炭资源消耗量、SO_2 排放量和 CO_2 排放量为约束条件)。

资源、环境的约束条件：①水资源消耗量⩽原规划规模及结构下的消耗量；②煤电化基地电力规模⩾煤电化基地中各产业电力消耗量总和；③蒸汽消耗量⩽原规划规模及结构下的消耗量；④煤炭消耗量⩽原规划规模及结构下的消耗量；⑤SO_2 排放量⩽原规划规模及结构下的排放量；⑥CO_2 排放量⩽原规划规模及结构下的排放量。

(2) 规划结构优化计算过程。

规划结构优化过程包括规划规模及利润、规划优化规模及利润、优化后可行产品规模的利润三部分。首先列举出煤电化基地各产品的规划结构，以及各种规划结构情况下的利润、能耗及污染物排放，之后采用 Excel 软件中"规划求解"模块，对煤电、煤化工产品的规模进行优化，并求解得出在优化产品方案下，煤电化基地的利润、能耗及污染物排放情况。根据以上规划求解得出在优化产品方案，考虑各个产品生产的实际技术水平情景，将规划求解规模按最接近的可能发展的实际规模进行取整，得到各产品的可行规模。

5）应用案例 2：承载力方法在大气环境影响评价中的应用

规划环境影响评价中大气环境承载力分析原则的定义是在环境容量和大气环境承载率的约束条件下，寻找大气环境承载力的最优利用水平，确定规划适度的规模、布局和结构。

（1）大气污染物排放不超过环境容量。

$$\sum_{i=1}^{n} x_i m_i (h,s) \leqslant Q$$

式中，x_i 为规划 i 活动的规模；m_i 为第 i 活动的排污系数；h、s 为影响排污系数的参量，如生产工艺等；Q 为第 k 种污染物的大气环境容量。

大气环境容量测算方法及特点分析见表 3-7。

表 3-7 大气环境容量测算方法及特点分析

模型	原理及特点
ADMS 大气扩散模型	分"ADMS–评价""ADMS–工业"、"ADMS–城市"等系统。用点源、线源、面源、体源和网格源模型来模拟污染源，该模型对研究大气质量管理措施比较实用
ISC-AERMOD 大气扩散模型	由 ISCST3、AERMOD 和 ISC-PRIME 三大模型组成，其核心是高斯烟流模型
大气扩散烟团轨迹模型	把某时间段内烟气的实际轨迹分成不同的折线，每段折线长度范围内采用烟流模式的方法计算污染物浓度
EIA 环评助手	以 HJ/T2.2—93 导则–大气环境、JTJ005—96 公路建设项目环境影响评价规范–大气部分、中国环境影响评价培训教材等文献中推荐的模型和计算方法作为主要框架
区域大气污染物总量控制模型	可以选择各种不同的大气扩散参数、风速扩线指数和计算参数，确定污染物基础排放量和一些基础计算
A-P 值法	首先利用 A 值法计算出控制区大气环境容量，然后利用 P 值法，在区域内所有污染源的排污量之和不超过上述容量的约束条件下，确定出各个点源的允许排放量。计算简单、可操作性强，应用最广泛
城市多源模拟模型	考虑控制区内每一个污染源及其扩散过程对每一个控制点的浓度影响，对照控制点的目标浓度来确定各源的允许排放率从而确定整个控制区或功能分区的总量

（2）大气环境承载力利用率小于 1。

$$\text{AECR}(c,b)<1$$

式中，AECR 为大气环境承载率；c、b 为影响大气环境承载率的参量，如环境容量和社会经济活动等。

为了更好地反映区域大气环境质量状况，更科学地度量区域人类活动与环境系统之间的关系，还需要引入区域大气环境承载力动态表征量——区域大气环境承载力相对剩余率概念和计量模型。所谓区域大气环境承载力相对剩余率是指在一定区域范围内，在某一时期区域大气环境承载力指标体系中各项指标所代表的在该状态下的取值与该指标理想状态值的差值与比值。

(3) 区域大气环境承载力相对剩余率的计算方法如下：

$$p = \sum p_i W_i + \sum p_j W_j$$

式中，p 为区域大气环境承载力剩余率；i 为指标体系中大气环境供给变量；j 为指标体系中社会支持变量；W_i，W_j 为各指标的权重；p_i，p_j 为单项指标的环境承载力相对剩余率，计算方法如下：

正向指标的承载力相对剩余率为

$$p_i = \frac{C_i}{C_{i0}} - 1$$

正向指标是指数值越大，环境质量越好的指标。

反向指标的环境承载力相对剩余率为

$$p_i = 1 - \frac{C_i}{C_{i0}}$$

反向指标是指数值越大，环境质量越差的指标。

式中，C_{i0} 为环境标准值；C_i 为实测值。

单项指标的环境承载力相对剩余率反映了区域实际的环境承载力与其环境承载力之间的量值关系。如果一个区域的相对大气环境承载率大于 0.2，表示开发强度不足；相对大气环境承载率介于 0 到 0.2 之间，表示达到开发平衡，需注意控制开发；当区域综合大气环境承载力相对剩余率小于 0 时，说明区域环境承载力已经超载，需要采取措施降低区域的大气环境承载量或提高区域的环境承载力，否则将导致区域的发展趋向于不可持续。

3. 多目标分析法

1）方法介绍

多目标分析又称多属性分析或多目标规划等，它是系统科学和管理科学的重要研究分支(郭怀成等，1998)。现实世界的决策问题，大多是多目标的，一般评判某项决策的好坏往往需要同时考察很多个指标，尤其对复杂的大系统，需要考虑的指标就更多(吴清烈和徐南荣，1996)。在这些指标中，有主要的，也有次要的；有近期的，也有远期的；有相互补充的，也有相互对立的，因而使得决策者难以决断。多目标分析，实际上就是要在各种目标和各种限制条件之间寻求一个合理的妥协，即通常所说的寻求一个最优解。多目标分析法分析和比较不同替代方案所能达到的目标，从而确定首选替代方案。具体是以表格形式，将各个替代方案的得分和权重相乘，然后将结果相加，选出得分最高的替代方案。

2）多目标分析法的优缺点

多目标分析法的优点：承认社会是由不同目标和价值观的利益相关者组成，并且充分考虑了他们的观点；反映了某些问题比其他问题更"重要"；简单可行，能够用于多种情况，包括公众参与；能够比较各种替代方案；能够使用定量和非定量数据。

多目标分析法的缺点：可能会使用"存在偏差的"数据，会因为制定权重和设计计分系统人员的改变，而得到不同的结果；通常不能很好地突破无法避免的、重要的限制，表现为不管其他方面的影响有多么重要，都不能超过某一因素带来的不利影响。

3）多目标分析法的步骤

（1）选择相应的评价标准/影响和替代方案；

（2）将每个替代方案的影响计分；

（3）指定影响的权重；

（4）合计每种替代方案的得分和权重。

结果的表现形式：以表格形式，将各个替代方案的得分和权重相乘，然后将结果相加，选出得分最高的替代方案。

4. 加权比较法

1）方法介绍

加权比较法就是对环境影响评价指标赋予权重和分值，求出该评价因子的实际分值，然后加以比较的一种方法。加权比较法是综合评价的一种方法，该法主要是为了使评价指标定量化，便于比较和说明问题。

2）方法优缺点

加权比较法的优点：在加权比较评价法中，分值和权重的确定是最为关键的两个环节，并且在很大程度上取决于主观经验。分值和权重的确定可以通过专家调查法(德尔菲法)进行评定，尽可能降低其不可靠性。加权比较法可以使指标定量化，并把分散的指标联系起来加以比较，选出较优方案，同时该法比较直观，可以根据综合值直接比较，而后得出结论。

加权比较法的缺点：加权法确定权值和分值时，都是由人根据经验确定，权重的确定含有较多的主观成分，不同层次的人、不同的方法可能得出不同的计算结果，而且各环境因子随规划时间的变化，其影响也在变化。

加权比较法的应用范围：加权比较评价法多用于环境影响综合评价中的多方

案比较，它可以直观地、清晰地表达出各方案的综合得分，并且对各方案的各个操作子系统优劣用得分的形式表达出来，因此该方法的适用性很强。

3）加权比较法的步骤

加权比较法的应用思路：应用加权比较法是对包括替代方案在内的每一个战略方案的环境影响依据评价基准进行打分，如分值为 1~10，分值越高表明该方案在这一环境因子方面越理想。同时，不同类型的环境影响产生不同程度的后果，而且对于人类社会经济环境系统的意义或重要性也不相同，因此还必须根据各类环境因子的相对重要程度予以加权。这样分值与权重的乘积即为某一战略方案对于该评价因子的实际得分，所有评价因子的实际得分累计加和就是这一战略方案的最终得分，最终得分最高的战略方案即为最优方案。

打分系统的建立：建立打分系统，首先求出预测时段内所有方案中每一个环境因子，如具体污染物或污染形式的年平均排放量、产生量或能够表示环境影响大小的其他平均数值等，并以此平均值作为评价基准，分别就预测时段内各个方案所指示污染物或污染形式(如 SO_2、CO_2 等)打负分，高出越多，得分越多；反之，如低于该基准，则得正分，低得越多，得分也越多。对于定性评价指标，其影响大小与造成该类影响的规模呈正相关关系，规模越大，所致风险就越大，造成的损失越大，对人们心理影响也越大，打分方式同上。而对于人均用能指标，则与上述两种情况相反，即高于评价基准者得正分，低于评价基准者得负分，越远离该评价基准，得分越多。

评价结果及分析：应用加权比较法，通过打分系统评价各个方案的环境影响，得出不同方案环境影响的最终得分，从高到低依次排列。例如，通过加权比较法对某一战略环境影响进行评价，最后形成如下评价结果，见表 3-8。

表 3-8　加权比较法评价结论表

环境影响类型	权重	方案					
		A		B		C	
		得分	得分×权重	得分	得分×权重	得分	得分×权重
大气污染	0.4	4	1.6	5	2	10	4
噪声污染	0. 1	6	0.6	3	0.3	3	0.3
景观	0.5	4	2	4	2	7	3.5
总分		4.2		4.3		7.8	

在加权比较评价法中，分值和权重的确定是最为关键的两个环节，并且在很大程度上取决于主观经验。因此分值和权重的确定可以通过德尔菲法进行评定，以尽可能降低其不可靠性，权重也可以通过层次分析法(the analytic hierarchy process, AHP)予以确定。

5. *层次分析法*

1）方法介绍

层次分析法是一种灵活、简便的多目标、多准则的决策方法。它把一个复杂的问题按一定原则分而治之，即分解为若干子问题，对每一个子问题作同样的处理，由此得到按支配关系形成的多层次结构，对同一层的各元素进行两两比较，并用矩阵运算确定出该元素对上一层支配元素的相对重要性，进而确定出每个子问题对总目标的重要性。层次分析法是能够将定性分析与定量分析相结合的新型多目标决策方法，是处理综合评价问题的有效模型，在简单加权法的基础上推导得出，是确定权重的有效方法。利用定性和定量分析相结合的层次权重决策分析方法可确定各评价指标的权重，对各项指标的相对重要性作出定量描述。

2）方法优缺点

层次分析法的优点：层次分析法是对复杂问题作出决策的一种简易方法，它可将一些量化困难的定性问题在严格数学运算基础上定量化，将一些定量、定性混杂的问题综合为统一整体进行综合分析。特别是该方法在解决问题时，可对定性–定量转换、综合计量等解决问题过程中人们所判断的一致性程度等问题进行科学检验，同时该法集中了所选专家的共同意见，综合反映多数人的观点，模拟决策思维过程。层次分析法尽可能地增加定量分析的成分，从而使评价的结果更直观、更清晰，使规划环境影响评价的结论更加可信和明确。

层次分析法的缺点:随着判断矩阵的增大，出现前后矛盾及判断差错率很高，难以满足一致性的要求，而如何合理修正判断矩阵尚未可知。同时，由于各地情况不同，目前还没有统一的、准确的确定权值的方法。另外，在环境影响评价的实际运用过程中，确定各因子的权重过程比较复杂，操作较麻烦。

3）方法应用示例：太仓市沿江地区土地利用规划环境影响评价

（1）明确问题。

考虑规划选择的模型:当选用某一规划方案或比较判断使用的规划方案是否合理时，对规划之间考虑三到五项环境影响判断准则（B_1 是否能促进社会经济稳步发展；B_2 对土地资源利用持续利用是否构成威胁；B_3 能否保证土地利用结构的合理性；B_4 对生态环境的影响是否为良性；B_5 是否违背相关法律法规及能否被公众所接受）。

由此，我们可得到公式

$$Y=B_1W_1+B_2W_2+\cdots+B_5W_5$$

式中，W_1，W_2，…，W_5 为准则层的权系数，通过权系数与判断准则指标计算不同规划的 Y 值，来最终判断确定选择的规划是否合理。

(2) 建立系统的层次结构模型(图 3-5)。

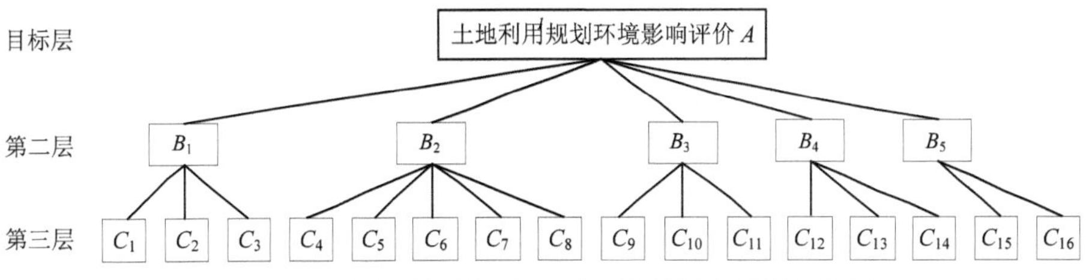

图 3-5　土地利用规划环境影响评价的层次分析结构图

(3) 构造判断矩阵。由于层次结构模型确定了上下层元素间的隶属关系，所以可针对上一层的准则构造不同层次的两两判断矩阵，两两比较评价指标的重要性(表 3-9)。

表 3-9　各评价因素的权重判断矩阵

	C_1	C_2	C_3	C_4	C_5	C_6	C_7	C_8	C_9
C_1	1	1/3	1/7	1/5	1/5	1/6	1/5	1/3	1/4
C_2	3	1	7/5	1/3	1/2	1/5	1	1/2	1
C_3	…	…	…	…	…	…	…	…	…
C_4	…	…	…	…	…	…	…	…	…
C_5	…	…	…	…	…	…	…	…	…
C_6	…	…	…	…	…	…	…	…	…
C_7	…	…	…	…	…	…	…	…	…
C_8	…	…	…	…	…	…	…	…	…
C_9	…	…	…	…	…	…	…	…	…

(4) 单排序和排序一致性检验。针对每一个评价因素对替代方案两两比较，进行层次单排序，在层次单排序基础上进行总排序，得到一组经归一化后的反映各因素相对重要性的数据。根据这组数据可以给出评价的重点和影响规划实施的主要因素(表 3-10)。

表 3-10　层次总排序

	C_1	C_2	C_3	C_4	C_5	C_6	C_7	C_8	C_9	层次总排序
	0.025	0.057	0.202	0.165	0.098	0.150	0.101	0.072	0.130	
A_1	0.045	0.270	0.050	0.048	0.039	0.055	0.116	0.121	0.046	0.07
A_2	…	…	…	…	…	…	…	…	…	…
A_3	…	…	…	…	…	…	…	…	…	…
A_4	…	…	…	…	…	…	…	…	…	…

6. 系统动力学

1）方法简介

系统动力学是一门分析研究信息反馈系统的学科，也是一门认识系统问题和解决系统问题交叉的综合性学科，它是系统科学和管理科学中的一个分支，也是一门沟通自然科学和社会科学等领域的横向学科。系统动力学研究处理复杂系统问题的方法是定性与定量结合，系统综合推理的方法。按照系统动力学的理论与方法建立的模型，借助于计算机模拟可以用于定性与定量地研究系统问题。

2）方法目的

规划环境评价涉及多个研究领域，应由环境学、经济学、政策学、社会学、管理学、系统工程学等学科的专家依据其掌握的知识、理论共同进行探讨并做出判断。对于复杂的非线性系统进行研究，最有效、最常用的是系统动力学方法，该方法可以对系统进行仿真研究，常被称为“战略和策略实验室”。系统动力学应用于规划环境影响评价，就是按照一定原则把各个系统模型化，然后将其输入电子计算机，通过计算机模拟，对各种政策实施的结果予以显示，为决策者提供待选的各种政策方案。在规划环境影响评价过程中运用系统动力学的方法，是进行科学决策的要求。区域系统是由许多环节组成的“循环圈”，或称之为“反馈环”。我们要着眼于反馈环的整体效益，避免局部的高效率对全局造成的损害。系统是信息化的系统，在循环圈中各个环节的内部及其相互之间，都有大量的信息产生并传递，没有准确(低噪声)的、及时的信息处理和传递网络，就无法控制这种循环圈的行为。

系统动力学是在运筹学的基础上，为适应系统的管理需要而发展起来的，是针对系统实际观测信息建立动态仿真模型，并通过计算机实验来获得未来行为的描述。

3）方法步骤

在规划环境影响评价中应用系统流图的步骤如下：系统总是处于不断变化的动态之中，某一时刻反映区域发展变化的主要矛盾，在另一时刻可能会降为次要矛盾。由于人们对复杂系统认识上具有相对性，所以在规划环境影响评价中所建立的指标体系也具有相对性。

(1) 系统流图设计。

系统动力学的基础是系统流图的设计，根据复杂系统内部各因素之间的关系设计系统流图，其目的主要是反映系统各因素因果关系中未能反映出来的不同变量的性质和特点，使系统内部的作用机制更加清晰明了，然后通过流图中关系的进一步量化，实现政策仿真的目的。流图中一般包含两种重要变量：状态变量和变化率。

(2) 主要状态方程描述与模型构建。

根据环境系统承载能力及要素间联系的反馈关系建立描述各类变量的数学方程，以模型用计算机进行仿真。这些描述方程通常包括状态方程、常数方程、速率方程、表函数、辅助方程等。系统模型正是由这一组动态方程有机组合而成。

(3) 模型的仿真计算。

对不同方案确定不同的变量输入值，通过仿真操作运算，得到不同发展方案下的水资源承载力仿真运算结果，包括 GDP、人口数、资源条件、环境状况等各种具体的指标，通过对比分析来进行方案的比较择优。

4）结果形式

在规划中采用不同的行为，通过系统动力学的计算，模拟和仿真出因输入因子变化而最终造成对外界环境的影响。

例如，沈阳市浑南新区规划战略环境评价与研究融入系统动力学技术，采用 Vensim 模型，较好地对浑南新区各产业的发展方向进行了预测，并提出产业发展方向的建议。研究中尝试用系统动力学方法进行战略环境评价，采用 Dynamo 模型，从人口、资本和环境三个方面对区域系统进行综合集成研究，模拟其动态变化趋势，为决策者提供决策支持。基于可持续发展的目标，研究了战略环境评价的方法，提出评价模型，并以长春市为例，对评价模型进行验证。仿真结果表明，资本、环境和人口三个子系统显著相关，任一系统的变化都会影响到其他系统，并且三个系统的变化呈现非线性关系。

5）优缺点

规划的作用范围涉及社会、经济、自然等子系统，由于各子系统作用机理和使用量纲不同，用传统的方法很难进行分析，但运用系统动力学方法进行战略环境评价，却可以从定性和定量两方面综合地研究系统整体运动的机制，通过信息联系和反馈机制，综合协调各方面的因素，促进区域的可持续发展，从而为制定区域可持续发展战略提供指导。采用系统仿真模型进行战略环境评价，结果可信度高，对战略调整的反映性较好。

系统动力学方法的主要不足仍是系统的复杂性问题，一般的系统动力学使用的参数较少，是对实际系统的模拟，简化和忽略的因素较多。而较大规模的系统动力学模型需要的参数过多，很难逐个准确设定，从而可能导致预测结果失真。

3.3　专项规划环境影响评价方法应用

规划环境影响评价方法在“一地、三域、十个专项”规划环境影响评价的应用中以土地利用、矿产资源、交通、流域以及城市规划环境影响评价的方法研究为主，研究人员主要对该类规划环境影响评价的应用方法进行介绍，提出适合规划环境影响评价的方法体系。规划环境影响评价方法在“一地、三域、十个专项”规划环境影响评价的应用中，不同阶段方法不同，总结如表 3-11 所示。

表 3-11 规划环境影响评价不同阶段方法应用

规划环境影响评价不同阶段	多种方法结合应用
影响评价的筛选和识别	网络法、系统流图法、灰色关联分析法、博弈分析、生命周期分析、层次分析法、对比分析法、加权比较法、调查表、叠图法、地理信息系统法等
传统影响评价预测方法	更多使用定性或半定量方法，如叠图法+地理信息系统集成法，同时开展新方法的研究应用
影响评价阶段	更多选用的是基于现状或预测结果与既定的环境目标（标准）进行比较的方法，如专业判断法、对比、类比分析法等

马铭锋等（2008）对完成质量较高的国家发展战略及综合规划、流域综合规划、区域开发、能源规划、交通规划和城市建设规划等环境影响评价的 9 个案例进行了总结和归纳（表 3-12），所使用的技术方法具有一定的特色和创新性，前 6 个案例分别属于规划环境影响评价的不同类型，具有代表性；后 3 个案例为国家环境保护总局首批战略环境评价试点项目，基本代表了目前我国规划环境影响评价的发展现状。

表 3-12 近年来我国开展的几个典型规划环境影响评价案例

案例名称	主要完成单位	案例类型
《2003~2020 年电源规划环境影响评价研究》	—	能源规划
《沈阳市浑南新区战略环境评价研究》	北京大学环境学院	区域开发（具有城市建设规划性质）
《塔里木河流域近期综合治理规划环境影响评价》	水利部水利水电规划设计院	流域综合规划
《振兴东北老工业基地战略环境评价研究》	国家环境保护总局环境工程评估中心	国家战略和综合规划
《大连城市发展规划环境影响评价技术方案》	清华大学	城市综合规划
《重庆市骨架公路网规划环境影响评价》（专题报告）	中国科学院生态研究中心	交通规划
《中国 2010 年上海世博会规划区总体规划环境影响评价案例》	上海市环境科学研究院	城市建设（具有旅游规划性质）
《内蒙古自治区国民经济和社会发展“十一五规划”战略环境影响评价报告》	中国环境科学研究院	区域综合规划
《武汉市城市发展规划战略环境评价》	南开大学	城市综合规划

针对这 9 个案例研究评价阶段的技术方法进行统计发现，专业判断法和对比类比分析法等在既定环境目标进行比较时较为常用；核查表法、矩阵法、灰色系统分析和加权比较等方法使评价结果的重点更加突出；国家与区域等大范围规划的综合性分析多使用投入产出分析法和多目标分析法。值得一提的是，环境承载

力方法在规划环境影响评价领域尚处于探索阶段，或仅仅停留在单要素的简单分析上，仍需要加强该方法的深入研究和综合运用。

3.3.1　工业规划环境影响评价

目前，在工业领域规划环境影响评价方法学的研究较少，但是在工业战略环境影响评价中典型的安全问题、经济与环境相关性问题、资源型城市的发展等方面有了较细致的研究。

在工业领域，安全是人们密切关注的问题，对于风险性较大的工业，需要考虑用风险评价方法对其进行环境影响评价。在规划环境影响评价中，通过风险评价对风险源进行识别分析，为区域内项目的布局、规模以及土地利用提出合理的建议。尹航和李小敏(2008)以平顶山化工城规划环境影响评价中风险评价的内容为例，对风险评价在规划环境影响评价中的应用进行了探讨。在选取评价方法时使用《非现场后果分析风险管理计划指南》进行后果分析，该指南给出各种情景下有害物质泄漏后果分析方法。相对于建设项目风险评价技术导则中的后果计算方法，该指南更具有概括性。

工业常常能带动一个地区的发展，对当地经济发展影响深远。对于工业而言，如石化制造业，可以采用环境库兹涅茨曲线(EKC)方法，从时间和空间上分析经济与环境的相关性。肖黎姗、石晓枫应用环境库兹涅茨曲线方法对福建省某一石化工业基地进行战略环境影响评价，选取 1999~2006 年的人均 GDP 和污染物的相关数据，构建经济增长与环境污染水平关系模型，运用 SPSS 软件，采用 cubic 曲线对原始数据进行拟合，反映人均 GDP 与工业废物之间的关系，从而对后来的规划提出科学的指导性建议。

工业往往能耗较大，对于城市资源型建设是一个很大的挑战。李巍等(2010)应用环境基线空间评价方法对资源型城市工业规划进行了研究。首先通过剖析城市发展的资源、生态、环境等制约因素及其承载能力，提出评价城市工业发展环境合理性的环境基线空间评价理论，结合环境友好和资源节约的科学发展要求，构建了承载力增值和环境空间占用率两项评估标准及其评价指标体系。在此基础上，针对资源型城市发展的特点和环境保护重点，建立了资源型城市工业发展规划环境影响评价的环境基线空间评价方法，并将其应用于鄂尔多斯市主导产业发展规划环境影响评价，对规划实施的潜在环境影响进行了系统分析和综合评价，据此提出了规划方案的优化调整建议。

3.3.2　能源规划环境影响评价

对于能源战略环境评价，我国的研究主要集中在煤炭规划和水电规划上。赵蕾(2009)以榆神矿区煤炭规划环境影响评价为例，建立基于系统动力学(SD)模型的规划环境影响评价方法。在综合考虑区域发展战略及煤炭产业规划中的发展规模、煤炭产业结构等不确定性因素后，调整规划中的重要参变量，结合情景分析方法技术建立榆神矿区煤炭规划环境影响评价的 SD 模型，对榆神矿区的环境发展进行了预测，并提出相应的指导建议。模型建立过程主要分为五个步骤:第一步是确定系统仿真目标，即对战略与经济行为、经济行为与环境因子以及环境因子之间的关系和作用机制进行研究，做出定性判断，并从系统思想和观点界定研究边界及内容。第二步是系统结构分析和因果分析。这一步又分为四小点，首先对榆神矿区的总体结构和反馈机制进行研究；其次根据实际情况以及构模的需要划分系统的子块，以便分系统建立模型的流程图与因果关系图；再次，根据系统中变量的因果关系，确立变量的种类；最后确定系统中的反馈回路和各反馈回路之间的耦合关系。第三步是建立系统动力学模型，首先建立系统中各变量的系统动力学方程，初步估计方程中的有关参数，构建计算机仿真模型。第四步是确定系统参数并输入参数，系统参数数据主要是通过榆神矿区相关资料数据和对矿区现阶段的空气污染现状分析以及国家环境空气质量标准获得。第五是模型检验，采用 2005 年的预测数据和 2005 年实际数据进行对比分析，得出此模型与实际数据的误差小于 5%的概率为 71.43%，说明该模型具有有效性，可以用来预测未来系统的发展趋势。

水电开发会改变原有自然河道及其周边地区的水环境和生态环境，造成河槽萎缩、断流、水质下降，进而破坏其周边的生态系统。因此，在作水电战略环境影响评价时，对水电开发对生态系统影响的研究非常有意义。雷声(2009a)利用景观生态学中景观内部生境面积的破碎化指数表示规划水电站对生态环境的破坏程度。景观内部生境面积破碎化指数原指某一景观类型的生境破碎程度，表现为景观内大面积连续分布的斑块体逐渐破碎、萎缩变小。破碎化指数越大说明景观破坏程度越严重。该研究以景观破碎化指数来表示水电站建设工程对建设区域的影响，以工程建设前分析区域的自然景观格局为基准，考察不同建设工程对生态系统的综合影响，水电站重点影响区域内的生境破碎程度。

3.3.3 水利规划环境影响评价

对水利领域的规划环境影响评价方法研究，目前涉及的只是在水电梯级规划评价当中。牟忠霞(2003)以理县孟屯河水电梯级规划评价为例，对水电梯级规划环境影响评价方法进行了研究。她将评价过程分为三个阶段：方案比选、环境影响因素识别和规划影响综合评价。规划方案比选一般采取的方法有矩阵法、费用效益分析法、分级一览表法以及对比分析法，根据水电开发的特点和各个方法的适用特征，最后确定采用对比分析法和分级一览表法来确定最优方案。环境影响因素的识别，目前最常用的是核查表法和矩阵法，基本沿用了项目环境影响评价中的影响因素识别方法。规划影响综合评价的主要方法有对比评价法、承载力分析法、幕景分析法、叠图法等，但这些方法在实际应用上都有一定的困难。对小流域水电规划来说，适应性不强，有些基础数据的获得有一定的困难。环境分析与评价实际上也是一个多因素综合决策的过程，层次分析法能处理决策中的定性与定量因素，将其应用于环境影响分析中不但可行，而且具有简单、有效、实用的特点。在流域规划环境影响评价中，可应用层次分析法进行影响分析。各阶段应用的方法见表 3-13。

表 3-13　方法选择与应用

<table>
<tr><td>评价内容</td><td colspan="2">方案比选</td><td>环境影响因素识别</td><td>规划影响综合评价</td></tr>
<tr><td rowspan="2">方法选择</td><td>评价方案各因素的等级分值</td><td>确定各规划方案的优劣</td><td rowspan="2">相关矩阵法</td><td rowspan="2">主观概率累和模型、层次分析法</td></tr>
<tr><td>对比分析法</td><td>一览表法</td></tr>
</table>

《灰色关联度分析在水电规划环境影响评价中的应用研究》(2010 年)中应用灰色关联度分析法进行水电规划环境影响评价。水电梯级开发对环境的影响是多层次、多目标的复杂灰色系统，文章应用了灰色关联度分析法评价中国西南地区某流域梯级水电开发对流域内水生生物的影响，并且通过比较各方案与最理想方案的灰色关联度，确定了最优方案，进而证明将灰色关联度分析法应用于水电规划环境影响评价，不仅可以量化水电梯级规划对环境的影响程度，而且更有利于多个开发方案的比较优选。

中国西南地区某流域规划进行梯级水电开发，需要对其进行规划环境影响评价。该流域规划的 3 级开发方案和 4 级开发方案均为可行方案，文章将灰色关联度分析法应用于预测评价这两种方案的梯级水电开发对流域内水生生物的影响，比较两方案与最理想方案的关联度来确定最优开发方案，进而以此作为出发点来研究灰色关联度分析法在水电梯级规划环境影响评价中的应用。

灰色系统理论提出了对各子系统进行灰色关联度分析的概念，试图透过一定的方法，寻求系统中各子系统(或因素)之间的数值关系。简言之，灰色关联度分析的意义是指在系统发展过程中，如果两个因素变化的态势是一致的，即同步变化程度较高，则可以认为两者关联较大；反之，则两者关联度较小。因此，灰色关联度分析对于一个系统发展变化态势提供了量化的度量，非常适合动态的历程分析。

灰色关联度可分成“局部性灰色关联度”与“整体性灰色关联度”两类。主要的差别在于局部性灰色关联度有一参考序列，而整体性灰色关联度是任一序列均可为参考序列。关联度分析是基于灰色系统的灰色过程，进行因素间时间序列的比较来确定哪些是影响大的主导因素，是一种动态过程的研究。

1. 构造比较数列

灰色关联度分析法是根据数列的可比性和可近性分析系统内部主要因素之间的相关程度，定量地描述系统内部结构之间的联系，是对系统内部各事物之间状态的量化比较分析。

设某个水电工程拟定有 m 个方案，每个方案均有 n 个环境因子，每个方案的环境因子的指标集构成一个数列：

$$\left\{X_i'(k)\right\},\quad i=1,2,\cdots,m;\quad k=1,2,\cdots,n$$

将流域梯级水电开发对流域内水生生物的影响分为 19 个方面进行评价，因此该流域水生生物因子指标集构成一个数列，称为比较数列：

$$\left\{X'(k)\right\},\quad k=1,2,\cdots,19$$

2. 构造参考数列

另给定理想方案或负理想方案水生生物因子的指标集构成参考数列：

$$\left\{X_0'(k)\right\},\quad k=1,2,\cdots,19$$

该参考数列中的元素是该流域梯级水电开发方案对水生生物各因子影响预测值中的最优值或最劣值，以此来表示理想方案和负理想方案的水生生物因子评价指标集。

$\left\{X_0'(k)\right\}^+=\left\{\overline{X'}(1),\overline{X'}(2),\cdots,\overline{X'}(19)\right\}$ 表示理想方案指标集，$\overline{X'}(k)$ 为相应的该流域水生生物因子最优预测值；$\left\{X_0'(k)\right\}^-=\left\{\underline{X'}(1),\underline{X'}(2),\cdots,\underline{X'}(19)\right\}$ 表示负理想方案的指标集，$\underline{X'}(k)$ 为相应的该流域水生生物因子最劣预测值。

3. 进行同一化纯量处理

流域梯级水电开发方案对流域内水生生物影响的程度可以用其与灰色集合“理想”和“负理想”的关联度来表示。由于多目标决策问题都具有目标间的不可公度性与矛盾性的特征，为了保证评价指标的可比性，对该流域水生生物因子评价指标集 $\left\{X'(k)\right\}$（$k=1,2,\cdots,19$）进行同一化纯量处理，公式如下：

对于越大越优的指标，用公式

$$X(k)=\frac{X'(k)-\min\limits_k\left[X'(k)\right]}{\max\limits_k\left[X'(k)\right]-\min\limits_k\left[X'(k)\right]},\quad k=1,2,\cdots,19$$

进行同一化纯量处理。对于越小越优的指标，用公式

$$X\ (k)=\frac{\max\limits_k\left[X'(k)\right]-X'(k)}{\max\limits_k\left[X'(k)\right]-\min\limits_k\left[X'(k)\right]},\quad k=1,2,\cdots,19$$

进行同一化纯量处理。

式中，$\max\limits_k\left[X'(k)\right]$、$\min\limits_k\left[X'(k)\right]$分别为流域水生生物因子评价指标集$\left\{X'(k)\right\}$中第$k$项指标的最大值和最小值。

流域水生生物因子评价指标集$\left\{X'(k)\right\}$按上述进行同一化处理后生成比较数列$\left\{X\ (k)\right\}$，$k=1,2,\cdots,19$。

同理，理想方案指标集$\left\{X_0'(k)\right\}^+=\left\{\overline{X'}(1),\overline{X'}(2),\cdots,\overline{X'}(19)\right\}$、负理想方案指标集$\left\{X_0'(k)\right\}^-=\left\{\underline{X'}(1),\underline{X'}(2),\cdots,\underline{X'}(19)\right\}$按上述进行同一化处理后生成参考数列$\left\{\overline{X}(k)\right\}$（$k=1,2,\cdots,19$）和$\left\{\underline{X}(k)\right\}$（$k=1,2,\cdots,19$）。

4. 计算灰色关联系数

根据灰色关联度原理，流域梯级水电开发方案与灰色集合“理想”、“负理想”的关联系数为

$$\xi^+(k)=\frac{\min\left(\Delta^+\right)+\rho\max\left(\Delta^+\right)}{\Delta_k^+ +\rho\max\left(\Delta^+\right)}$$

$$\xi^-(k)=\frac{\min\left(\Delta^-\right)+\rho\max\left(\Delta^-\right)}{\Delta_k^- +\rho\max\left(\Delta^-\right)}$$

式中，$\max\left(\Delta^+\right)=\max\left\{\max\limits_k\left|\bar{X}(k)-X(k)\right|\right\}$；$\min\left(\Delta^+\right)=\min\left\{\min\limits_k\left|\bar{X}(k)-X(k)\right|\right\}$；$\max\left(\Delta^-\right)=\max\left\{\max\limits_k\left|\underline{X}(k)-X(k)\right|\right\}$；$\min\left(\Delta^-\right)=\min\left\{\min\limits_k\left|\underline{X}(k)-X(k)\right|\right\}$；$\Delta_k^+=\left|\overline{X}(k)-X(k)\right|$；$\Delta_k^-=\left|\underline{X}(k)-X(k)\right|$；$\rho$为分辨系数，在 0~1.0 之间取任意数值，取值大小不影响评价结果，本次计算中取 0.5。

5. 计算加权灰色关联度和相对灰色关联度

灰色关联系数只能反映生成参考数列与生成比较数列在各因子k的关联度，是孤立分散的信息。在该流域梯级水电开发对水生生物的影响评价中，各水生生

物因子所占的权重不同。权重的确定属于“价值判断”的范畴，本文采用专家评定方法确定。若确定权重集合为 $A=\{a(1),a(2),\cdots,a(19)\}$，则集中孤立分散的信息作均化处理得到生成参考数列与生成比较数列的加权灰色关联度为

$$r^{+}=\frac{1}{\sum_{k=1}^{n}a(k)}\sum_{k=1}^{n}a(k)\xi^{+}(k)$$

$$r^{-}=\frac{1}{\sum_{k=1}^{n}a(k)}\sum_{k=1}^{n}a(k)\xi^{-}(k)$$

则相对灰色关联度为

$$R^{+}=\frac{r^{+}}{r^{+}+r^{-}}$$

$$R^{-}=\frac{r^{-}}{r^{+}+r^{-}}$$

R^{+} 越大表明该流域水电梯级开发方案越理想，R^{-} 越大则表明该方案越不理想。

3.3.4 交通规划环境影响评价

近年来，有大量的针对交通专项规划方法的研究。常用的方法有情景分析法、生态足迹成分法、加权比较法、环境数学模型方法等，较之更为系统的方法以系统动力学为主。

梁勇和成升魁(2004)阐述了生态足迹法在城市交通环境影响评价中的应用。张利鸣和李树兵(2006)提出了适合于港口总体规划特点的环境风险评价的内容与模式。尚金城和包存宽(2002)从系统论的角度来研究青藏铁路工程决策的战略环境评价，在探讨青藏铁路施工期和运营期环境影响的基础上，用矩阵模型法来确定青藏铁路工程施工期和运营期对生态环境、大气和水的直接影响和次生影响，提出减缓环境影响的调控措施。腊孟珂和朱晓东(2009)以及朱祉熹等(2010b)都探讨了情景分析法在交通规划环境影响评价中的应用。

系统动力学以及 GIS 在交通规划环境影响评价中应用较为广泛。史其信和李瑞敏(2002)对交通战略环境评价进行技术方法学研究，探讨了 GIS 技术在交通规划环境影响评价中的应用。马蔚纯和林健枝(2002)开发了基于 ArcView GIS 的道路交通噪声预测评价系统，利用该系统工具计算出不同建筑类型各单元的噪声级，统计各型建筑的噪声分布。邵立国(2006)研究了 SD-GIS 集成模型在城市交通规

划环境影响评价的应用。徐凌和尚金城(2006)进行了大连国际航运中心建设规划环境影响评价的系统动力学研究。许野(2006)以长春市为例研究了城市交通规划环境影响评价的替代方案。

交通规划环境影响评价的方法学研究中，除了对城市综合交通规划环境影响评价进行研究，还特别针对公路、港口、铁路、航运等具体交通规划环境影响评价进行了研究分析。

董博(2007)对成都市快速轨道交通线网规划环境影响评价和成都地铁 1 号线一期工程环境影响评价中的振动环境影响评价进行了比较分析，以说明 EIA 和 PEIA 对同一类方法使用上的差异。

对比《大连国际航运中心建设规划环境影响评价的系统动力学研究》(2006)和《基于系统动力学方法的城市交通规划环境影响预测实证研究》(2008)，虽然都是系统动力学方法在交通规划环境影响评价中的应用，但应用的对象不同，前者是航运中心，后者是吉林市交通规划。

1. 模型建立

大连国际航运中心建设调控系统是一个综合的巨系统，其各子系统之间存在密切的联系，任何一个子系统的变化都将导致整个系统及其他子系统的变化，信息在各子系统之间反馈。大连国际航运中心建设调控系统模型包括 5 个子系统：人口子系统、 经济子系统、 交通子系统、能源子系统和环境子系统。这 5 个子系统共同完成国际航运中心建设系统的特定功能。人口子系统是国际航运中心建设调控系统的基础，经济子系统和环境子系统是该系统发展建设的核心，能源子系统和交通子系统则是保证该系统正常运作的支撑。

进行吉林市交通规划环境影响的系统动力学研究时，其系统动力学模型的设计包括如下几个子系统：经济、社会、交通、资源及环境子系统。各子系统内部可以根据构成元素的特点和相互关系进一步划分，建立仿真模型，模拟其动态变化趋势。

2. 仿真模拟

系统动力学模型参数的确定方法有观察法、经验法、估计法、拟合法及试验寻优法等。大连国际航运的模型采用的参数值主要源于《大连统计年鉴》、《大连城市发展规划》(1997~2010 年，2003~2020 年)、《大连市志》(《环境保护志》)等资料，用 Vensim 对系统历史行为进行计算机模拟(即拟合分析法)，确定系统模型中的未知参数。模型中预测范围为 1998~2020 年，其中 1998~2003 年为模型的检验年，步长为 1 年。

模型建立后，为确保模型的运行结果和客观实际相符合，应对模型的有效性进行检验，本文检验年为1998~2003年，检验变量为大连市GDP和口岸货运量，因为这两个变量具有可比性、准确性、稳定性。通过相对误差的分析得出模型的仿真模拟值与历史值的误差绝对值不超过5%，说明运行结果与实际数据高度拟合，建立的国际航运中心建设系统动力学模型能有效代表实际系统，适合进行仿真模拟和政策分析。

在吉林市的案例中，模型建立之后，基于实地调查数据和统计资料，对模型的有效性进行检验，以确保运行结果与实际系统行为相符。在模型建立的过程中，不断对模型的结构、参数选取等进行修正，使模型基本反映真实系统的特征，完成模型结构适合性检验以及结构与实际系统一致性检验。在灵敏度分析中，由于模型涉及的参数很多，逐个进行检验很烦琐且无必要，所以该研究重点选取系统内关键的5个参数和9个变量进行灵敏度分析。2001~2015年，取某一参数变化值(增加或减少10%)在模型上运行、计算，各参数对系统行为的灵敏度见表3-14。由表3-14可以看出，有7个参数对系统的影响比较大，超过0.1，灵敏度高，其他参数对系统的影响比较小。通过历史性检验和灵敏度分析之后，认为该模型能够真实反映现实系统，稳定性较强，是较好的模型，适合进行仿真模拟和作为政策分析。

表3-14　灵敏度分析结果

项目	市区人口出生率	私人汽车增长速率	四级路评价利用系数	二级路平均宽度	大型汽车百公里耗油量
总人口	0.0155	0.0000	0.0000	0.0000	0.0000
城市化水平	0.2015	0.0000	0.0000	0.0000	0.0000
人均GDP	0.0000	0.0000	0.0000	0.0000	0.0000
吉林市汽车数量	0.0000	0.0000	0.0000	0.0000	0.0000
公路总里程	0.0000	0.0000	0.0000	0.7999	0.0000
交通用地面积	0.0152	0.0000	0.0000	0.1422	0.0000
交通能源消耗量	0.0154	0.0000	0.0000	0.1055	0.0722
交通平均噪声	0.2173	0.0000	0.8001	0.0000	0.0000
总烃排放量	0.0475	0.0020	0.0800	0.1055	0.0072

3. 预测分析

大连国际航运中心建设进行系统动力学模拟，就是通过选择模型中某些决策点作为决策因子，由这些因子进行不同组合，得到不同方案。然后将每个决策方案在模型上进行仿真实验，经过多次反馈，调整决策方案和仿真实验，以获得反映系统动态行为并能达到系统目标的政策方案。模型选用就业弹性、GDP增长率、三次产业增长率、环境影响因子、货运量增长对三次产业的增长系数、交通状况改善对三次产业刺激系数等作为调控参量，设置两种发展方案：传统趋势型(0 方案)，即未制定《大连国际航运中心建设规划 》之前的发展状况，参照系统现有的参数值，不作大的调整；经济发展型(1 方案)，即实施规划之后的发展状况，强化经济发展在国际航运中心建设中的重要地位，加大第三产业的投资系数，并提高第三产业的投资比例，同时考虑国际航运中心建设的需要，大力建设交通基础设施。

在吉林市交通规划案例中，利用吉林市交通规划 SD 预测模型，把交通规划目标作为参数，针对不同的规划内容，变化有关系统参数，使模型在相应条件下运行，对各子系统在不同情景下的发展变化进行分析。为衡量交通规划的实施对社会、经济、环境系统的影响，选取“有无对比”方法设计幕景进行方案比较分析。幕景一为依据交通规划方案实施各类交通建设和运营投入，在此条件下对社会、经济和环境发展状况进行预测，得出“规划值”；幕景二是对系统进行本底方案(“零方案”)预测，即保持各类交通设施、运行状况不变的条件下，对社会经济和环境状况进行预测，求出“本底值”；最后将二者相比较便可得出交通规划在不同方面的影响。

在预测分析中，两个研究的方法基本相同。最后，根据预测分析的结果，两个案例分别提出了解决对策。

3.3.5　城市建设规划环境影响评价

城市建设的规划环境影响评价可以分为城市整体建设的规划环境影响评价和城市建设某个专项方面的规划环境影响评价。

(1) 在城市整体建设的规划环境影响评价的方法研究中，马文林和焦思明(2007)全面总结了我国目前进行城市规划环境影响评价的工作程序、技术方法和评价内容。

我国在城市整体建设的规划环境影响评价过程中对以上各种方法进行了实践和应用研究。例如，李湘梅(2007)对武汉市城市总体规划期间资源利用状态与经济发展的关系，环境质量与经济增长之间的关系以及整个城市生态系统经济、社会和资源环境的协调发展趋势进行了研究。案例研究中研究问题采用的技术方法如表 3-15 所示。

表 3-15　城市建设规划环境影响评价方法应用

研究内容	研究方法
资源利用状态	偏最小二乘法、集对分析方法
环境库兹涅茨曲线	多元回归统计方法
协调问题	主成分分析、偏最小二乘法、支持向量机、径向基神经网络

(2) 我国在城市建设某个专项方面规划环境影响评价的方法研究对城市整体规划的规划环境影响评价作了很好的补充和完善。

例如，在城市建设中，高压电网跨越城市的整个上空，李艳(2006)结合某城市高压电网规划的环境影响评价，使用遥感、GIS 技术对各种调查资料及数据进行管理，为电网规划的环境影响评价提供直观的基础数据及图形，并根据规划环境影响评价的要求进行叠图分析，输出了 7 幅环境影响评价专题图。

①城市高压电网规划范围影像图：主要表示规划范围及评价范围的环境现状。

②城市高压电网构架与影像叠加图：主要表示规划电网与评价区域的相互关系。

③城市高压电网构架与环境敏感区域叠加图：表示环境敏感区域与规划电网的相互关系。

④城市高压电网构架与土地利用叠加图：表示土地利用与规划电网的相互关系。

⑤城市高压电网构架、道路交通及居民点分布及影像叠加图：表示道路、交通及居民点与规划电网的相互关系。

⑥地下电缆控制范围与影像叠加图：表示规划电网采用地下电缆的控制范围。

⑦城市高压电网构架与城市生态廊道规划叠加图：表示城市规划的生态廊道，用于输电线路走廊与城市生态廊道的相符性分析。

随着我国道路交通的发展、人们生活水平的提高，以及人们对生活环境质量要求的提高，城市道路交通的噪声问题得到了很大的关注，因此在城市建设规划时应对道路交通的噪声问题进行研究评价。马蔚纯和林健(2002)对不同建筑形态道路交通噪声的典型分布进行研究，基本方法是采用噪声预测模型 DoT(department of transport)计算道路交通噪声，以基于 GIS 的道路交通噪声评价预测系统为工具，计算不同建筑类型各单元的噪声级，再统计出各型建筑的噪声分布。英国 W. S. Atkins 公司依据 DoT 模型的有关研究报告 CRTN88 研制了相应的交通噪声预测软件 RoadNoise。林健枝等将该噪声模拟计算程序与 ArcView GIS 相结合，开发了基于 ArcView GIS 的道路交通噪声预测评价系统。

城市的规划布局在一定程度上会影响城市上空的大气环境，而对城市上空大气环境进行评价又反过来对城市的规划布局进行指导。李宏和吕春英(2007)根据大气污染源的结构和空间布局具有显著不确定性的特点，选用不确定性分析方法来求解规划的综合大气环境影响。以廊坊市城市规划的大气环境影响评价为例，取不确定性分析 50 000 次采样结果的平均值，得到 2020 年 SO_2 年均浓度的平均状况。在现状及规划方案给出的约束条件下，通过数值模拟，对城市未来发展空间布局的所有可能性进行随机抽样，对合理样本应用大气模型并给出相应的大气环境影响预测结果，据此预测廊坊市环境空气质量的变化趋势，从保障城市环境空气质量的角度，对城市规划的空间布局、产业发展规模和能源政策等提出改进措施和建议，促进廊坊市环境可持续发展。

(3) 方法学的发展过程正是城市规划与经济、社会、生态、环境科学、管理学、政策学等多门学科相互交叉、不断融合的过程。在城市建设战略环境评价的研究和实践过程中，各种新的方法不断融入评价方法体系中。

车秀珍和尚金城(2001)将生态学理念纳入城市化进程中战略环境评价的应用，从生态学和系统科学的角度来看，城市化和生态化实质上就是城市生态系统的建立和完善、变化与发展的过程，最终要求系统整体功能的优化和生态经济保持动态平衡。

张海华(2006)以秦皇岛市生态城市规划为例，将多级模糊模式识别理论和集对分析理论应用到规划环境影响评价方法研究中，两种方法的评价结论一致表明该规划对环境影响较小。在制定秦皇岛市生态市建设规划时已充分考虑到环境问题，文章的评价结论也验证这一点，这在一定程度上验证了这两种方法的可靠性。

朱蓉和徐大海(2006)建立了第二代大气污染物排放源强反演模式(SSIM2)，SSIM2 先在目标浓度分布的基础上，应用确定大气容量 A 值法得到污染源强分布的初估场，然后应用多箱格大气平流扩散模式，反复计算污染浓度分布和订正污染源强估算场，直到计算范围内所有网格点上的浓度与目标浓度的偏差小于 5%，即可得到合适的大气污染源强分布，并通过采用山西省长治地区大气污染源清单对模式进行验证，结果表明，反演的大气污染源强分布与真实源强分布非常接近。SSIM2 在天津市的城市规划大气环境影响评价中，为城市新建开发区和城市污染源的规划布局提供了科学依据。第一代大气污染源强反演模式 SSIM1，采用平直气流，只适用于地形平坦开阔的区域，并且只能考虑 8 个方向的风，限制了大气污染源强反演的精度，但 SSIM2 既适用用于平坦地形，也适用于复杂地形。

总之，新方法的融入使城市建设规划环境影响评价的内容更全面，评价的结果更科学，作出的预测更准确，对规划的指导意义更大。

3.3.6　旅游规划环境影响评价

对于旅游专项规划的环境影响评价方法，马兰等(2007)以旅游开发项目为例，研究了对比分析法在规划环境影响评价中的应用；周嘉(2004)探讨了模糊综合评判法在生态旅游战略环境评价中的应用；李俊(2007)对旅游环境承载力在旅游规划环境影响评价中应用进行了初探；李飞(2008)利用罗斯水质指数、分级评价法和菲罗模型等数学方法，建立了旅游规划环境影响的综合评价系统。

陈鹏(2005)研究构建了生态旅游战略环境评价的方法系统：①模糊数学法进行战略初步判断；②清单法进行环境影响识别；③承载力分析法进行环境影响预

测；④可持续发展能力评判法进行综合评价。他应用该方法系统对黑龙江省绥化市金龟山庄的生态旅游项目进行实证研究。研究首先采用模糊数学法进行战略判断，对战略内容失误问题采取战略否定的办法，然后对保留战略提出若干替代方案，进行替代方案的环境影响识别，找出影响因子，分析影响程度及影响途径。紧接着进行环境影响预测，根据现状预测未来的环境质量状况。旅游地的环境状况受多方面的影响，表现在空气污染、水污染、固体废物污染及生态破坏等方面，如果分别对这几方面的环境状况进行预测，所得结果很难综合反映整体环境效果。环境承载力分析能把大气、水、固体废物及生态等方面有机地结合起来。

鉴于生态旅游对可持续性的要求程度较高，采用可持续发展评判法对诸多方案的可持续发展能力进行评价，从发展度、支持度、资源承载力和环境容量四方面考虑，最后根据综合评价结论找出最优方案。若最优方案仍未达到满意程度，可依据满意程度的差异再次提出替代方案，再按照前面的步骤反复进行，直到满意为止，此时所得方案可供决策部门使用。

马兰等(2007)结合规划区特定条件，以旅游开发项目的环境影响评价为研究对象，评价工作设定两个层次的规划方案分析工作。其一为采用对比法明确区域限制性条件，粗线条清理、修正规划中可能存在的保护不到位问题；其二采用情景分析法分析判断区域对规划方案的适应性，提出有利于环境保护的意见和建议。

3.3.7 自然资源规划环境影响评价

自然专项规划包括矿产资源规划。张明燕(2006)选择陕北榆神府国家规划矿区、云南“三江”地区矿产资源规划作为研究实例，以矿产资源规划的环境影响组成分类为主线，系统分析矿产资源开采引起的环境影响问题，探索矿产资源规划环境影响评价的指标体系和评价方法，提出可适用于矿产资源规划环境影响评价的方法——环境成本–效益分析法、基于 GIS 的评价方法和基于可持续发展能力的评价方法，并且提出了矿产资源规划环境影响的政策性量化指标。该研究从评价方法的特点、评价方法体系的基本框架以及评价方法的选择等方面来探讨矿产资源规划环境影响评价方法。

1. 评价方法的特点

1) 与规划的宏观性相适应

规划在时间上具有宏观性。矿产资源规划作用的时间跨度往往较大，涉及的一般都是中长期规划或计划，对环境的累积效应、协同效应、次生效应等需要相当长时间后才会表现出来。可见，规划实施造成的环境影响具有滞后性，而且可能持续较长的时间。因此，矿产资源规划环境影响评价需考虑较大时间尺度上的环境问题，即长期效应。

规划在空间上也具有宏观性。一般地，矿产资源规划行为作用区域范围较大，即评价规划实施范围和影响范围(二者统称为作用范围)一般比项目环境影响评价要大得多。另外，全国或区域的矿产资源规划造成的环境影响还具有全局性。

规划在时空尺度上的宏观性，必然要求矿产资源规划环境影响评价的方法学与之相适应，具有预测、估算规划行为宏观环境影响的能力。

2）综合性

矿产资源规划通常涉及较大的领域，具有不同的类型，某一类型规划的实施又可分为多个不同的阶段或过程，涉及各个部门，具有阶段性、跨部门性和综合性。不同类型的规划所关注的环境要素不同，显然采用的技术方法也不同，而不同层次的规划或在规划的不同阶段，所采用的技术方法也可能有所不同。可见，矿产资源规划环境影响评价的有效实施有赖于多种技术方法的综合运用或集成，即其技术方法具有综合性的特点。

3）与规划的制定程序与方法结合

矿产资源规划环境影响评价针对的是政府部门规划行为所造成的环境影响，只有融入政府政策制定和规划方案的研究中，规划环境影响评价才能真正发挥其效能。

4）定性与定量相结合

与项目 EIA 相比，规划环境影响评价涉及更为广泛的环境要素或环境因子，各种评价要素和因子间的关系也更为复杂。又由于规划的宏观性和不确定性在某些情况下难以进行定量研究，所以定性方法和综合性分析方法占有重要地位。同时，在时间、财力、人力、技术手段等条件允许的前提下，也尽可能多地使用定量法，以降低规划环境影响评价的不确定性，保证其客观性和科学性。

关于评价方法体系的基本框架，国内外许多学者对一般规划环境评价的基本程序和过程进行了研究，研究根据矿产资源规划的主要过程和阶段建立矿产资源规划环境影响评价方法体系的基本框架，归纳了评价工作各阶段可选用的主要技术方法(表 3-16)。

表 3-16　矿产资源规划环境影响评价方法体系的基本框架

基本程序/阶段	可选用的技术方法
评价战略选择	定义法、列表法、阈值法、敏感区域分析法、对比类比法、矩阵法、网络法、系统模型和系统图示
规划环境影响识别	列表法、对比类比法、专家咨询法、矩阵法、网络法、系统模型和系统图示、叠图法、灰色关联分析法、层次分析法、从定性到定量的综合集成
规划环境影响预测	定性预测技术：专家咨询法 定量预测技术：对比类比法、投入产出分析法、系统动力模型、灰色预测法、模糊预测法、人工神经网络预测法、数学模型模拟预测法、从定性到定量的综合集成

续表

基本程序/阶段	可选用的技术方法
规划环境影响综合评价	列表法、专家咨询法、矩阵法、叠图法、灰色关联分析法、层次分析法、投入产出分析法、系统动力学模型、模糊综合评价、人工神经网络预测法、从定性到定量的综合集成、加权比较法、逼近理想状态法、费用效益分析法、可持续发展能力评估、地理信息系统、环境承载力分析
累积环境影响评价	列表法、专家咨询法、矩阵法、网络法、系统模型和系统图示、叠图法、系统动力学模型、从定性到定量的综合集成、地理信息系统、数学模型模拟预测法、环境承载力分析
公众参与	会议讨论、咨询、问卷调查

2. 评价方法选择

根据矿产资源规划的特点，现阶段适用于矿产资源规划环境影响评价的方法有：环境成本–效益分析法、基于 GIS 的评价方法和基于可持续发展能力的评价方法。

1）环境成本–效益分析法

环境问题直接或间接地与矿产资源开发利用密切相关，资源、环境系统一旦被破坏，将很难恢复，许多古文明的衰亡都与此有关。因此，矿产资源规划必须慎之又慎，除了投资和开发的企业准入论证外，还应该有生态、地质遗迹、环境保护、遗产保护和人文、社会科学等多学科的论证。矿产资源开发归根结底是一个经济活动，特别要进行完整的成本–效益分析。

首先，矿山规划一定要进行成本–效益的分析研究。矿井建设不同于其他项目建设，需在选定的工业广场范围内建设矿井地面生产系统以及按选定的开拓方式建设生产系统，对周围的环境影响较大。一定意义上讲，矿山建设的成本是很高的，矿山在环境方面的投入成本却是相当低的，因此可行性研究只能体现在矿山开采取得的经济利益上，而矿山在环境方面的成本–效益问题却忽略了。

其次，要分析矿产资源开发的社会、环境影响的外部性问题。外部性是指成本、效益所产生的外在影响。一般将成本的外部性称为“负”外部性，收益的外部性称为“正”外部性。矿产资源开发的“负”外部性主要表现在风景名胜、自然保护区的景观价值、生物多样性价值和环境污染造成的生态及社会问题。从现代经济学的角度看，完整的矿产资源开采的成本–效益分析应该将外部性成本和效益纳入其中，这样关于矿产资源开采的可行性分析才是科学的、合理的。

采矿不可避免地会扰动环境。矿产开发活动既产生大量的物质财富，又广泛、直接地影响生态平衡，导致矿山环境恶化。采矿和选矿（初加工）过程中产生的三类固体废弃物，即剥离的覆盖层土壤和岩石、分离的废石堆和选弃的尾矿库，不仅挤占大量土地和农田，破坏地貌景观和植被，而且易于成为矿山酸性排放水的来源，加上矿产选冶加工过程中生成的有毒有害气体、废水、粉尘和废渣等，对矿山和选(冶)厂周围的大气、水质和土壤造成严重污染和环境危害。因采空或疏干排水引起或诱发的地面沉降、塌陷、地裂缝、地震、滑坡和泥石流，露天矿边坡的崩落以及因爆破形成的飞石和冲击波，都直接威胁矿区地面建筑物和人员的安全，给人类生产和生活带来严重的影响和危害。而且在大多数情况下，解决和治理上述环境问题不仅难度大，而且代价高，有时进行环境恢复和土地复垦的费用甚至超过开采出的矿产品价值。

2）基于 GIS 的评价方法

GIS 的技术方法广泛应用于各行各业和多个学科领域，其强大的空间分析和处理功能为矿产资源规划环境影响评价提供了快速有效的工具。应用 GIS 进行环境影响评价可以按照以下步骤进行：

规划区环境现状数据采集，包括图形数据和属性数据的采集；

制作单要素专题图，按照环境影响组成，包括区域自然地理专题图、区域地形地貌环境专题图、区域大气环境专题图、区域水环境专题图、区域生态(物)环境专题图、区域经济社会环境专题图等；

制作综合性的区域环境现状评价图，利用 GIS 的图层叠加分析、缓冲区分析、地理统计分析等，形成一张综合性的区域环境现状评价图；

根据规划的目标和规划实施后可能对环境造成影响的因素，制作规划环境影响评价图，并与区域环境现状评价图进行对比，从而得出环境影响评价的结论。

3）基于可持续发展能力的评价方法

国内外许多专家和学者就如何判定可持续发展提出了一些评价指标体系和评估数学模型。矿产资源规划涉及资源的合理开发利用与保护，编制规划时，要回答规划能否符合可持续发展的战略目标。因此，矿产资源规划环境影响评价方法可参考可持续发展评估数据模型。黄思铭提出的可持续发展评估模型是指人口、社会与经济发展，资源的承载力和环境容量三者协同发展的程度，参考该评估模型，提出如下基于可持续发展的矿产资源规划环境影响评价模型。

(1) 环境风险指数。指规划实施后某一环境内容可能对环境造成的风险大小，用 R 表示，数值越大对环境的风险越大。

$$R=\sum_{i=1}^{n}S_iC_i$$

式中，C_i 为某一环境内容中第 i 项指标的环境可恢复系数，共分为 3 级，易恢复：系数为 0.2；不易恢复：系数为 0.6；不可恢复：系数为 1.0。S_i 为某一环境内容中第 i 个环境指标的预测值与环境标准值的比值，即

$$S_i=b_i/b_{0i}$$

式中，b_i为第 i 项环境指标的预测值；b_{0i}为第 i 项环境指标的环境标准值。

(2) 发展度指数。是指规划实施后对经济、社会、人口综合发展状况的度量，用 Del 表示。

$$\mathrm{Del}=\sum_{i=1}^{n}X_iW_i$$

式中，Del 为发展度指数；X_i 为构成发展度的经济发展综合指数、社会发展综合指数和人口状况综合指数的数值；W_i为各综合指数的权重，根据对发展的贡献详细确定。

3. 评价方法的运用与发展

上述矿产资源规划环境影响评价技术方法，均借鉴国内外学者在相关方面的有益探索，由于国内矿产资源规划环境影响评价尚处于起步阶段，该方法体系也尚需在实例研究中进一步补充与优化。在实践应用中，应该根据矿产资源规划的类型、所涉及的主要环境问题、可利用的资源(如时间、数据的可获得性等)、备选方案及政府的约束条件等选择合适的技术方法。同时，必须注意到，由于规划环境影响评价的复杂性，不可能单纯依靠一种技术方法，其有效实施有赖于多种方法的综合运用。矿产资源规划环境影响评价技术方法的研究必须与矿产资源规划环境影响评价的实证研究密切结合。

3.3.8　土地开发利用规划环境影响评价

目前比较常用的方法有专家判断法、核查表法、矩阵法、叠图法、情景分析法、地理信息系统和遥感技术、驱动力–压力–状态–响应(DPSR)的概念模型方法、生态服务价值的方法以及累积影响的分析方法等定性和定量多种方法。

关于土地环境影响评价的研究，历来是从不同角度、以不同的方式度量土地利用规划产生的环境影响效应展开的。

李贞等(2006a)针对城市土地利用规划 EIA 开展评价指标与方法研究，指出该领域一般采用指标法和叠图法相结合的评价方法。

利用指标法可以定量评价土地结构、数量调整可能带来的环境影响，指标法的关键是构建合理的评价指标体系。作者将 DPSIR 概念模型应用于评价指标体系的构建，评价指标可划分为驱动力指标、压力指标、状态指标、影响指标和响应指标。采用“问题驱动”的模式对土地利用的环境影响链进行系统、深入的分析，摸清相关活动、问题、状态、影响、措施之间的因果关系，并利用德尔菲法对初选指标进行筛选，以此得到城市土地利用规划 EIA 的指标体系框架。

叠图法可以更直观地反映土地利用空间布局调整可能带来的生态环境影响，

运用 GIS 技术将规划土地利用现状图与潜在水土流失地区分布图、草地退化地区分布图、水资源分布图、自然保护区图、湿地分布图、历史文化遗产分布图等叠加，分析和预测土地利用空间结构的调整可能对生态环境造成的影响。

汤晓雷(2006)以武汉市汉南区土地利用总体规划修编(2005~2020 年)作为案例，开展了土地利用规划的环境影响评价方法实例研究。研究技术方法流程如图 3-6 所示。

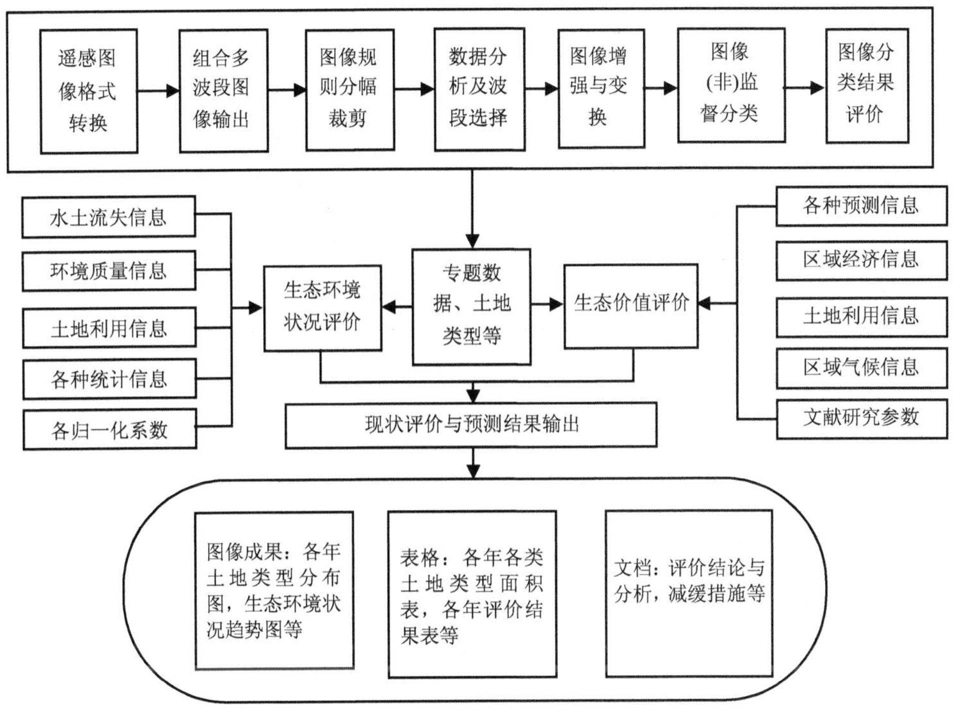

图 3-6　汉南区基于 RS 的土地利用规划技术路线

该研究将现代遥感技术、生态评价技术、生态价值量化方法融于土地规划环境影响评价之中，并基于遥感技术，尝试了从生态和价值两方面的变化对土地规划进行多视角的分析和评价。

遥感图像判读及地类面积量算以目视判读为主，辅以数字图像处理，进行逐级的地类判读及地类面积量算和统计。由于一些线性地物，如道路、沟渠、田埂和林带等在遥感图像上难以独立勾勒，进而混入了耕地中。为了提高耕地面积的准确度，通过系数扣除法进行耕地中线性地物面积的扣除。利用光谱增强、空间增强和辐射增强等三大类基本方法对遥感图像进行加强，具体如表 3-17 所示。

在具体运用上，对技术规范评价指标体系的三项指数计算进行改进。指数法的改进在类似的土地利用环境影响评价中都应该遵循“因地制宜”的原则。由于汉南区的土地利用状况具有耕地面积比例过大、林地不足、分布集中、水域面积较大、建筑用地比例偏小、水利设施比例较大等特点，该案例不仅为土地利用规划环境影响评价提出了一种科学的可供借鉴的新方法，而且提供了具有创新意义的案例。

表 3-17　对遥感图像进行加强的三大类基本方法和具体方法

基本方法分类	具体方法
光谱增强	主成分变换 去相关拉伸 自然色彩变换
空间增强	卷积增强处理 非定向边缘增强 聚焦分析 纹理分析 自适应滤波 锐化增强处理
辐射增强	直方图均衡化 去霾处理

王广洪和王贤金(2008)对江苏省 1997~2010 年土地利用总体规划实施环境影响评价采用指标法进行了研究。该研究相对于李贞等(2006b)使用概念模型对指标体系进行构建更加简单化，直观上却相对清晰化。研究仅仅对土地利用过程中工业三废的排放量和对资源的消耗量分别利用 SPSS 软件进行线性预测和比较，土地利用对资源的消耗量只采用工业耗水量及工业耗煤量预测这两项指标。

强调土地利用总体规划要坚持刚性指标与弹性指标的结合。刚性指标即耕地数量，弹性指标即存量土地、非耕地和瘠薄土地。土地利用总体规划修编要把保证耕地面积只能增加不能减少作为刚性指标。

关于土地规划环境影响评价的脆弱度变化研究，亦有自成体系的趋势。脆弱度既是水、土壤、生物等环境要素的变化，也是各要素构成的综合体——复杂的环境系统的变化；既是系统的整体性变化，也是因外部作用不同所出现的系统内部各空间单元的差异性变化。这里选取较有代表性的一篇脆弱度评价方法进行阐述。

周炳中(2007)选择浙江省武义地区土地资源系统开展环境影响评价，对土地资源的脆弱度评价模型进行了阐述和解释。脆弱度的表达式，目前较多的是在地理学方面得到的研究成果，较常见的有集合论法、信息度量法、模糊分析法、定量分析法、生态脆弱性指数法(EFI)等。脆弱度评价指标的选择方面，在识别环境影响因子基础上，采用枚举法、公式法等定性与定量相结合的综合方法进行处理。

采用脆弱度变化模型对脆弱度进行计算后，选取对比分析方法来分析占用量与各类土地实际面积，对土地利用多样性进行现状图的综合分析，评价方法采取远期和中期评价方法。研究给出了脆弱度变化模型，并对其内涵进行了分析。

从纯数学角度考虑，如果 $f(x)$ 描述为系统脆弱度的函数，则两个不同时间阶段脆弱度变化的定义为 $y = f(x_2) - f(x_1)$ 。倘若 $f(x)$ 为连续函数，则在时间区段内任一特定时刻，系统脆弱度变化率为 $\dfrac{\mathrm{d}y}{\mathrm{d}x} = \dfrac{\mathrm{d}f(x)}{\mathrm{d}x}$ 。就目前国内外研究现状，较为公认的是运用下述公式：

$$G = 1 - \sum_{i=1}^{n} P_i \cdot W_i \bigg/ \left(\max \sum_{i=1}^{n} P_i \cdot W_i + \min \sum_{i=1}^{n} P_i \cdot W_i \right)$$

根据脆弱度变化的定义，可以得到两个不同时间阶段脆弱度变化的数学模型

$$\begin{aligned} G' = & \sum_{i=1}^{n} P_{i1} \cdot W_{i1} \bigg/ \left(\max \sum_{i=1}^{n} P_{i1} \cdot W_{i1} + \min \sum_{i=1}^{n} P_{i1} \cdot W_{i1} \right) \\ & - \sum_{i=1}^{n} P_{i2} \cdot W_{i2} \bigg/ \left(\max \sum_{i=1}^{n} P_{i2} \cdot W_{i2} + \min \sum_{i=1}^{n} P_{i2} \cdot W_{i2} \right) \end{aligned}$$

式中，P_i 为 i 指标初始化之值；W_i 为 i 指标权重；n 为系统内部划分的单元数；max 、min 分别为某项指标最高、最低值。同理要研究 m 个时间段内脆弱度的变化状况，可以分析 $G'_{2-1}, G'_{3-2}, \cdots, G'_{i-(i-1)}, \cdots, G'_{m-(m-1)}$ 等表达式。

其他的土地环境影响评价方法学相关案例有：

赵柯等(2007)利用土地生态适宜性分析法，划分土地生态适宜利用的类型区，提出相应的土地生态开发措施。生态适宜度分析法对土地利用结构变化的环境影响评价不足。冉圣宏等(2006)运用生态服务功能法计算上一轮土地利用规划实施以来中国不同省市土地利用变化。唐弢等(2006)利用生态系统服务功能价值对武汉市土地利用总体规划环境影响进行评价。生态系统服务价值法中对建设用地的服务功能价值的核算尚无统一、广泛认可的评价方法，而且估算结果在不同区域之间的可比性较小，只能够评价出土地利用结构变化的环境影响。生态功能服务价值等方法从不同角度度量土地的生态环境质量，针对性、适用性、可行性比较强，但也存在由于从某一角度进行评价而难以综合度量等问题。赖力(2003)、符海月等(2007)分别采用生态足迹方法对全国土地利用总体规划的目标和廊坊市土地利用总体规划的生态成效进行定量分析。

由于土地利用规划的生态环境效应难以衡量等原因，在研究方法上目前还没有非常有效的方法。

3.3.9 区域建设规划环境影响评价

我国的区域环境影响评价无论是理论研究还是实际评价案例，基本上都是围绕以总量控制技术和环境承载力分析为核心的评价方法和技术，思路上突出了环境影响评价的“规划管理”功能(为区域规划提供规划手段)。

区域环境是一个复杂的系统，使得环境影响评价的方法具有多样性，在几十年的时间里，各国的环境影响评价工作者创造了大量的方法。从其功能上分为影响识别方法、影响预测方法和影响综合评价方法；从其表现形式上可以分为定性分析方法和定量分析方法。

包存宽和陆雍森(2001)提出了西部开发中规划环境影响评价的重大功能，即可以作为连接宏观西部开发战略与可操作具体项目之间的桥梁，根据地域的特异性，对三种新发展的以系统、综合和集成为基础的方法进行总结分析，这三种方法是定性与定量相结合的系统研究方法、“要素论”与“整体论”相结合的综合研究方法、“环境、经济、社会”三效益相结合的集成研究方法。由于规划环境影响评价的研究对象——社会经济环境是一个复杂、开放、动态的巨系统，信息不完全、关系不明确是这一系统的突出特点，特别适用灰色系统理论的研究方法，包括：①灰色关联分析，用于规划环境影响评价中界定战略与环境影响的关联程度；②灰色预测，用于预测战略对未来的环境影响；③灰色决策，用来进行战略方案的优化；④多维灰评估，即基于灰关联分析，评定环境系统在战略影响下所处的状态。

同样地，在西部大开发规划环境影响评价研究领域上，李巍等(2002)将西部大开发概要性规划环境影响评价方法与环境影响预测分析相结合，建立投入–产出概要性规划环境影响评价模型，并结合 GIS 技术，针对不同时段，以省(区)为单元分析并绘制环境影响的时空分布与趋势变化图。

例如，利用前后对比法(before and after comparison)对长春经济技术开发区开展战略环境影响综合评价。采用简单前后对比分析评价开发区战略的“绝对”效应，有无对比分析评价其“净”效应。

钱瑜等(2005)选取区域发展规划为研究对象，采用层次分析法将定性分析与定量分析相结合，以太仓市沿江地区规划为具体研究案例，对社会、经济、环境资源三个方面的可持续发展目标进行量化，建立科学的评价体系。该评价体系包括 9 个评价因素，对筛选出的四个替代方案——“零行动方案”、“将产业发展定位为‘国际的制造业基地’”、“改变‘国际的制造业基地’产业定位，限制、减少重污染项目，走新型工业化道路”和“重点发展第三产业”分别进行分析，比较优劣势和相互间的差距。

王志霞(2007)对区域规划的非突发性风险和突发性风险进行了研究。对于非突发性风险，提出了非突发性风险源模型，用来估计一个具体区域规划的土地利用类型有毒污染物的排放量，然后再利用大气扩散模型，进行该地区大气中有毒污染物浓度的分布估计和风险评价。对于突发性风险，建立以 GIS 为基础的风险评价系统框架，即应用 GIS 技术结合 ISCST 和风险评价模型，对区域和区域规划非突发性风险进行评价，并以 GIS 为平台，通过各种幕景的分析，为区域风险管理决策提供依据。研究还提出区域规划突发性风险评价的方法，即建立以企业风险度为基础的比较和评价方法，提出了区域风险源排序方法和风险源布局优化的方法。

董博(2007)以平顶山化工城总体规划环境影响评价为例，用园区生态化水平评价方法来评价化工城产业结构与循环经济状况。文章根据规划的产业链，用 Cohen 群落矩阵表示各企业间的相互关系来进行分析。由分析结果可以看出，平顶山化工城企业间生态关联度、园区副产品和废品资源化率高于南海生态工业园、沈阳铁西生态工业园、抚顺矿业生态工业园等园区，企业间的总关联度为所比较的各工业园区中最高的。可见，平顶山化工城产业共生关系紧密，产品代谢和废物代谢途径通畅，利于产业集聚效应的发挥，同时较好地体现了生态产业的网络结构特征。用生态关联度和副产品、废品资源化率两项指标对平顶山化工城的生态产业链进行评价，衡量园内企业间相互连接关系以及副产品、废品资源化的程度，可以看做规划设计类的评价方法应用于规划环境影响评价的具体实例。这两项指标的引入，丰富了工业园区规划环境影响评价的内容，弥补了以往环境影响评价对产业结构生态化特征定量化分析不足的缺陷。

何凯(2009)对武都、文县、康县、舟曲、徽县、成县、西和及两当等 8 个重点受灾县(市)土地利用现状及区域内环境敏感目标进行统计调查，并对评价区域的基础数据和专题数据进行收集、统计和分析。然后，利用 GIS 技术对 8 个受灾县(市)区域内的土地利用现状进行输出和显示，并对 8 个受灾县(市)内的自然保护区和国家森林公园的功能区划范围进行图形数字化。最后，在此基础上利用 GIS 技术重新对 8 个受灾县(市)的适宜重建区和不适宜重建区进行了划分，并以重新划分的重建区类型对灾后重建规划中的原址重建和异地重建进行了调整，使其更好地与环境保护相容，达到了良好的评价效果。该研究是规划环境影响评价方法论研究方面一次较好的尝试，使用软件包括 ArcGIS、Photoshop、MicrosoftOffice 等系列软件，横跨环境科学和空间信息科学等领域。

彭王敏子(2009)以数学建模为依托，尝试运用系统分析法和信息扩散法对规划区域的环境风险进行评价，并以福建泥洲湾石化基地泉惠石化工业区产业布局规划为例进行了案例分析。

(1) 以环境风险最小化建立目标函数，应用系统分析法对规划区域的产业布局进行了微调，得到了最优化的布局坐标。

(2) 利用 Visual Basic 编程和 Mapinfo 技术的结合实现了利用信息扩散法对规

划区的环境风险等级进行区划，得到规划区域的环境风险水平区划图。两种方法对石化基地进行环境风险评价的目的不同，一个是从布局调整方面考虑，一个是从区域风险水平区划角度出发。文章研究的结果认为，可以根据具体需要使用这两种方法，对于石化基地来说两种方法都是适用的：一方面，布局优化有利于从石化环境风险源头减少风险；另一方面，区域风险水平区划有利于制定区域事故应急预案。另外，两种方法都能够用来进行替代方案的对比分析。

彭王敏子(2009)采用文献调研、系统分析、理论与实践相结合的研究方法对环境承载力分析在规划环境影响评价中的应用框架路线和方法手段进行了探讨，以期为完善规划环境影响评价技术方法库、指导规划环境影响评价有效开展提供参考。

文章提出了规划环境影响评价中环境承载力分析的工作程序和方法，即单要素环境承载力分析和综合环境承载力分析相结合的评价技术路线。还指出在单要素环境承载力分析阶段，可借用经济学供需分析方法，在对生态系统瓶颈要素识别的基础上，对制约规划区域环境承载力大小的关键因子详细重点分析。而在综合环境承载力分析技术方法上，借鉴 PSR 和 DPSR 方法，采用“目标—准则—领域—指标”的框架模式，参考环境保护部《规划环境影响评价技术导则》、中国科学院可持续发展战略研究组提出的可持续发展指标评价系统等，提出区域发展规划综合环境承载力的 55 项初选指标。遵循科学性、系统性、动态性和稳定性相结合、可操作性、普遍性和区域性相结合五大原则，采用频度统计、多重共线性分析和专家咨询相结合方法，提出适用于该研究案例的土地利用适宜度、水资源利用强度和排放总量等 20 项独立指标，构建了综合环境承载力评价指标体系，并采用改进的模糊评价方法建立了各评价指标的量化模型。利用所构建的环境承载力分析技术程序和方法，对天津滨海新区先进制造业产业区规划进行评价，验证其实用性和可行性。

3.3.10 海域规划环境影响评价

刘岩和张珞平(2001)以海岸带可持续发展为目标，进行厦门东部海岸发展规划的战略环境评价，对现行规划进行了详细的分析，制定出规划环境影响评价大纲。在大纲中，通过对开发规划可能产生的影响因子和公众关心的环境因子的矩阵分析以及资源定位的方法，得出有价值的环境因子作为评价因子，利用社会经济及环境三效益综合集成的评判方法对概念性规划及其替代方案进行综合评估，选出最优方案。

在该研究的大纲基础上，作者于 2002 年开展厦门岛东海岸开发规划战略环境评价的基本原理与方法研究，由于评价对象是中宏观层次的景观生态，不确定性较大，所以在总体方法和具体方法上进行了系统性和综合性完善：总体上采用了自然科学与社会科学学科交叉、综合的方法(transdiscipline)。在评价的不同阶段，由于研究的内容不同，方法和手段也不尽相同。利用资源定位法确定区域发展战略目标，根据资源经济学理论，从区位条件、区域资源稀缺性和对社会的效用性，对区域全部资源进行适宜性分析，采用层次分析法对区域旅游资源质量进行综合评价，利用环境经济学方法——旅行费用法、支付意愿法评估区域生态资源价值的直接使用价值。最后，利用机会成本法对区域资源可能利用的产业——农业(无为选择)、房地产业和旅游业未来 50 年的机会成本进行评估、分析，采用资源定位与参与式(community-based)的方法对不同层次公众进行调查分析，以形成实现区域发展战略目标的三种替代方案。在评价影响的方法上，采用较为实用的类比预测、分析方法，重点放在分析影响环境变化的原因而非结果上，同时在影响预测时特别注意预防性原则(precautionary principle)的运用。

唐晓辉(2007)应用三维潮流数学模型(COHERENS)对威海湾、乳山口港区和靖海作业区等规划水域进行三维潮流数值模拟，研究规划工程实施后对规划海域的水动力影响。结果表明影响很小，可以忽略不计。在三维潮流数学模型基础上，再加入污染物(COD)的对流–扩散方程，建立一个三维对流–扩散模型，对威海湾、乳山口港区和靖海作业区等规划水域水环境承载力进行模拟分析。结果表明，规划水域在规划实施后仍能满足各功能区的要求，说明了此次规划总体上是合理可行的。

第 4 章　规划环境影响评价主要技术方法的应用

4.1　指标体系分析方法在规划环境影响评价中的应用

4.1.1　规划环境影响评价指标体系研究

指标体系是由一系列相互联系、相互制约的指标组成的科学的、完整的总体。规划环境影响评价指标体系是反映受规划影响区域环境可持续发展系统内部结构、外在状态及其发展变化趋势指标和部分反映相关社会、经济因素状态指标的集合。

以下为规划环境影响评价指标体系的基本概念。

(1) 指标是用来反映一定时间尺度上对象系统的状态，通过指标可以使人们对对象系统产生一种较小的、易操作的、切实的和生动的实体画面。

从指标反映的内容范围来划分，指标可以分为三类：①单项指标。侧重于对基本情况的描述，反映系统中的一个侧面，综合性比较差。②专题指标。选择有代表性的专题领域进行研究制定指标，用来反映一个特定方面的问题。③系统化指标。在一个确定的研究范围和框架中，对大量的有关信息进行综合与集成，从而形成一个具有明确含义的指标。

(2) 体系则是若干事物或某些意识互相关联而构成的整体，是指由一些有规律的互相作用或互相依赖的形式联合起来的物体的聚集物或集合体。

(3) 指标体系是指两个或两个以上的指标组合，它可以表示一个系统一般的发展趋势，通过将多种指标和数据的综合，可以勾画出对象系统的发展变化整体趋势。用指标体系来描写综合目标，目的在于寻求一组具有代表意义，同时又能全面反映对象系统各方面要求的特征，通过指标组合使人们对整个系统有一个定量或定性的了解。

规划环境影响评价指标有三个来源：①根据有关法规确定的指标。这类指标是根据有关法规、政策或文件，如《环境影响评价技术导则》和相关环境质量标准等确定的，一般都比较明确且定量化程度高。②通过公众参与确定的指标。这类指标是通过公众参与的形式，根据公众所关注或重要的环境问题确定的。一般来说，需经评价者转化后方可成为评价指标。例如，渔民所担心的某一土地规划所引起的水土流失会影响其收入，这一问题需转化为悬浮物、溶解氧浓度等与鱼类生存、生长与繁殖关系密切的水体环境质量指标。③通过科学判断确定的指标。

这类指标主要指既没有被已有的法规、文件所规定，也没有被公众所意识到或公众对其重视程度认识不够，但又是规划环境影响评价中所不能忽视的因子。

规划环境影响评价与建设项目环境影响评价相比具有广泛性、复杂性、战略性、不确定性等特点，正处于研究和发展的初级阶段，尚未形成统一、完善的理论体系和有效的评价方法。在规划环境影响评价中，指标是用来揭示和反映环境变化趋势的工具，具体包括表示和描述环境背景状况、可预测的规划环境效益、替代方案对比以及监测规划执行情况与规划目标的偏差等。在规划环境影响评价中，由于涉及领域广、因子多，决定了评价指标的复杂性，这也是全面、科学、客观地描述、测度和评价规划环境影响评价所必需的，如此众多层次、众多类型的指标也就构成了规划环境影响评价的指标体系。

建立指标体系常用的一种方法是：首先将目标分成具体的目标层和准则层；其次再细分成更小的、可以建立指标的小系统，通过对这些小系统进行指标建立从而确立整个指标体系；最后还要对建立指标体系中存在的问题进行说明，对存在的数据来源和误差进行解释，对指标的优先性进行排序。

规划环境影响评价指标体系的设置原则为：

(1) 选择的指标应直接与规划指定的目标相关联，尽量采用能定量表达的指标。

(2) 指标体系包含的指标数目，宜少而精。

(3) 指标体系应有层次性，各层次中的各项指标也应有主次。

(4) 指标体系的设计在概念上要具体清晰。

(5) 获取定量的指标值或定性概念的给出所需投入的费用可行并合理。

(6) 清晰地识别出因果链。

(7) 指标具有相对独立性、可比性、可追溯性和可分解性。

1. 指标体系构建模式

1）基本指标模式

基本指标模式一般是以“生态–环境–社会经济”为基本模式，再分成若干个具体指标，建立多层次指标体系。这种形式的指标体系不仅反映了规划环境影响评价的核心，即协调社会经济发展和环境保护之间的关系，而且反映了可持续发展的要求，与可持续发展评估指标中“社会–经济–环境”三分量指标体系模式相衔接。生态环境指标应包括水生生态环境和陆生生态环境等环境要素；自然环境指标应包括地表水环境、地下水环境、大气环境、声环境和土壤环境等环境要素；社会经济指标应包括社会经济发展、能源消费等要素。在具体运用时，还需在此模式基础上进一步细化和明确。基本指标模式结构清晰、简单明了，能够最直观地反映规划环境影响评价指标体系的结构，为规划环境影响评价指标体系的建立提供一个基本框架。

2）基于 DSR 的指标体系模式

DSR，即“驱动力-状态-响应”(drivers-status-responses)模式，其中，驱动力指标用以表明那些造成发展不可持续的人类活动和消费模式或经济系统的一些因素;状态指标用以反映可持续发展过程中的各系统的状态;响应指标用以表明人类为促进可持续发展进程所采取的对策。DSR 模型突出了环境受到的压力和环境退化之间的因果关系，因此与可持续的环境目标间的联系较密切，这是 DSR 模型的优势。但对于社会和经济指标，这种分类方法不可能得到其所希望的因果关系，即在“驱动力指标”和“状态指标”之间没有逻辑上的必然联系，这是 DSR 模型的应用于可持续发展中的缺陷。

3）基于 LCA 的指标体系模式

生命周期评价(life cycle assessment, LCA)指标体系是按照一项规划的生命周期来设计指标体系，以反映政策或规划存在的全过程的环境影响。构成 LCA 框架结构的过程为：首先确定目标及范围界定，然后进行生命周期清单分析(LCI)，接下来进行影响评价，最后进行结果解释。这一阶段的目的是对研究进行评估，得出建议与结论。

4）基于 DPSIR 指标体系模式

DPSIR，即“驱动力-压力-状态-影响-响应”(drivers-pressures-states-impacts-responses)模式，反映了人类与环境之间的相互作用与关系，是可持续发展指标体系中“压力–响应”框架模式的演变与拓展。在这里，“驱动力”是社会、经济、人口的发展与增长，由于驱动力的作用，对环境产生“压力”，从而造成生态环境“状态”的变化，对人体健康、生态环境产生各种“影响”，这些影响导致人类对生态环境状态变化做出“响应”，或转化成新的“驱动力”，直接作用于环境状态和影响。

2. 指标体系应用研究

2002 年《环评法》的颁布，明确提出环境影响评价的范围从项目扩展到规划，规划环境影响评价被推上新的历史舞台，进入实践阶段。关于指标体系构建基础理论的研究逐渐深入实践，出现了大批实例研究，研究对象也更多地深入细化到行业层次，工业、交通、土地、流域、农业、能源、资源等方面的指标体系研究纷纷涌现。

随着近年来灾害频发，学者们也针对性地做出了相关研究。例如，陈瑾等(2009)针对灾后重建进行了规划环境影响评价指标体系的研究探讨。钱洪伟(2010)初步尝试建立应急避难场所规划环境影响评价的指标体系。基于低碳和循环经济的指标体系构建也浮出水面。郑少露等(2010)探讨了基于低碳循环经济的规划环境影响评价指标体系的构建方式。近三年指标体系的研究较多是集中在行业、专项相关的指标体系构建，尤其是交通、城市建设、旅游等方面。

总体来看，指标体系的研究从 2002 年《环评法》颁布之后成为研究热点，指标体系基础理论的总体研究贯穿始终，研究内容逐步深入本质；行业专项的实践研究则是随着时间的推移逐渐增多，研究领域也逐步拓宽。

图 4-1 展示了 2003~2010 年，对各专项规划环境影响评价指标体系研究的比例分布情况。

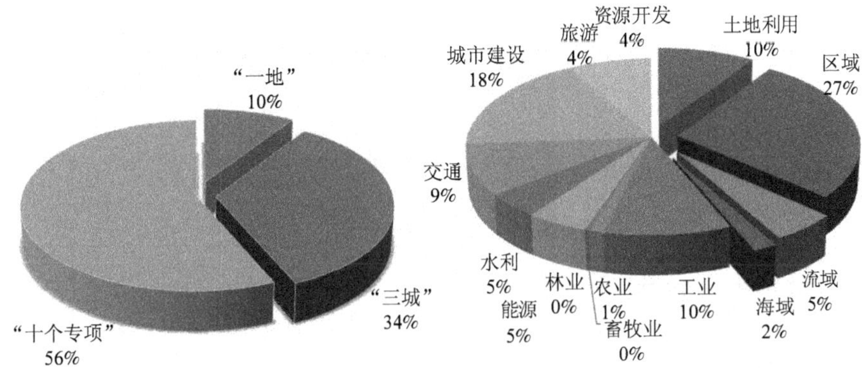

图 4-1　各专项规划环境影响评价指标体系研究的比例分布

4.1.2　专项规划环境影响评价指标体系

由于规划的不确定性，规划分类较多，规划环评指标的种类繁多、性质各异，而且不存在统一的量纲，有的可以量化，而有的只能定性分析，所以，针对不同专项规划环评没有统一和标准的指标体系。本研究基于 2003~2010 年中国规划环评指标体系的研究成果和实践经验，在系统分析和整理的基础上，按照非指导性专项规划(即"一地三域")和指导性专项规划(即"十个专项")的分类，对各行业规划环境影响评价指标体系的研究进行归类总结。

需要说明的是，由于不同种类规划环评性质迥异，规划受地域限制较大，在实践中进行指标设定和应用时，应根据规划的特点和当地的背景具体分析，设定适合于特定规划的指标体系，因此，下文所描述的指标体系仅供规划环评研究人员和工作人员参考①。

1. 土地利用规划环境影响评价

按照规划的内容不同，土地利用规划可分为土地利用总体规划、土地利用详细规划、土地利用专项规划。由于专项规划和项目规划的指标体系随特定案例的

① 本节所参考的指标体系均来自已经公开发表的研究成果，仅供本书使用者参考。

变动较大，国内的研究基本都集中在土地利用总体规划。

指标构建方法一般采用 DPSIR、PSR 等模型，并利用德尔菲法等方法对初选指标进行筛选。土地利用规划环境评价指标体系范例如表 4-1~表 4-4 所示。

表 4-1　土地利用总体规划环境影响评价指标体系

总目标层	环境目标		评价指标
规划方案的环境影响评价	土地资源的规划与管理	确保对土地资源的有效规划与管理，平衡对有限可利用土地的竞争性需求，维护重要的城镇中心	土地利用率
			生态建设用地比例
			人均生态建设用地面积
			土地利用结构是否合理
			土地复垦程度
	土地覆盖和景观	保护具有环境价值的自然景观及动植物栖息地，保护生物多样性	绿地覆盖率
			草地面积
			生态承载力
	水土保持	保护土壤，防止水土流失	25° 以上坡地退耕还林程度
			水土流失治理率
			单位农田面积农药的使用量
			单位农田面积化肥的使用量
	空气	改变现有城市布局不合理局面，控制空气污染	居民点及工矿用地率
			森林覆盖率
			大气污染的综合指数
	水环境	维护与改善地表水和地下水水质及水生环境，确保可获得充足的符合环境标准的水资源，保护泉水补给源，避免水源补给区过度开发	水域面积率
			泉水补给源区生态保护程度
			人均水资源量
			水利设施用地率
			地表水中氨氮的浓度

表 4-2　城市土地利用规划环境影响评价指标体系(DPSIR)

城市土地利用规划 EIA 指标体系	驱动力指标	社会经济发展用地所占比例
		单位国土面积 GDP
		每平方公里人口数量
	压力指标	主要大气污染物年排放量
		主要水污染物年排放量
		固体废物年排放量

续表

城市土地利用规划EIA 指标体系	状态指标	生态建设用地所占比例
		水域面积所占比例
		水土流失面积所占比例
	影响指标	大气环境质量二级以上天数
		水环境功能区水质达标率
		噪声达标区覆盖率
	响应指标	绿地率及人均公共绿地面积
		受保护地区所占比例
		特色风景线长度
		烟尘控制区覆盖率

表 4-3　国家或省级土地利用规划环境影响评价指标体系

土地利用规划环境影响评价指标体系（国家或省级）	生态保护	自然景观变化指数
		生态多样性保护指数
		生态服务功能变化指数
	土地退化防治	边际耕地退耕指数
		退化土地整治指数
	耕地资源保障	人均基本农田变化指数
		耕地综合变化指数
	建设用地增长	建设用地增长指数
		人均建设用地变化指数
		建设占用耕地变化指数
	补充耕地风险	湿地影响指数

表 4-4　县级土地利用规划环境影响评价指标体系

县级土地利用总体规划环境影响评价指标体系	驱动力指标	人口增长对土地造成的压力
		经济发展对土地造成的压力
		城市化水平
		灾害发生率、受污染土地面积生态退耕压力
	状态指标	土地利用多样性状况
		可开发后备土地资源情况
		人均水资源状况
		喀斯特地区的石漠化状况
		水土流失状况
		森林覆盖率状况

续表

县级土地利用总体规划环境影响评价指标体系	状态指标	人均水资源量、人均建筑面积
		生物多样性
	响应指标	湿地保护措施
		自然保护区保护措施
		水土流失治理、退化土地治理措施
		基本农田保护措施
		退耕还林措施
		防灾减灾措施

国内关于区域、流域、海域规划环境影响评价的研究较多，但都集中在区域和流域两大块，基本上没有成型的海域规划环境影响评价研究。

2. 区域建设规划环境影响评价

区域建设规划环境影响评价指标体系的构建程序见图 4-2，指标框架范例如表 4-5 所示。

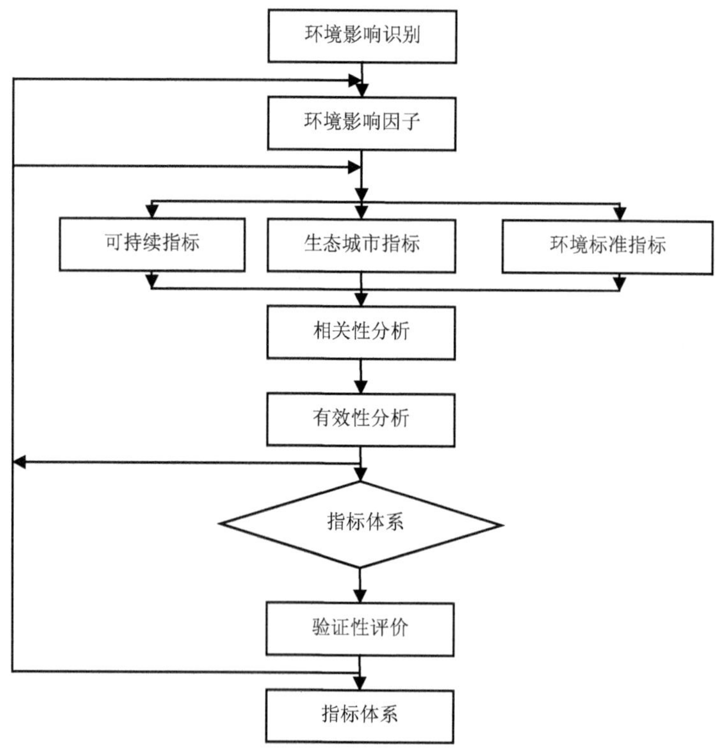

图 4-2　指标构建程序

表 4-5　区域规划环境影响评价指标体系

高层指标	中层指标	单项指标
经济发展指标	经济实力指标	人均 GDP
		建成区 GDP 密度
		经济增长率
		投资率
	经济效益指标	科学进步贡献率
		高新技术产业占 GDP 的比例
		研发经费占 GDP 的比例
		全员劳动生产率
		人均利税
		企业亏损率
		单位 GDP 能耗
		单位 GDP 水耗
	经济结构指标	农业占 GDP 的比例
		制造业占 GDP 的比例
		服务业占 GDP 的比例
		经济活动人口比例
		外贸依存度
社会文明指标	人口发展指标	建成区人口密度
		人口增长率
		平均受教育年限
		每万人拥有科技人员数
	生活质量指标	人均住房面积
		每万人拥有医生数
		人均信息通信业务量
		基尼系数
	社会保障指标	人均供水能力
		人均供电能力
		每万人拥有标准公交运营车辆数
		宽带网覆盖率
		气化率
		失业率
		社会保险覆盖率

续表

高层指标	中层指标	单项指标
生活舒适指标	环境质量指标	大气环境质量
		水环境质量
		饮用水源水质达标率
		声环境质量
		生活垃圾无害化处理率
		建成区绿化覆盖率
	环境保障指标	环保投资占 GDP 的比例
		工业用地比例
		居住用地比例
		道路广场用地比例
		绿地比例
		清洁能源比例
		每万人拥有环境管理人员数

工业区开发规划环境影响评价是区域建设规划环境影响评价的重点，且开展数量较多。

工业区规划环境影响评价中的环境目标，既包括工业区开发活动所涉及的区域环境保护目标、工业区开发规划相关的环境保护政策、法规和标准拟定或确认的环境目标，也包括区域开发规划设定的环境目标，同时还应该体现国家、地方的工业污染防治的环境目标。此外，工业区规划环境影响评价指标体系还需要根据工业区开发类型、工业区开发规划的具体内容、规划性质和所涉及的区域和行业的发展状况来具体确定。

通常可采用 DPSIR 等模型方法来构建工业区规划环境影响评价的指标体系，综合考虑可持续发展理论、工业生态学理论和生态工业园理论等。指标体系构建程序和框架范例如图 4-3 和表 4-6 所示。

3. 流域建设规划环境影响评价

根据流域规划特点，涉及的环境主题与保护目标将评价指标分为水资源、水环境、生态、土地资源、经济社会五类。各类主要指标及判断依据可参考表 4-7、表 4-8。

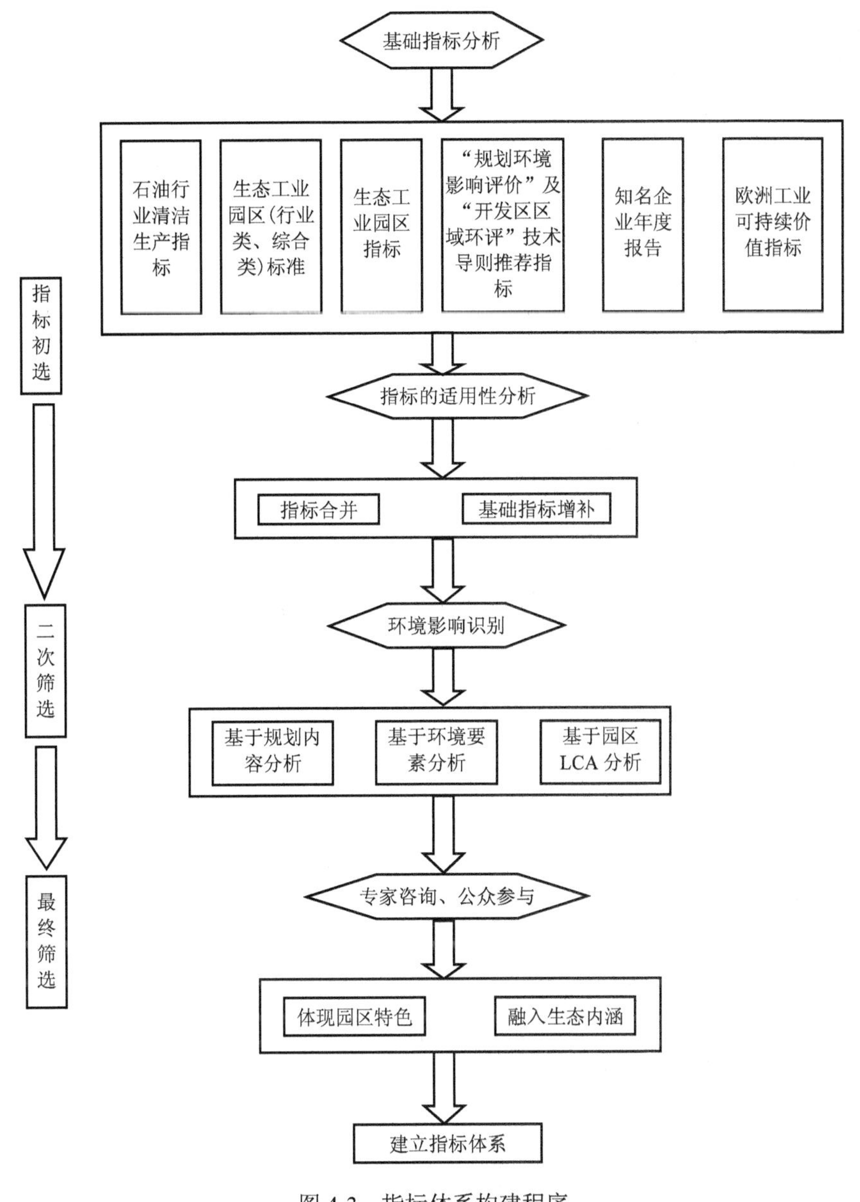

图 4-3　指标体系构建程序

表 4-6　工业园区规划环境影响评价指标体系

指标类型	指标	单位或选项
周边区域环境指标	主要工业区及重大工业项目与生态敏感区的临近度	km
	海洋沉积物特征污染物含量	mg/kg

续表

指标类型	指标	单位或选项
周边区域环境指标	近海海域主要污染物（COD_{Cr}、BOD_5、石油类、NH_3-N、挥发酚等）及溶解氧的平均浓度	mg/L
	冷却水排放口附近水温	℃
园区环境指标	空气质量指数（API）	
	常规空气污染物（SO_2、PM_{10}、NO_2等）平均浓度	mg/m^3
	空气特征污染物（乙烯、苯、烃类、丙烯腈、氢氰酸）平均浓度	mg/m^3
	地表水污染物年平均浓度（COD_{Cr}、BOD_5、石油类、NH_3-N、挥发酚）	mg/L
	区域噪声平均值（昼/夜）	dB（A）（昼/夜）
	园区绿化覆盖率	%
清洁生产、资源与能源循环利用率	单位工业增加值综合能耗	吨标准煤*/万元
	单位工业增加值新鲜水耗	m^3/万元
	单位工业增加值主要大气污染物排放量	kg/万元
	单位工业增加值主要水环境污染物（COD_{Cr}、BOD_5、石油类、NH_3-N、挥发酚等）排放量	kg/万元
	单位工业增加值固废产生量	t/万元
	工业固体废物综合利用率	%
	工业废水处理率与达标排放率	%
	中水回用与雨水综合利用率（冲洗道路用水、绿化用水、消防补充水、循环水补充水）	%
	能源回用率（余热、余压、火炬气、布局）	%
污染物排放指标	废气主要污染物排放浓度	mg/m^3
	废水主要污染物排放浓度	mg/L
	排入近海海域的主要污染物的量（油类物质、N、P 等）	t/a
	主要污染物排放总量控制指标（COD、SO_2）	t/a
	危险固体废物年产生量	t/a
环境安全与环境管理指标	安全运输事故率	次/万次运输
	园区及区内企业环保机构与管理制度的完善程度	完善/比较完善/基本完善/不完善
	环境信息公开制度及信息平台的完善度	完善/比较完善/基本完善/不完善
	园区内企业的项目环境影响评价实施率	%
	通过 ISO14001 认证的企业的比例	%
	环保投资占园区总产值的比例	%
	每年接受一次及以上环境培训的企业员工比例	%

续表

指标类型	指标	单位或选项
全球可持续发展指标	温室气体(CO_2、NO_x、SO_x、CH_4、VOC 等)年排放量	10^3t/a
	消耗臭氧层物质(HFC、PFC、SF_6等)的排放量	10^3t/a
经济发展与社会进步指标	园区增加值	万元/a
	增加值年增长率	%
	工业企业利税	万元/a
	工人平均工资水平	万元/a

* 标准煤是按煤的热当量值计算各种能源的能源计量单位，通常 1kg 标准煤等于 29.27MJ

表 4-7　流域规划环境影响评价主要指标及判断依据

环境主题	环境保护目标	评价指标
水资源	保护流域地表水资源量，促进可持续利用 保护地下水资源量，维持地下水排补平衡	流域及分区水资源量(亿 m^3)
		地表水资源开发利用程度(%)
		地下水开采率(%)
水环境	维持和保护河流(湖、库)水功能 恢复和改善工程低温水状况	水功能区水质达标率(%)
		下泄低温水恢复状况(℃)
生态	保护流域生态系统功能 维护生态平衡 保护流域生物多样性 保护生态敏感区 防止流域水土流失	生物量(t/hm^2)
		植被覆盖率(%)
		生物多样性指数
		生态需水量(m^3/s、亿 m^3)
		水土流失治理率(%)
土地资源	合理开发利用与保护土地资源 防止土地退化	土地资源量(hm^2)
		土地资源开发利用程度(%)
		耕地占用量(hm^2)
		防止土地退化面积(hm^2)
经济社会	促进流域(区域)经济、社会可持续发展 防洪安全 合理开发水能资源 改善城市、生活与农业供水条件	防洪标准(%)
		装机容量与年发电量(万 kW、亿 W·h)
		灌溉、治涝面积(hm^2)
		供水水量及保证率(亿 m^3、%)

表 4-8　流域规划环境影响评价指标体系

环境系统	环境要素	环境因子	评价指标
发展战略	可持续发展能力	资源支撑能力	资源承载力
		环境支撑能力	环境承载力
			生态承载力

续表

环境系统	环境要素	环境因子	评价指标
发展战略	可持续发展战略	经济社会可持续发展战略	防洪安全
			水资源优化配置
			水电开发利用
		环境保护战略	水环境保护目标及质量标准
资源开发	水文	径流量	流域(河段)年、月平均径流量
		流量	流域(河段)年、月平均流量
		洪水	洪水位
			洪水流量
			时段洪量
		枯水	枯水位
			枯水流量
		泥沙	流域(河段)年、月平均含沙量
			流域(河段)年、月平均输沙量
	水资源	地表水资源	河流水资源量
			湖(库)水资源量
			流域(区域)供需水量
		地下水资源	流域(区域)地下水资源量
			流域地下水可开采量
			地下水超采程度
	土地资源	土地利用	土地适宜性
			流域耕地面积
			流域林草地面积
			基本农田保护区及占地数量
		土壤环境	区域土壤环境质量
			区域次生土壤盐渍化
			区域土地沙化
			区域荒漠化
生态与环境	水环境	地表水环境	河流水环境质量
			湖(库)水环境质量
			河口及近海水环境质量
			内陆河尾闾湖泊水环境质量
			水功能区及水域纳污能力

续表

环境系统	环境要素	环境因子	评价指标
生态与环境	水环境	地下水环境	区域地下水环境质量
			地下水水位
			地下水污染状况
		水温	水库水温及下泄水温
			梯级开发水库水温
	生态	流域生态完整性	流域生态系统生物生产力
			流域生态系统结构与功能
		自然保护区	自然保护区类型、对象、功能分区及面积
		重要生态功能区	生态功能区类型、保护对象、面积
		流域水生生态	水生生物区系组成及资源量
			珍稀、濒危水生生物及栖息地
			重要经济水生生物、特有水生生物及栖息地
			水生生物洄游通道
			保留天然河段长度及所占比例
		流域陆生生态	陆生生物区系组成及资源量
			珍稀濒危陆生生物及栖息地
			重要经济陆生生物
		水土流失	流域水土流失分区及特征
			流域水土流失类型及面积
经济社会	经济	宏观经济	规划综合效益
			GDP 贡献值
			流域宏观经济结构与布局
		区域经济	区域经济协调性
	社会	社会稳定与文化	社会稳定与安全
			民族与宗教
		生活质量与健康	生活质量
			人群健康
		移民	移民环境容量
			农村移民人口及土地面积
			集镇迁建规模及环境合理性

4. 工业规划环境影响评价

省级及设区的市级工业各行业规划类型众多，国内规划环境影响评价对工业规划的研究主要集中在化工、石化行业及汽车工业方面。

1）化工、石化行业

化工、石化行业规划环境影响评价指标体系涉及的内容多，贯穿于资源、环境、社会三大主题。在指标体系的筛选中，要综合考虑化工、石化行业规划引起的社会、经济、资源和环境问题，以环境影响识别为基础，结合行业规划特点、环境背景调查及区域环境保护目标，初步确定评价指标，并在评价工作中补充、调整和完善。

化工、石化行业规划环境影响评价应当把化工、石化企业区及周边区域的环境、生态和资源与社会作为一个有机整体，进行系统综合分析与评价。化工、石化行业要求综合考虑相关区域的生态与环境影响、资源与环境承载力等，要结合产业链，从循环经济的角度进行全面分析，对规划全过程实施环境影响评价和环境管理。指标构建方法包括环境影响识别、相关指标调研、建立针对该规划行为及备选方案的具体评价指标体系、确定各项指标权重。指标构建程序和框架范例见图 4-4 和表 4-9。

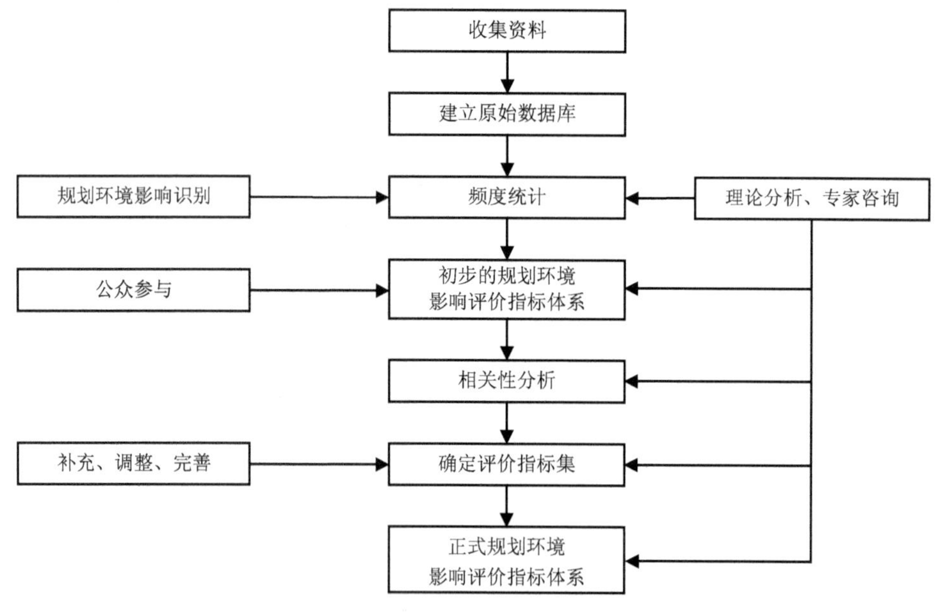

图 4-4　指标构建程序

表 4-9　化工石化规划环境影响评价指标体系

环境主题		环境目标	评价指标名称(单位)
资源	能源	优化能源结构，提高能源利用效率	万元 GDP 能耗(吨标准煤)
			主要产品(原料)能耗[吨标准煤/单位产品(原料)]
	水资源	提高水资源利用效率	万元 GDP 水耗(m^3)
			主要行业产品水耗(m^3/单位产品)
			污水回用率(%)
			工业水回用率(%)
			循环冷却水重复利用率(%)
			规划用水量占区域可利用水资源总量的比例(%)
	土地资源	提高土地资源利用效率	单位土地面积 GDP 产出(万元/hm^2)
			投资强度(万元/hm^2)
			容积率
			建筑系数
			工业型项目所需行政办公及生活服务设施面积
			占用基本农田面积及补偿情况
环境	水环境	保证水质符合环境功能区划标准和城市环保要求保护饮用水源	废水排放达标率(%)
			万元 GDP 废水、COD 和氨氮排放量(t)
			COD、氨氮、总氮(重点控制水域)、总磷(重点控制水域)和主要特征污染物排放总量(t/a)
			纳污水体控制断面功能达标情况(%)
	环境空气	保证空气质量符合环境功能区划标准和城市环保要求	环境空气质量达标率(%)
			万元 GDP 废气及 SO_2、NO_x、PM_{10}和 TSP 排放量(t)
			SO_2、NO_x、PM_{10}、TSP 和主要特征污染物排放总量(t/a)
	声环境	保证声环境功能区达标	周边敏感目标噪声达标率(%)
			噪声超标区域占关心区域比例(%)
	生态环境	维持生态系统的稳定	生物多样性指数
			生物量变化
			植被覆盖率变化
			生态功能区目标可达性
			景观敏感性
			珍稀、濒危、特有生物保护状况
	固体废物	满足化工、石化固废处置能力	万元 GDP 固体废物产生量(t)
			固体废物(一般工业固废和危险废物)处理处置率(%)
			固体废物综合利用率(%)

续表

<table>
<tr><th colspan="2">环境主题</th><th>环境目标</th><th>评价指标名称及单位</th></tr>
<tr><td rowspan="5">环境</td><td rowspan="3">环境风险</td><td rowspan="3">建立环境风险防范区</td><td>建立规划区内各级环境风险防范体系</td></tr>
<tr><td>规划区周边建立风险防范区</td></tr>
<tr><td>建立规划区和周边社会联动应急救援体系</td></tr>
<tr><td rowspan="2">环境敏感区</td><td rowspan="2">环境敏感区得到有效保护</td><td>环境敏感区要求的可达性</td></tr>
<tr><td>规划区和重大工程项目与环境敏感区的临近度</td></tr>
<tr><td rowspan="2">社会</td><td rowspan="2">社会经济效益</td><td rowspan="2">促进当地社会经济发展</td><td>年利税收入（万元）</td></tr>
<tr><td>新增就业机会（人）</td></tr>
</table>

2）汽车工业

依据生命周期分析框架识别汽车工业的环境影响因子，其指标应覆盖原材料、生产过程等各个主要环节，尤其是在原材料生产和汽车使用阶段，既要考虑对资源、能源的消耗，又要考虑污染物的产生及生态环境的破坏，因此，可从以下几个阶段建立指标体系：

（1）原材料获取阶段指标，包括生态影响指标、能源强度指标、生态资源消耗、污染物产生指标。

（2）汽车生产阶段指标，包括生态资源消耗指标、能耗指标、污染物产生指标。

（3）汽车使用阶段指标，包括能源消耗指标、污染物产生指标、安全影响。

（4）汽车报废阶段指标。

（5）相关产业的环境影响指标。

汽车工业发展规划环境影响评价指标体系示例见表 4-10。

表 4-10 汽车工业发展规划环境影响评价指标体系

<table>
<tr><th>准则层</th><th colspan="2">指标层</th><th>单位</th></tr>
<tr><td>资源消耗</td><td colspan="2">水资源</td><td>万 m^3</td></tr>
<tr><td>能源消耗</td><td colspan="2">以标准煤计</td><td>万 t</td></tr>
<tr><td rowspan="8">环境质量影响</td><td rowspan="5">水环境质量影响</td><td>废水</td><td>万 m^3</td></tr>
<tr><td>COD</td><td>t</td></tr>
<tr><td>BOD</td><td>t</td></tr>
<tr><td>石油类</td><td>t</td></tr>
<tr><td>SS</td><td>t</td></tr>
<tr><td rowspan="3">大气环境质量影响</td><td>烟尘</td><td>t</td></tr>
<tr><td>SO_2</td><td>t</td></tr>
<tr><td>二甲苯</td><td>t</td></tr>
</table>

续表

准则层	指标层		单位
环境质量影响	大气环境质量影响	CO	万 t
		HC	万 t
		NO_x	万 t
全球环境影响	温室效应	CO_2 当量	万 t
	酸雨	SO_2 当量	万 t
	臭氧层破坏	CFC-11 当量	t
噪声影响	道路交通噪声年均值		dB(A)
交通事故影响	事故次数		千次
	死亡人数		人
	受伤人数		人
	经济损失		万元
费用效益分析	费用		万美元
	环境效益		万 t

5. 交通规划环境影响评价

交通行业规划环境评价的指标体系构建程序和指标体系框架参见图 4-5 和表 4-11。

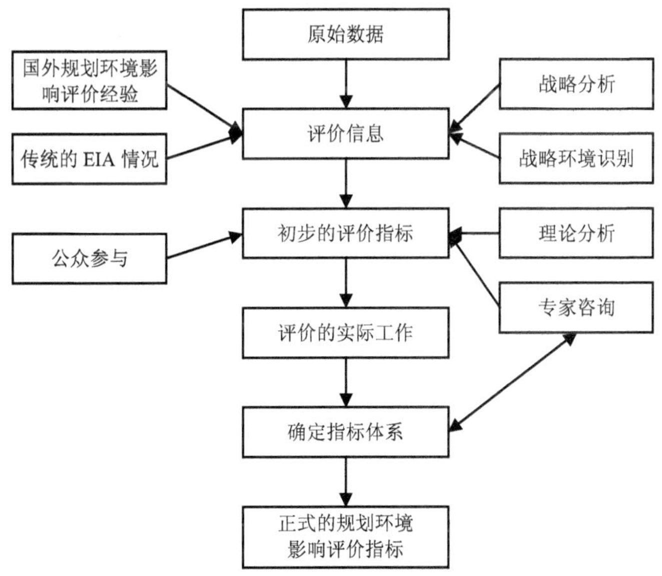

图 4-5　指标体系构建程序

表 4-11 交通规划环境影响评价指标体系

涉及的专题及环境要素		指标
驱动力	经济发展水平与规划经济效益	人均 GDP 及年增长率
		交通行业产值占 GDP 的比例
		营运费用及设备折旧
		营运收入及利润率
		内部收益率
		节约时间效益
	社会发展	人口年机动车增长率
		人口密度及期望寿命
		城市化水平、城区面积规划面积的比例
		人均公共机车拥有量
压力	大气环境	区域和人均主要空气污染物（CO_2 等）年排放量
		单位土地面积主要空气污染物（CO_2 等）年排放量
		臭氧层损耗物质年排放量
		单位交通用地面积或道路长度主要空气污染物年排放量
		由交通排放的温室气体年排放量
		机动车出行里程 NO_2、CO、NMHC 的排放量
	噪声	平均时速下大型车产生的噪声
		平均时速下中型车、小型车产生的噪声
	振动	公路两旁垂直方向产生的震动级
状态	大气环境	规划区域内主要空气污染物年日均
		规划区域内 O_3 年最高小时平均浓度
		由交通产生的主要空气污染物年日均浓度
		空气质量指数
	声环境	城市交通干线两侧噪声平均值（dB,昼/夜）
		规划交通网络两侧噪声平均值（dB,昼/夜）
	生态和景观保护	生物多样性指数
		道路综合景观指数
影响	大气环境	空气质量超标区域的面积及占规划区域面积的比例
		自然保护区及其他环境敏感点空气质量超标区及比例
		暴露于环境中的人数及占人口的比例
		规划交通网路干线与居民住宅区的临近度
	声环境	规划交通网路与噪声环境敏感点交界面的长度

续表

涉及的专题及环境要素		指标
影响	声环境	规划交通网络两侧 500m 范围内噪声敏感区的面积
		暴露于超标声环境中的人口数及占总人口的比例
	生态保护	规划交通网络与生态敏感点的临近度
		规划交通网络与生态敏感点交界面的长度
		规划交通网络两侧 500m 范围内生态敏感点的面积
		交通规划网络所占用的土地面积，其中占用生态敏感点的面积
		土地利用结构变化(土地利用类型变化矩阵)
		酸雨发生频率
响应	大气环境	清洁燃料使用率
		路检汽车尾气达标
		装有催化净化装置
	声环境	交通主干线两侧噪声达标率
		环境保护投资占交通规划投资的比例
	生态环境管理	公众对城市环境的满意率
		通过 ISO14000 认证的运输企业占工业企业的比例
		交通建设项目环境影响评价实施率
		与生态环境保护和可持续发展相关的法律支持
	经济发展	私有小汽车拥有比例
		清洁能源占一次能源消费总量比例
		交通运输业效益
		居民公交出行率

“十个专项”中，国内战略环境影响评价在交通领域的研究最多且最系统最全面，下面就各具体的交通规划指标体系进行总结分析。

1）高速公路网

高速公路网规划环境影响评价指标体系示例如表 4-12 所示。

表 4-12　高速公路网规划环境影响评价指标体系

影响类别	评价指标
社会经济	18~64 岁人口占总人口比例
	居民搬迁的安置费用和就业补偿安置
	交通运输对地方财政的贡献
土地利用	占用的重点用地类型和比例

续表

影响类别	评价指标
土地利用	土地被公路分割的破损指数
大气环境	暴露与超标大气环境中的人数
	自然保护区等环境敏感点空气质量超标区数量
	NO_x 排放的增加量
噪声	暴露与噪声超标区域的人口数
	公路两侧 500m 范围内噪声敏感区数量
自然资源和生态保护	公路网络与生态敏感区域的距离和交界面的长度
	公路网规划造成的景观破碎化程度
	边坡绿化率
能源消耗和循环利用	客、货运平均能源消耗
	再生材料的使用率
事故风险	公路沿线交通危险地形所占比例

2）港口

港口规划环境影响评价，作为交通规划环境影响评价的一种，其中的环境目标包括规划涉及的区域环境保护目标及规划设定的环境目标。一般根据《港口建设项目环境影响评价规范》中对港口建设项目 EIA 评价指标的要求进行指标体系构建。该规范要求指标体系需包括自然环境和生态环境两个方面。对于社会经济环境评价仅涉及景观和征地等短期、直接影响，但在实际实践中，往往吸取国内外的先进经验而纳入资源和社会经济指标。因此，我国港口规划环境影响评价的指标体系一般包括以下内容：

（1）自然环境指标；

（2）生态环境指标；

（3）资源指标；

（4）社会经济指标。

港口规划环境影响评价的指标体系示例如表 4-13 所示。

表 4-13　港口规划环境影响评价指标体系

环境主题	环境目标	评价指标
水	控制水环境污染，保护近岸海域水环境	主要水域污染物的年排放量(t/a)
		人均生活污水排放量(L/d)
		万吨吞吐量污水排放量(t)
		区域水功能区水质达标率(%)

续表

环境主题	环境目标	评价指标
水	控制水环境污染，保护近岸海域水环境	污水纳管率(%)
		污水处理率和达标排放率(%)
		对水动力环境的影响程度
环境空气	控制空气污染物的排放、保护空气质量	主要空气污染物的年排放量(t/a)
		区域主要排放空气污染物年日均浓度(mg/m^2)
		万吨吞吐量污染物年排放总量(t)
		空气污染物影响范围
		区域空气质量达标区范围
		超标面积占区域面积的比例(%)
声环境	控制区域环境噪声水平、保障声环境质量	港界昼夜噪声值[dB(A)]
		疏港道路昼夜噪声值[dB(A)]
		区域声环境质量达标区范围
		噪声超标面积占区域面积的比例(%)
固体废物	降低固体废物生成率，使固体废物减量化和资源化，促进集中处理	固体废物年排放量(t/a)
		人均固体废物产生量(kg/d)
		万吨吞吐量固体废物产生量(t)
		危险固废年产生量和无害化处理与处置率(%)
		生活垃圾分类收集和资源化利用率(%)
自然资源与生态环境	减少可能造成的对敏感资源的危害，保护区域自然资源与生态系统	规划港区与敏感目标的最小邻近度
		自然保护区及其他具有特殊价值的受保护区域面积(km^2)及比例(%)
		围垦对湿地、红树林等生态系统影响程度
		区域规划前与规划后的植被覆盖率
		生物多样性指数
		港区绿化率(%)
		规划岸线占自然岸线的比例(%)
		土地资源的占有量
		港区日用水量
社会经济环境	促进社会就业、促进产业结构优化	对扩大就业的贡献
		对产业结构调整的贡献
		对旅游业发展的影响
		对渔业生产、渔民生活的影响程度

3）公路

公路处于整个社会经济系统和综合交通系统大环境中，它与周围事物有着千丝万缕的联系。公路建设和运营所影响的环境有政策环境、经济环境、文化环境、生活环境和生态环境。在公路规划环境影响评价中重点研究对经济环境、生活环境和生态环境的影响。

评价因子的筛选取决于各个评价时期所包括的开发行为和各种评价因子有无相互作用，对有长期、显著、不可逆或累计影响的评价因子需要重点评价，对没有相互作用或影响很小的因子可以不评价。在具体的公路规划环境评价中，先建立相应的评价因子筛选矩阵进行因子选择，再建立评价因子体系结构。构建程序及指标体系示例如图 4-6 和表 4-14 所示。

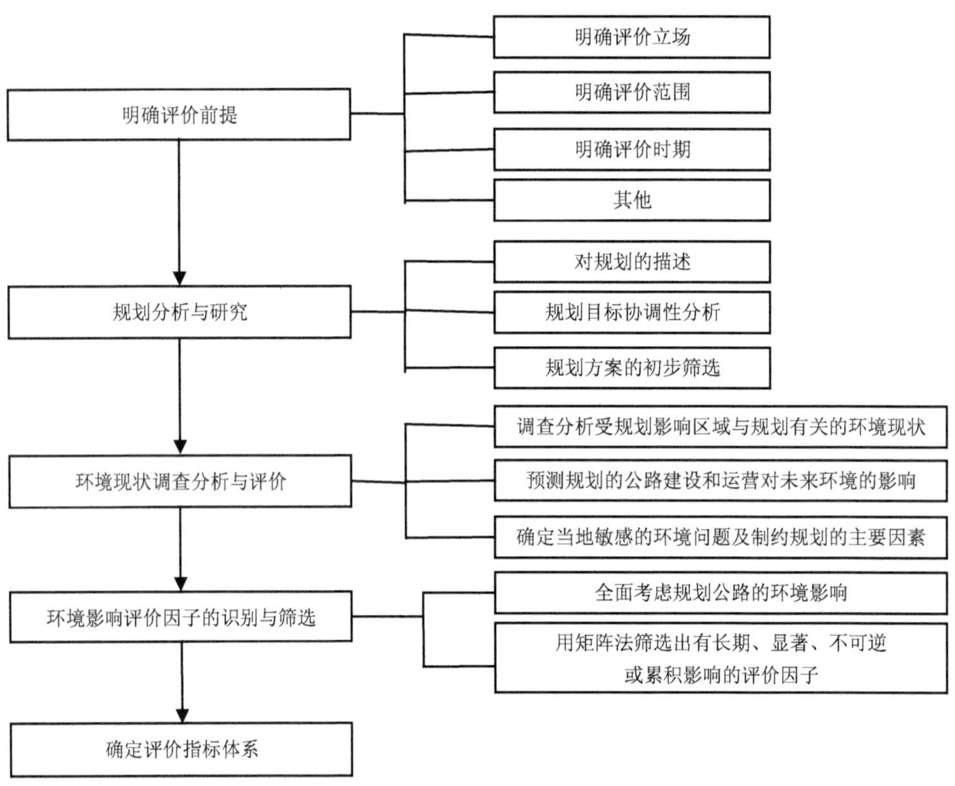

图 4-6　指标构建程序

4）铁路交通

通过以下方法进行指标筛选：①传统项目 EIA 评价指标；②借鉴国外研究经验；③根据规划环境影响识别进行理论分析；④专家咨询；⑤公众参与意见。指标体系的示例如表 4-15 所示。

表 4-14　公路规划环境影响评价指标体系

一级指标	二级指标	分类
经济环境	促进产业发展	定性
	扩大市场范围	定性
	促进生产运输合理化	定性
	增加人们就业机会	定性
生活环境	噪声	定量
	大气污染	定量
	空间的隔断	定量
	历史遗产和古迹	定量
生态环境	地形、地貌	定量
	动物	定量
	植物	定量

表 4-15　铁路交通规划环境影响评价指标体系

指标	主题	评价指标
物理系统指标	资源占有量	枢纽建设土壤占有资源量[hm^2/(t·km)或 hm^2/(人·km)]
		岩石资源消耗量[m^3/(t·km)或 m^3/(人·km)]
		电力消耗量[度*/(t·km)或度/(人·km)]
		燃料用量[m^3/(t·km)或 m^3/(人·km)]
		经济效益综合指数
	大气	运输废气年排放量[m^3/(t·km)或 m^3/(人·km)]
		枢纽区域内主要空气污染物(SO_2，NO_2，TSP)平均浓度(mg/m^3)
		温室气体排放量[m^3/(t·km)或 m^3/(人·km)]
	水环境	主要水环境敏感区(集中式饮用水源地、生态敏感区)
		运输(客运、货运)净产值废水年排放量(m^3/万元)
		主要水环境污染物及年排放量(t/a)
		废水处理率与达标率(%)
	噪声	区域噪声平均值(昼/夜)[dB(A)]
		区域噪声达标率(%)
	振动	区域振动平均值(昼/夜)[dB(A)]
		区域振动达标率(%)
	电磁	区域电磁辐射量平均值
		区域电磁辐射达标率(%)

续表

指标	主题	评价指标
物理系统指标	固体废物	运输固体废物产生量[t/(t·km)或t/(人·km)]
		危险固体废物年产生量[t/(t·km)或t/(人·km)]
		再生材料的使用率及排放综合利用率(%)
		新材料及新工艺的使用
生态系统指标	自然资源与生态保护	铁路枢纽与生态敏感区的临近度
		铁路枢纽造成的视觉入侵和美学的影响
		边坡绿化率
		规划可能造成的生态区域破碎情况
		规划对农业、林业、草地生态的影响
	水土流失与地质灾害	水土流失面积(hm^2)，水土流失侵蚀模数(t/km^2)
		不良地质数量统计(处)
		规划对水土流失及地质灾害影响
社会系统指标	与其他规划的相容性	城市交通的相容性
		土地利用规划相容性
		旅游规划相容性
		工业规划相容性
	易达性	交通系统的易达性：交通影响的人口数和生活质量
		社会的阻隔：交通影响的人口数和生活质量
	安全	事故、安全：人类健康、交通影响的人口数和生活质量
		铁路枢纽节点及沿线村庄、城镇人口总数和城市化人口数
		居民搬迁的安置费用和就业补偿安置
	社会发展水平和经济结构	沿线经济总量和经济结构
		节点及沿线地方财政及税收增加
		建设成本年收益比

* 1度=1kW·h

5）城市轨道交通

指标建立程序：①环境影响识别；②指标筛选；③初步建立指标体系；④确定指标权重；⑤完善指标体系。指标体系的示例如表4-16所示。

6. 农业规划环境影响评价

农业规划环境影响评价指标体系特征有以下几点。

表 4-16　城市轨道交通规划环境影响评价指标体系

目标层	准则层	指标层
交通环境资源承载力	土地资源	城市轨道交通网及辅助设施所占用的土地面积
		城市轨道交通网及辅助设施所占用的土地类型
		对土地利用格局的影响
	水资源	对饮用水源地的影响
		配套设施用水量
		对地下水的疏干或阻隔的影响
	能源	运营期电力消耗占公共交通总消耗的比例
		运营期燃油消耗占公共交通总消耗的比例
	生态环境	城市轨道交通工程设施与生态敏感区的临近度、交界面的长度或穿越长度
		敷设类型（高架、地面、地下）和里程对生态敏感区的影响
		工程土方的处理方式对水土保持的影响
交通环境污染承载力	噪声与振动	城市轨道交通网与噪声敏感区(居民住宅、学校、医院等)交界面的长度
		振动防护控制距离
		轨道路基条件
		施工机械的类型和数量
		机车运行频率及行驶速度
	电磁	轨道高架线段无线电干扰对电视接收产生的影响(信噪比)
		主变电所的工频电场强度和磁场强度
	水	车站、车辆段、停车场、综合基地污水排放与城市污水处理厂服务范围和处理能力的协调关系
		施工期排水处理方式
		车站、车辆段、停车场、综合基地污水处理配套设施建设时序及污水处理方式
		地下段敷设里程与水文地质条件的关系(水源地、补给区)
	空气	风亭异味的规划控制距离
交通环境经济承载力	经济发展	对 GDP 增长的影响(GDP 增长与城市轨道交通投资的比值)
		对产业结构的影响
		单位投资增加的就业岗位
		对公众消费方式的影响
	物流	货运量及其占公共交通客运量的比例
		客运量及其占公共交通客运量的比例
		与其他交通方式的衔接程度
交通环境心里承载力	景观美学	造成的视觉入侵和美学的影响
	道路交通	公众出行方式的影响
	拆迁安置	拆迁面积及人口
	社会接受度	公众对城市轨道交通环境保护建设的满意率

(1) 农业环境可持续性。农业规划环境影响评价指标体系应体现农业环境和经济发展长期稳定的关系，反映一定时期内农业环境系统承受外界压力(如农业开发、资源过度利用等)的能力或环境影响的程度。即农业规划环境影响评价应考虑某一区域未来可持续发展的环境可行性。

(2) 农业生态系统的完整性。指标体系的建立等于确定了环境影响评价的重点内容，因此必须保证建立的指标体系能够最大限度地反映农业生态系统的完整性。农业规划环境影响评价要求以生态为中心，在保护环境的同时，保持生态系统的完整性和生物多样性。因此，指标体系应全方位多层面体现农业生态系统的所有内容。

(3) 农业环境的时空特性。农业规划实施的时间跨度较大，其评价指标既要反映当前的环境要求，又要反映未来各个不同时期的环境要求。随着经济水平的提高，人们对环境质量的要求也在不断提高，如果规划环境影响评价一直采用一个单一的静态的标准，则不能满足系统发展的要求。另外，评价指标还要考虑空间的跨度，因为农业生态环境系统是开放性的，开发活动所造成的环境影响是跨区域的，所以评价指标要适当体现一定空间的适用范围。农业规划环境影响评价的示例如表 4-17 所示。

表 4-17　农业规划环境影响评价指标体系

主题	评价指标
农业经济发展及效益	农业经济总产值
	单位耕地面积产值
	农民人均纯收入
农业非点源污染及水质	单位面积化肥施用量
	单位面积农药施用量
	禽畜排泄物处理率
	使用沼气农户比例
	有机肥施用面积率
土壤环境	土壤水土流失面积比例
	土壤综合污染指数
农业固体废物	灌溉水有效利用率
	地膜回收率
资源利用	秸秆综合利用率

7. 能源规划环境影响评价

国内规划环境影响评价领域在能源方面的研究主要集中在水电和火电开发规

划两大方面。

1）水电

指标构建方法有 DSR 模型、LCA 模型和基本指标等。三种指标体系模式的比较如表 4-18 所示。指标构建程序及评价指标体系示例见图 4-7 和表 4-19。

表 4-18　三种指标体系构建方法的比较

模式	优点	缺点
基本指标体系	能快速反映规划带来的影响，综合 DSR 模式和 LCA 模式的一些基本指标，做到了取长补短。基本指标体系准确度高，定性的指标较少，定量的指标较多	描述指标之间的关系不够系统、详细
LCA 指标体系	时间顺序分明，在各时间段具体内容阐述较详细	需要大量的经济理论和经济论证来支持，这类资料不容易获取，造成指标成本较高。体系的发展相对不够完善，另外仅从过程的角度来阐述环境影响具有一定的局限性
DSR 指标体系	能较全面地反映规划影响，着重反映生态、社会经济、环境质量、资源利用，层次多样化	指标过多，分析权重较烦琐，不易操作，时间对应性不强

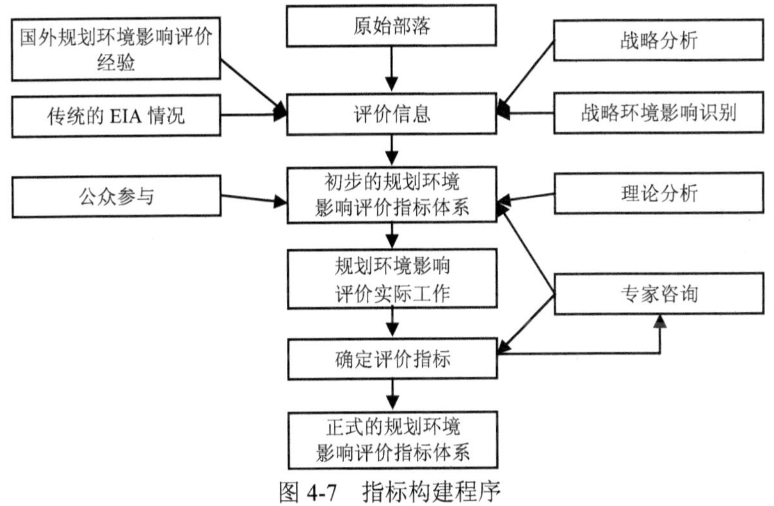

图 4-7　指标构建程序

表 4-19　水电规划环境影响评价指标体系

主题	环境目标	评价指标
建设用地	尽可能减少淹没占地、耕地损失和移民数量	单位装机淹没耕地（亩*/MW）
		单位装机迁移人口（人/MW）
		人群健康水平
水环境	加强污染防治，保护流域水质，确保用水要求，保证农业灌溉区的用水量需求	水库富营养化程度
		达到水环境功能要求河段比（%）

续表

主题	环境目标	评价指标
水环境	加强污染防治，保护流域水质，确保用水要求，保证农业灌溉区的用水量需求	施工期废水达标排放率(%)
		生产、生活用水保证率(%)
		枯水期下游水量增加率(%)
		灌溉用水保证率(%)
防洪	保证防洪要求	防洪标准(年)
生态环境保护	保护生物资源、水生生态环境和特有鱼类资源	自然保护区
		珍稀保护动植物种类
		洄游鱼类
		特有鱼类
水土保持	控制水土流失，涵养水源	工程拦渣率(%)
		水土流失治理度(%)
经济可持续发展	结合旅游修建对外公路，与自然景观协调，促进旅游业发展	世界自然遗产价值
		风景旅游区
		文物古迹
移民	保障移民切身利益，提高群众生活质量	移民生活水平
		民族传统文化

*1 亩≈667m^2

2）火电

指标构建方法有 DPSIR 模型、LCA 模型和基本指标等。环境目标：①保护大气和生态环境；②优化发电机组结构；③提高能源转换效率；④保护水环境与水资源；⑤固体废物综合利用。指标体系的示例见表 4-20。

表 4-20　火电发展规划环境影响评价指标体系

主题	环境目标	评价指标
大气和生态环境保护	减少火电大气污染物排放，改善规划影响区域环境空气质量，降低酸雨及酸沉降污染	脱硫机组装机比例(%)
		脱硝机组装机比例(%)
		除尘机组装机比例(%)
		区域和城市平均地面 SO_2 浓度贡献率(%)
		区域和城市平均地面 PM_{10} 浓度贡献率(%)
		区域和城市平均地面 NO_2 浓度贡献率(%)
		空气环境质量超二级标准的城市比例(%)
		火电规划对区域硫沉降贡献率(%)

续表

主题	环境目标	评价指标
大气和生态环境保护	减少火电大气污染物排放，改善规划影响区域环境空气质量，降低酸雨及酸沉降污染	火电规划对周边地区造成的硫沉降量（万 t）
		达到酸沉降临界负荷地区面积比例（%）
发电机组结构	优化发电结构，适当提高天然气发电机组比例	天然气发电机组比例（%）
能源转换效率	提高发电效率，降低发电用能源消耗	发（供）电标准煤耗[g/(kW·h)]
		电厂平均自用电率（%）
		发电设备平均利用小时数（h）
水环境及水资源保护	提高水资源利用率，减少新鲜水耗；降低发电厂污水排放，避免造成对当地水环境造成进一步污染	空冷机组装机比例（%）
		干除灰机组装机比例（%）
		单位发电量的废水排放量[t/(MW·h)]
		单位发电量用水量[m^3/(kW·h)]
固体废物综合利用	提高灰渣综合利用率，减少土地占用	灰渣综合利用率（%）
		灰渣堆存土地占用面积（亩）

8. 旅游规划环境影响评价

风景名胜区总体规划环境影响评价指标体系的构建，简化了风景名胜区总体规划环境影响评价过程的各个步骤。

(1) 指标体系简化了影像识别。将风景名胜区内纷繁复杂的各种要素和关系简化为有限的若干指标。

(2) 指标体系简化了影响预测。使得影响性质、影响程度等可以通过指标变量的定性或定量的变化来表达。

(3) 指标体系简化了影响评价。将评价的依据和准则简化为指标体系的标准和权重的设置，在此标准上判断影响的可接受程度。

风景区规划环境影响评价指标体系示例如表 4-21 所示。

表 4-21　风景区规划环境影响评价指标体系

主题	环境目标	评价指标
水环境	尽可能保持水环境的自然程度，维护与改善地表水和地下水水质及水生环境	水量指标：受人为干扰自然水系水量变化，使用风景区内水源的用水量
		水质指标：排污量，污水处理后排放水质达标率
声环境	尽可能保持自然声环境，控制人为噪声污染源	生活噪声：游客容量和游客密度
		交通噪声：机动车道数量及路网密度

续表

主题	环境目标	评价指标
大气环境	尽可能保持自然大气环境，控制空气污染	机动车道路数量
		垃圾焚烧控制
		尾气排放管理
		周边污染
土壤环境	减少固体废弃物，水土保持，改善土壤环境	工业固废的排放和综合利用率
		生活垃圾的排放和处理
		植树造林
		水土保持工程
视觉景观	保护自然视觉景观和文化视觉景观，控制视觉污染源	游览设施、接待服务设施建设影响区域：影响范围大小
		影响重要景点的程度
		风景名胜区入口的服务型居民点：对建设规模和风格的控制管理程度
生物多样性	保护风景区特有的生态系统	功能分区的合理性；生物物种资源的变化
		核心区、缓冲区的范围大小，保护措施及影响程度
社会经济文化等	促进区域社会经济的发展，协调周边社区公平受益	风景名胜区内部经济收益：门票，日游客的数量；宾馆床位，保留的床位数量
		风景名胜区周边社区的社会经济：湖边周边社区的宾馆床位数的总需求量；服务基地、服务设施布局是否均衡

9. 资源开发规划环境影响评价

国内规划环境影响评价领域对资源开发规划环境影响评价指标体系的研究主要集中在矿产资源规划和煤炭开发规划方面。

1）矿产资源规划

矿产资源规划环境影响评价指标的构建方法是：在指标体系的建立过程中，充分考虑各环境要素累积效应的影响和社会经济环境的影响。矿产资源规划环境影响评价指标体系范例如表 4-22 所示。

表 4-22 矿产资源规划环境影响评价指标体系

一级评价因子	二级评价因子	三级评价因子
自然地理环境	土地沙化	气候情况，年降水量，蒸发量
		植物密度、大小及种类
	水土流失和荒漠化	水土流失面积、立方量和侵蚀速率
		土壤沙化、荒漠化程度和荒漠化速率

续表

一级评价因子	二级评价因子	三级评价因子
地貌环境	地面沉降、地面塌陷和裂缝	地面沉降面积和深度
		塌陷区的形状、面积和深度
	可能引起崩塌、滑坡和泥石流	地质构造和岩石特征
		开采面积、深度及扰动范围
		可能引起崩塌、滑坡和泥石流的数量、方量、单体方量和频率子
大气环境	毒性气体污染	矿井 SO_x、NO_x、CO_x 的产量和浓度
		酸雨范围与沉降强度、频度
	粉尘污染	采区粉尘产量、浓度、频度
		废石场、尾矿库扬尘量、尘粒粒径
水环境	地下水水源衰竭	矿坑突水量、涌水量变化
		地下水枯竭、影响程度
	区域地下水位下降	地下水下降面积、降落漏斗深度
		疏干排水时对工农业、饮用水影响
生态环境	土壤污染	渣场堆积体积、占地面积、复垦面积
		土壤 pH、重金属离子深度及分布
		土壤生产力、肥力影响
	动植物生存环境	植被破坏面积、森林覆盖率、植物多样性
		物种减少、灭绝数量
		动植物吸收、累积重金属离子含量
社会经济环境	工农业发展	产值、利润和劳动力利用率
		环保效益和三废回收利用率
	交通运输	水路和陆路运输网、障碍、通道等

2）煤炭开发规划

煤炭开发规划环境影响评价指标的构建方法是：依据煤矿区总体开发规划指标体系的选取原则及目前已有煤矿区总体开发规划环境影响报告书，提出煤矿区总体开发规划环境影响评价的指标体系。煤矿区总体开发规划环境影响评价指标体系主要包括系统发展指标、环境影响指标和环境规划指标三部分，评价根据环境主体、环境目标分设了若干具体评价指标。

煤矿区总体开发规划环境影响评价系统发展指标包含资源能源配置与消耗指标和社会经济环境发展指标。环境影响指标分为环境现状评价指标和环境预测评价指标两部分，环境现状评价指标和环境预测评价指标又按不同环境要素进行分类，应用范例如表 4-23~表 4-25 所示。

表 4-23 煤炭开发规划环境影响评价（系统发展指标）

二级指标	三级指标
资源能源配置与消耗指标	煤炭资源回采率（%）
	原煤入洗率（%）
	占地面积（hm^2/Mt）
	百万吨煤新鲜水消耗（m^3）
	发电水耗［m^3/（s·GW）］
	供电煤耗［g/（kW·h）］
	全员工效（t/工）
社会经济环境发展指标	规划区人口数量和密度的变化
	搬迁人口指数（人/万吨煤）
	工业总产值（万元）
	税收（万元/万 t）
	占地区工业总产值的比例（%）

表 4-24 煤炭开发规划环境影响评价（环境影响指标）

环境现状评价指标		环境预测评价指标		
二级评价指标	三级评价指标	二级评价指标	三级评价指标	
生态环境指标	万吨煤沉陷率（hm^2/万 t）	生态环境指标	土地利用情况分析	人口密度（人/hm^2）
	土地利用类型			人均耕地（hm^2）
	植被类型		土地复垦	排矸场复垦率（hm^2/万 t）
	植被覆盖度			沉陷土地复垦率（hm^2/万 t）
	土壤侵蚀强度		水土保持	扰动土地整治率（%）
地表水环境指标	pH			水土流失总治理（%）
	化学需氧量（mg/L）			土壤流失控制比
	BOD（mg/L）			拦渣率（%）
地下水环境指标	pH		生态系统完整性	林草植被恢复率（%）
	高锰酸盐指数（mg/L）			林草覆盖率（%）
	总硬度（mg/L）			生物量的变化［g/（m^2·a）］
	总大肠菌群（个）		景观生态影响	异质性程度
大气环境指标	TSP（mg/m^3）			优势度 D
	SO_2（mg/m^3）			变化趋势分析

续表

环境现状评价指标		环境预测评价指标	
二级评价指标	三级评价指标	二级评价指标	三级评价指标
固体废弃物	煤矸石物排放量(t/a)	地表水环境指标	pH
	锅炉灰渣排放量(t/a)		化学需氧量(mg/L)
	生活垃圾排放量(t/a)		BOD(mg/L)
	水处理站污泥及其他(t/a)	地下水环境指标	地下水动储量
声环境	厂界噪声达标率(%)	大气环境指标	TSP(mg/m^3)
			SO_2(mg/m^3)
		固体废弃物	煤矸石物排放量(t/a)
			锅炉灰渣排放量(t/a)
			生活垃圾排放量(t/a)
			水处理站污泥及其他(t/a)
		声环境	厂界噪声达标率(%)

表 4-25　煤炭开发规划环境影响评价(环境规划指标)

二级评价指标	三级评价指标	
生态环境建设指标	土地复垦	排矸场复垦率(hm^2/万 t)
		沉陷土地复垦率(hm^2/万 t)
	水土保持	扰动土地整治率(%)
		水土流失总治理(%)
		土壤流失控制比拦渣率(%)
		林草植被恢复率(%)
		林草覆盖率(%)
环境管理	环保政策、法规综合执行率(%)	
地表水环境	生产、生活污废水达标排放率(%)	
	生产、生活污废水综合利用率(%)	
	矿井水达标排放率(%)	
	矿井水综合利用率(%)	
地下水环境	第四系潜水不受影响	
固体废弃物	煤矸石综合利用率(%)	
	锅炉灰渣综合利用率(%)	
	生活垃圾处置率(%)	
	水处理站污泥及其他处置率(%)	
声环境	厂界噪声达标率(%)	

续表

二级评价指标	三级评价指标	
总量控制指标	大气环境	TSP (t/a)
		SO_2 (t/a)
	地表水环境	COD_{Cr} (t/a)
	固体废弃物	煤矸石 (t/a)
		锅炉灰渣 (t/a)
		生活垃圾 (t/a)
		水处理站污泥及其他 (t/a)

实际操作中，还应根据不同矿区的实际情况，适当删减和增加煤炭开发规划环境影响评价指标。

10. 城市建设规划环境影响评价

国内规划环境影响评价领域对城市建设规划环境影响评价指标体系的研究主要集中在城市总体规划与新区规划两大方面。

1）城市总体规划

指标构建方法包括 LCA 指标、DPSIR 指标和基本指标。构建程序和指标体系示例如图 4-8 和表 4-26 所示。

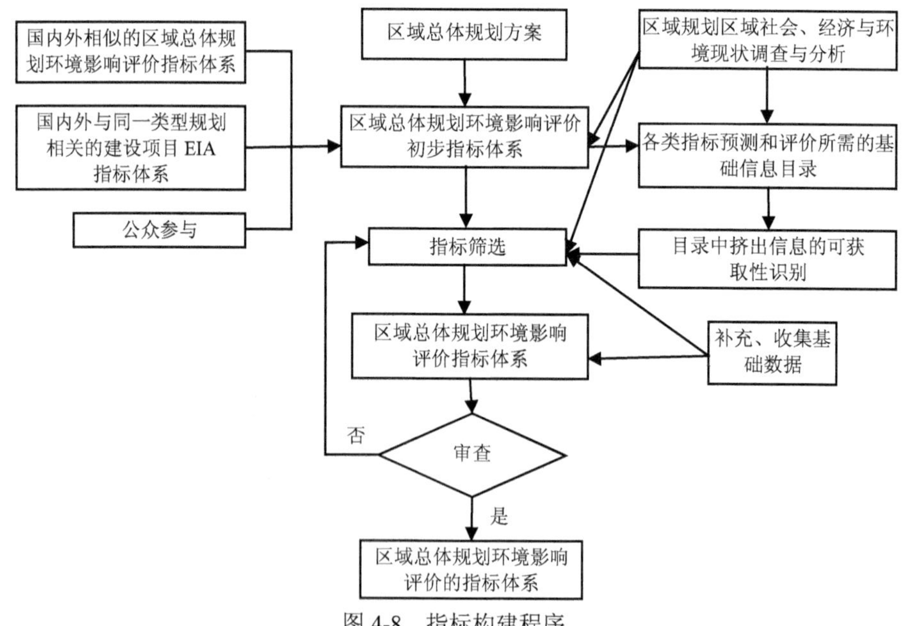

图 4-8 指标构建程序

表 4-26　城市总体规划环境影响评价指标体系

环境主题		环境目标	环境指标
环境	水环境	1. 保证水质符合环境功能区划标准 2. 保护饮用水源 3. 保证食品(主要是水产品)安全	饮用水源水质达标率(%)
			城市水功能区水质达标率(%)
			近岸海域水环境质量达标率(%)
			万元 GDP 的 COD 排放强度(kg)
	大气环境	保证空气质量符合环境功能区划标准	环境空气质量好于或等于二级标准的天数(天/a)
			万元 GDP 的 SO_2 排放强度(kg)
	声环境	保证声环境功能区达标	城市区域环境噪声平均值(dB)
			噪声达标区覆盖率(%)
	固体废物	满足城市固废处置能力	生活垃圾无害化处理率(%)
			危险废物安全处置率(%)
			工业固体废物综合利用率(%)
	生态环境	维持生态系统的稳定性	人均公共绿地面积(m^2)
			城市绿化覆盖率(%)
			森林覆盖率(%)
	敏感区	保护环境敏感区域，维护生态平衡	自然保护区面积比例(%)
	环境风险	制定有效防范环境风险措施，将影响降至最小	环境风险/事故发生率(%)
资源	水资源	提高水资源利用效率，保证生态用水量	万元 GDP 新鲜水耗(m^3/万元)
			工业用水重复率(%)
	土地资源	提高土地资源利用效率，保证基本农田和生态用地	万元 GDP 建设用地(m^2)
			基本农田保护面积(亩)
	能源	优化能源结构，提高能源利用效率	万元 GDP 能耗(吨标准煤)
			清洁能源所占比例(%)
	生物资源	维持生物多样性	物种年减少率(%)

2）新区规划

指标构建方法：①建立指标原始数据库；②评价指标的筛选，包括人口子系统、经济子系统、社会子系统和环境子系统；③相关性分析。

新区规划环境影响评价的指标体系更多可以参照区域环境影响评价的指标体系，其应用的示例见图 4-9。

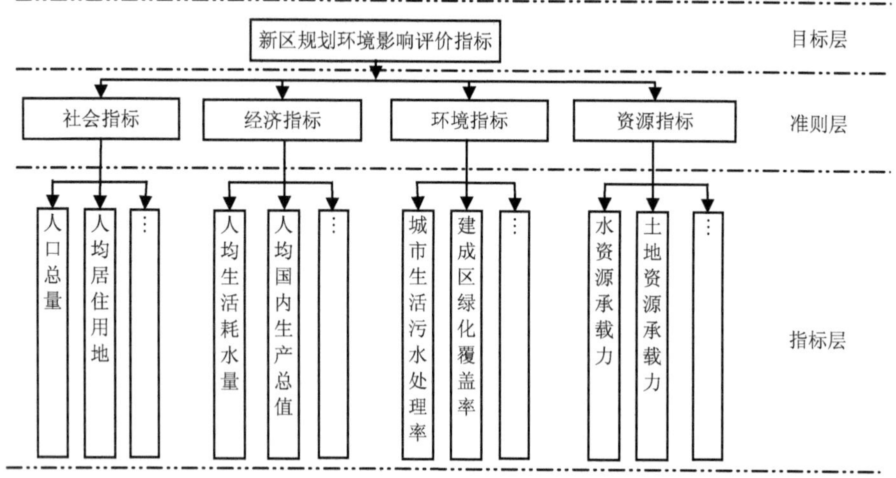

图 4-9　城市新区规划环境影响评价指标体系

4.1.3　结论

规划环境影响评价指标体系是反映受战略影响区域环境可持续发展系统内部结构、外在状态及其发展变化趋势指标和部分反映相关社会、经济因素状态指标的集合。

从结构上看，指标体系分为目标层、准则层和指标层三个层次。指标可分为重点指标和相关指标。指标体系的研究重点集中在两个问题上，一是指标体系建立的原则，二是指标体系的构建模式。常用的指标体系建立的原则有科学性、全面性、相对稳定性与绝对动态性相结合的原则、静态指标和动态指标相结合的原则、可操作性原则、层次性原则、简明性原则、整体系统性原则和战略性原则等。指标体系的构建模式主要有基本指标模式、基于 DSR 的指标体系模式、基于 LCA 的指标体系模式、基于 DPSIR 指标体系模式和基于 PSR 指标体系模式。

指标体系的研究从 2002 年《环评法》颁布之后成为研究热点，指标体系基础理论的总体研究贯穿始终，研究内容逐步深入本质，行业专项的实践研究则是随着时间的推移逐渐增多，研究领域也逐步拓宽。专项领域的前期研究主要是关于工业、交通、土地、流域、农业、能源、资源等方面的领域，而近三年则更多集中于交通、城市建设、旅游等领域，随着时间的推移加入了新元素，针对灾害、应急、低碳及循环经济、气候变化的指标体系研究也应运而生。

总的来看，指标体系研究在“一地”、“三域”、“十个专项”各个领域都有非常多的研究，但同类别的指标体系构建趋于雷同，在构建方法和构建程序上缺少创新。本节基于已经发表的研究成果，对各类指标体系进行了总结，由于“一地”、“三域”、“十个专项”涉及的规划种类非常广泛，研究范围又不尽相同，所提供的示例仅供参考，研究者和实践者在实际运用中应根据实际情况，进行适当增选。

4.2 情景分析法在城市发展规划能源评价中的应用

4.2.1 情景分析法概述

情景分析法是将规划方案实施前后、不同时间和不同条件下的环境状况，按时间序列进行描绘，对评价对象可能出现的情况或引起的后果做出预测的方法。情景分析法首先要识别未来发展的驱动因素，在对各种未来事件进行假设的基础上，分析各个因子间的因果关系，构成未来一段时间内事件沿不同路径发展的过程，并经过详细、严密的推理来描述多种未来情况，不同的情景为决策者提供参考依据，影响决策的制定。

在长期预测中，传统的以趋势外推为主的统计预测方法面对在错综复杂环境下的不确定趋势，被证明是有缺陷的。情景分析方法优点在于能够不拘泥于思维束缚，不局限于现状技术条件，能够充分考虑未来可能出现的任何重大技术(能源、环境等)演变以及未来社会、经济、环境发展过程中种种不确定性因素可能带来的影响，使管理者能发现未来变化的某些趋势，避免过高或过低估计未来的变化及其影响造成的决策错误。

与传统的预测方法相比，情景分析是对一些合理性和不确定的时间在未来一段时间内可能的趋势的一种假设，探索基于各种不确定性所可能产生的不同结果。而预测旨在找出最可行的途径并评价其不确定性。因此，传统的预测方法和模型只有基于大量已知信息时才更为有效。但是，当预测系统影响因素和不确定性较多时，情景分析法比传统预测法可以更加详细地描述未来的变化过程。情景分析与传统预测方法的异同见表 4-27。

表 4-27　情景分析与传统预测方法的对比

项目	情景分析	传统预测
原理	注重过程、策略和知识	注重分析和结果(原理性)
目的	建立一些有见识性的路径，寻找不确定性	建立最有可能的途径，分析不确定性的特征
方法	基于不确定性分析建立定性与定量指标，并建立预测模型计算	分析模型和动因
整体性	整体性的方法，可以应用于多个领域	局部预测方法，应用于个别环节
不确定性因素	寻找分析不确定性，在处理资料时区别确定于不确定因素	概率、统计、回归和假设
人力资源	小组推动、专家和头脑风暴等	依据专家和政府规划编制机构

4.2.2　情景分析法的应用

本节综合考虑我国城市发展规划和情景分析特点，建立一套预测城市发展过程能源消耗的情景分析模式。该模式以剖析未来城市发展中不确定因素的来源为基础，统筹考虑城市发展的驱动因子，通过因子预测、筛选和聚类构筑城市发展综合情景及资源能源消费情景，利用传统的影响预测技术将定性情景与影响分析结合起来，最后进行基于情景的环境影响评价，并拟定相应的对策和措施。

1. 不确定因子识别

预测城市发展规划可能产生的能源环境影响时，必须解决规划内容本身存在的不确定性以及来自城市系统内外的不确定因素。城市发展规划通过指导、调整社会经济活动和改变内部自然环境，使城市系统朝预期的方向变化。然而，战略决策是在大空间尺度下统筹安排中长期的人类活动，不可能对未来的活动做出详细、具体的计划。因此，未来城市系统本身的变化存在高度的不确定性。同时，外界因素如外部政策、社会经济条件、技术进步因素以及该城市系统所隶属大系统中的自然环境等，都是城市发展的驱动因子。在内外因素的驱动下，城市系统未来将可能沿着不同的路径发展，在不同的时间点呈现不同的状态(图 4-10)。

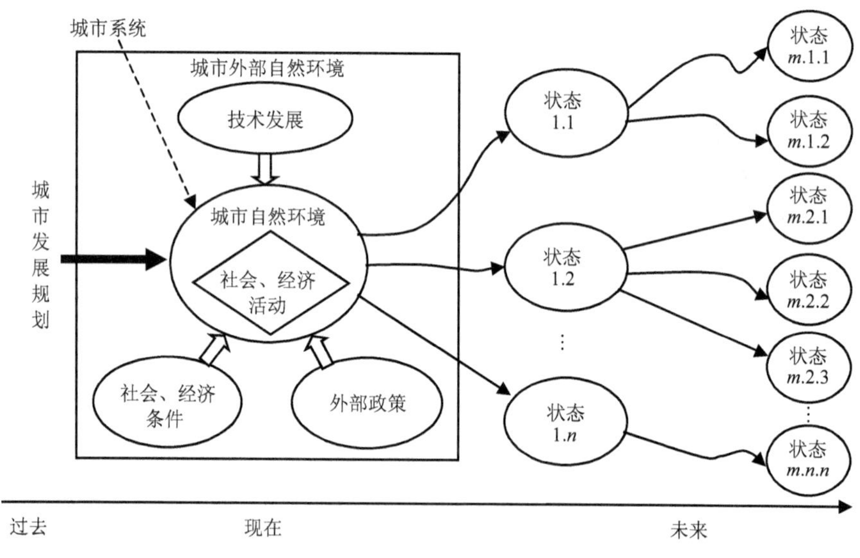

图 4-10　城市发展不确定性的来源

2. 情景设计及其参数设定

上述不确定因子是城市发展的关键驱动因素。识别驱动因子后，在把握其历史和现状的基础上利用类比分析等方法预测因子的发展路径，构建情景。一般地，预测未来城市发展中的资源、环境问题需要开展定量预测。因此，还应当在定性情景下设定相应的定量参数，为后续的定量预测和评价做好准备。

1）综合情景及分情景构筑方法

预测城市发展规划可能产生的影响时，有必要采用综合情景和分情景相结合的方法。首先按照以下基本步骤建立城市社会经济发展和自然环境变化的综合情景，这是各类资源、环境影响产生的大背景。

(1) 预测驱动因子的发展路径。构筑综合情景的关键是基于历史情况和现状，利用类比分析、头脑风暴、咨询调查等方法大胆预测驱动因子所有可能的、看似合理的发展路径。

(2) 筛选驱动因子。情景分析不可能包罗万象，应当关注未来城市发展的重点领域，对预测后的驱动因子进行筛选。现阶段建立我国城市发展综合情景时，主要考虑产业发展、人口增长和城市环境保护三方面的驱动因素。

(3) 驱动因子聚类。筛选后按照驱动因子的发展路径及其在预测时间点所呈现的状态，采用因果链或因果网络等分析因子间的逻辑关系，对其进行聚类。

(4) 选择主题、撰写综合情景。根据每类因子的特征选择情景主题，完善情景的“故事情节”，构成多个综合情景。

综合情景完成后，再在其基础上展望各个资源和环境要素的变化，设置详细的分情景，为定量预测各类影响服务。分情景是综合情景的深化，一方面要挖掘某类资源或环境影响的驱动因子并深入分析其变化，按上述规则构建分情景；另一方面分情景须符合其所隶属的综合情景，满足一致、协调的原则。

2）情景参数定量方法

情景分析最终要落脚到对资源、环境影响的定量预测上。定性的综合情景、分情景与预测模型之间依靠定量参数连接。在城市发展综合情景中，需要定量的参数包括常规的经济、人口、产业发展参数，数据允许的条件下还应当进一步预测重点行业生产能力及产品结构等。分情景中则需要根据资源、环境影响预测模型的需要对相应的参数进行定量。由于复杂性和不确定性的存在，一般可在回顾分析的基础上联合专家咨询、头脑风暴、横向类比和参考国际数据等方法确定不同情景下参数的取值。

3）基于情景的影响分析与评价

设计定性的城市发展综合情景、资源环境分情景及其定量参数还不是完整的情景分析，还应当将情景分析与数学模型、系统动力学模型、GIS 技术等传统的方法相结合，对各类资源环境影响展开预测，作出评价，并提出预防和减缓的对策和措施。

4.2.3　案例分析——基于情景的天津滨海新区发展能源环境评价

1. 滨海新区未来发展的不确定性

在识别滨海新区未来发展的不确定因素之前，首先需要开展回顾分析，了解新区的社会、经济、环境现状。分析显示滨海新区的产业发展、资源利用与环境保护状况将成为未来资源环境问题的驱动因素。因此，应当从系统内、外对这三方面的不确定因子进行识别。

从滨海新区内部来看，新版的《滨海新区城市总体规划(2009—2020)》是推动新区中长期发展的重要战略。规划对2020年经济社会发展、资源节约利用和生态环境保护等设定了目标。但规划文本更多是采用定性的描述，对于关键的主导产业、重点行业规模、结构、居民生活水平以及资源利用和环境保护的具体措施并没有明确和细化，这些内部因素可能引导滨海新区城市系统沿着不同的轨迹发展。同时，滨海新区本身的自然资源禀赋如水资源、可再生能源的保障能力等也是制约其未来发展的不确定因素。

来自滨海新区外部的驱动因素包括：①国务院对滨海新区的定位及支持政策；②京津、环渤海区域内各省市的联动与竞争；③资源节约利用、环境保护技术(如海水淡化技术、各行业节能技术、汽车尾气排放控制技术等)的发展；④华北、环渤海地区的环境变化，全球气候变化(如海平面上升)等。

2. 滨海新区发展综合情景及其参数定量

回顾历史可以发现滨海新区的发展与深圳特区和浦东新区的早期发展有一定的相似性。目前滨海新区第二产业比例仍处于高位，与浦东新区开发早期相当，主要原因是近年第三产业比例的下降，这与深圳近几年的趋势类似。另外，滨海新区与浦东工业内部的支柱产业较相似，包括电子信息产品制造、石油化工、装备制造和医药制造等。因此，展望滨海新区城市发展时，浦东和深圳的发展轨迹、国外发达国家的历史经验是重要的参考。

但同时也必须认识到，滨海新区外部政策已不同于深圳和浦东，其自身的资源禀赋也有别于发达国家，其未来发展不会完全遵循其他地区或国家已有的道路。因此，基于对滨海新区现状的判断及对相关规划的分析，通过对三大产业规模、工业内部结构、人口增长、资源利用与环境保护等方面的发展进行预测可知，滨海新区未来可能沿着以下两条路径发展。

1）基准情景

受前期重大工业项目连续密集投产的惯性推动，滨海新区在该情景下将延续现状发展趋势，产业结构调整周期较长。总体而言，滨海新区的发展依然遵循浦东、深圳以及发达国家产业结构演变的历史规律，即随着人均 GDP 水平不断增长，服务业增速加快，一、二次产业比例不断下降，第三产业比例逐步提升。滨海新区第二产业内部建筑业的发展类似浦东及深圳，近期受基础建设带动，建筑业发展将快于工业发展。随着设施的完善，2010 年后其比例将逐年下降。受工业增长的带动，第三产业中为生产提供基础性服务的物流业增长速度高于其他服务业。随着政策效应的显现以及一系列现代服务业项目的快速推进，将逐步扭转其他服务业发展较弱的状况，远期金融、地产、旅游等中间性服务业将成为第三产业增长的主要动力。基于上述情景，设定参数如图 4-11 所示。

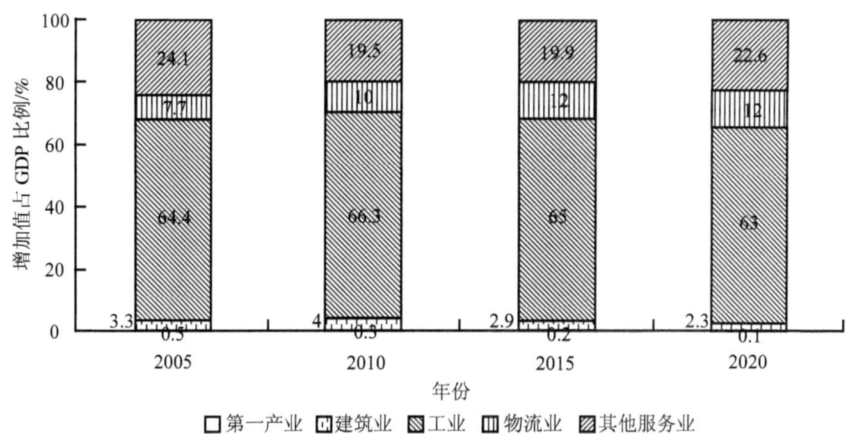

图 4-11　基准情景产业结构预测

工业方面，滨海新区未来经济总量扩张势头迅猛，但工业结构优化推进缓慢。重工业在投资带动下增长迅速，钢铁、石化、建材等基础原材料行业成为支柱产业，装备制造、电子信息、新能源和新材料以及航空航天等行业作为先导产业开始起步。虽然装备制造、生物医药等技术密集型行业受惠于产业发展政策，比例有所上升，但增速不快。由此设定基准情景下产业发展参数(表 4-28)。

表 4-28　基准情景工业结构发展预测　　(单位：%)

行业	2010 年	2015 年	2020 年
石油和天然气开采业	7.9	4.5	3.4
石油加工炼焦及核燃料	10.0	8.5	6.6
化学原料及化学制品制造业	12.1	12.2	12.0
黑色金属冶炼及压延加工业	12.1	13.6	15.7
装备制造业	21.1	26.6	28.6
医药制造业	1.6	1.9	2.3

续表

行业	2010 年	2015 年	2020 年
通信设备计算机及其他电子设备制造业	23.1	19.1	15.7
仪器仪表及文化办公用机械制造业	1.6	2.7	3.4
电力、热力的生产和供应业	2.1	2.1	2.3
其他行业	8.4	8.8	10.0
工业合计	100.0	100.0	100.0

根据滨海新区新的发展形势和资源承载能力预测，该情景下人口将以目前每年 13.2%的速度增长，趋势外推得到 2010 年人口为 260 万，2020 年人口调整为 550 万。

环境保护方面，由于追求近期经济利益，滨海新区没能对自然资源和环境进行更有效的管理。新上项目的环境准入标准较低，重点发展行业多属于资源消耗和污染物排放大户。滨海新区各行业的清洁生产水平仍不高。

2）高端情景

该情景下，滨海新区将加快三次产业的结构演变和工业结构的优化。第三产业增速快于基准情景，工业增长速度则持续下降。自 2010 年开始，服务业内部金融、地产、旅游等中间性服务产业的发展速度就已超越物流业，成为滨海新区第三产业发展的主要推动力量。2015 年后，以知识和技术密集为特征的信息、研发、教育等高端服务业开始起步，进一步巩固服务业高速发展的势头。由此设定该情景下的产业结构(图 4-12)。

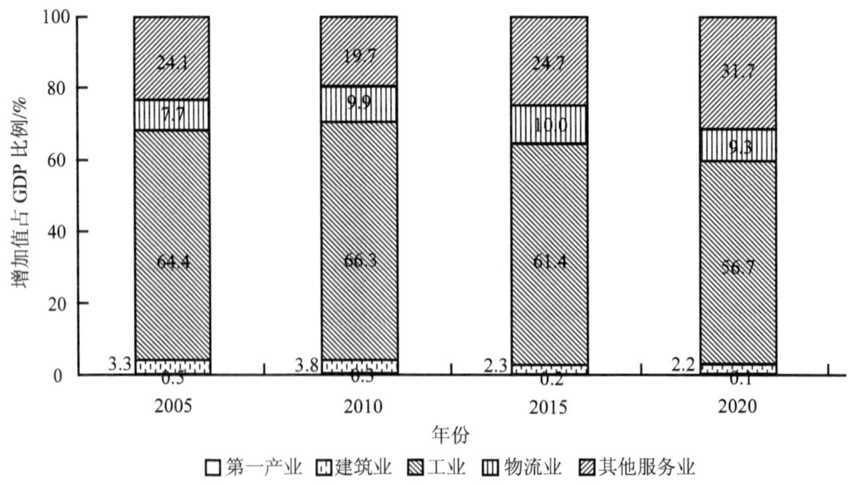

图 4-12 高端情景产业结构预测

尽管该情景下工业经济总量年目标略低于基准情景，但工业结构更加合理，高新技术产业得到了更好的发展，滨海新区航空航天、新材料新能源等技术密集型行业成为工业发展的主体。到 2020 年，技术密集型行业占制造业比例接近于浦东 2005 年的水平，基础原材料行业则下降到浦东 2000 年的水平。钢铁、石化等资源密集型行业不仅生产规模和产能增速得到控制，还降低初级产品的比例，进一步优化了产品结构。到 2020 年，工业发展基本达到技术集约化阶段，滨海新区开始进入后工业化时期。与基准情景相似，本研究也确定了高端情景工业行业结构的相关参数(受篇幅限制予以省略)。

现代服务业的迅速发展拉动了就业，滨海新区将吸引大量市区及周边地区劳动力转移，人口规模年均增长率比基准情景更高，预测 2010 年、2015 年及 2020 年常住人口分别达到 265 万人、415 万人和 580 万人。

在抓好经济和社会发展的同时，滨海新区对自然资源和环境的管理也更加科学、有效，提高了新上项目的环境准入标准。在产业结构升级的同时，滨海新区各行业的环境管理总体水平有所提升，部分行业清洁生产水平较基准情景更早达到国际先进水平。

3. 滨海新区能源情景及其参数

本节以能源情景为例，在综合情景所设定的大背景下，进一步细化了各产业和工业行业能源利用效率、生活能源消费、可再生能源利用、节能技术发展及推广、节能政策等方面的情景预测。

1）重点工业行业能源消费

工业内部，在考察了滨海新区各行业能效水平现状，对比国内先进水平、国内领先水平和国际先进水平[①]后，本文预测在高端情景下，除石化和石油加工行业的工序能耗水平较明确外，其他重点工业产品和工序的能耗水平都将比基准情景较早达到国内领先水平和国际先进水平，而不确定性较大的非主导行业在高端情景中将执行更加严格的节能政策。

2）产业部门能源消费

对工业以外的其他产业而言，高端情景中第一产业、建筑业、其他服务业万元增加值能耗水平与基准情景一致，但高端情景将通过加强交通运输领域的节能力度及实施更加严格的机动车燃油消耗标准等政策进一步降低物流业万元增加值能耗(表 4-29)。

3）生活能源消费

类比北京和滨海新区人居生活能源消费及主要家庭耐用消费品普及率，本文

① 就能耗水平而言，本文所指国际先进水平优于国内领先水平，国内领先水平优于国内先进水平。

表 4-29　基准情景与高端情景万元增加值能耗预测　（单位：吨标准煤/万元）

情景	项目	2005 年	2010 年	2015 年	2020 年
基准情景	第一产业	0.652	0.587	0.528	0.475
	第二产业	1.301	1.159	1.051	1.013
	第三产业	0.622	0.509	0.428	0.371
	产业能源强度	1.142	0.951	0.836	0.777
高端情景	第一产业	0.652	0.587	0.528	0.475
	第二产业	1.390	1.037	0.935	0.772
	第三产业	0.623	0.471	0.364	0.293
	产业能源强度	1.142	0.854	0.718	0.566

预测在基准情景的发展背景下，“十一五”剩余时间滨海新区人均生活能源消费量将延续目前的增长趋势，2010~2020 年保持与北京 5 年左右的差距。而高端情景受高层次服务业的带动，人均收入水平、主要能耗耐用品消费能力及人均生活能源消费水平要高于基准情景。2010~2020 年，年人均生活用能增长速度基本与北京 2003~2007 年的年均增长率相当，据此为两情景设置了年人均生活能源消费增长率等指标。

4）可再生能源供给

除了能源消费的情景分析，还应当考虑未来能源供给的情况，其中可再生能源的开发与利用具有很大的不确定性。本文通过类比滨海新区与上海的可再生能源禀赋、产业技术基础，分析滨海新区自身地热资源优势，进行了可再生能源产业发展的情景分析。基准情景下，滨海新区将充分发挥雄厚的风电装备和光伏发电装备产业优势，实现可再生能源利用带动产业发展，产业发展为可再生能源利用提供物质技术保障的联动效应。据此设置基准情景下，2010 年滨海新区可再生能源占能源消费总量比例为 0.2%，2020 年将上升至 2.0%。

而在国家和地方节能政策的推动下，滨海新区还可能扩大可再生能源开发规模、推进多样化的利用。因此，在高端情景下，滨海新区将进一步挖掘得天独厚的地热资源，扩大风电、光伏发电、地热采暖的规模，形成以风电、生物燃料、地热能为主体，太阳能热水、生物质能发电和光伏发电为辅的可再生能源利用方式。在这种发展态势下，高端情景的可再生能源占能源消费总量比例 2010 年为 0.3%，2015 年将达到 2.5%，2020 年将上升至 4%。各类可再生能源利用比例的设置如图 4-13 所示。

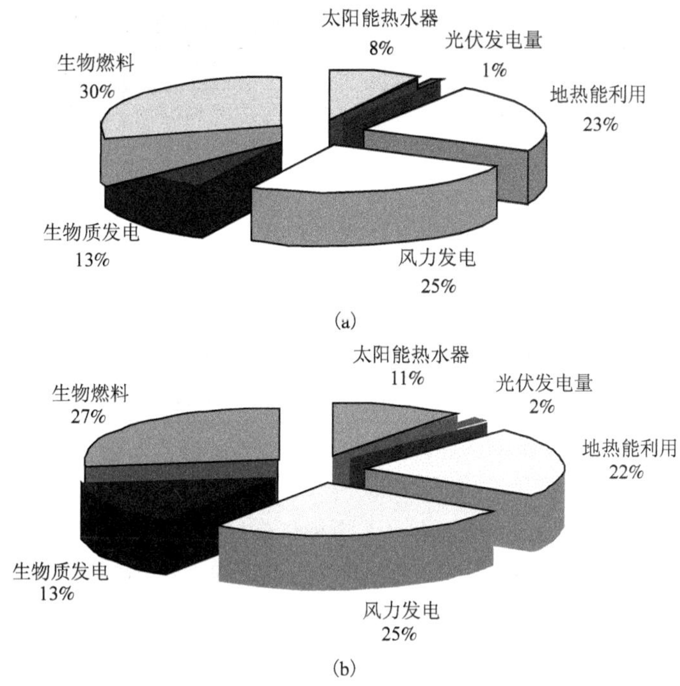

图 4-13　2020 年各情景各类可再生能源利用量(折算为标准煤)比例

(a) 基准情景；(b) 高端情景

4. 基于情景的影响分析与评价

1）滨海新区能源消费预测

根据上述滨海新区能源情景，构建如下模型，分部门预测滨海新区的能源消费总量。首先将滨海新区能源消费分为六个部门：第一产业、工业、建筑业、物流业、其他服务业和居民生活。然后采用指标法对产业部门的能源消耗进行预测。其中，前五个部门的能源消耗强度以万元增加值能耗为指标，生活能源消费以人均生活用能指标结合人口规模进行计算。

$$E = \mathrm{GDP} \cdot \sum_i \alpha_i E_i + \gamma \cdot P \cdot 10^{-4}$$

式中，E 为目标年滨海新区能源消费总量(吨标准煤)；GDP 为目标年滨海新区内生产总值(万元)；i 为依次代表第一产业、工业、建筑业、物流业和其他服务业；α_i 为各产业增加值在 GDP 中所占比例；E_i 为各产业万元增加值能耗(吨标准煤)；γ 为人均生活能源消费(吨标准煤/年)；P 为人口规模(万人)。

经模型计算，得到表 4-30 所示的能源消费总量。

表 4-30　滨海新区基准情景与高端情景能源消费预测

情景	项目	2005 年	2010 年	2015 年	2020 年
基准情景	能源消费总量(万吨标准煤)	1 819.3	3 942.5	6 987.5	12 202.7
	生活能源消费总量(万吨标准煤)	63.6	140.4	296.0	544.5
	单位产业增加值能耗(吨标准煤/万元)	1.082	0.951	0.836	0.777
	单位 GDP 能耗(吨标准煤/万元)	1.121	0.986	0.873	0.814
高端情景	能源消费总量(万吨标准煤)	1 819.3	3 517.7	5 997.3	9 129.2
	生活能源消费总量(万吨标准煤)	63.6	145.8	327.9	638.0
	单位产业增加值能耗(吨标准煤/万元)	1.082	0.854	0.718	0.566
	单位 GDP 能耗(吨标准煤/万元)	1.121	0.891	0.759	0.609

2）滨海新区节能综合评价

基于能源消费的预测，本文分析了两种情景的能源消费弹性系数(表 4-31)。基准情景的能源消费弹性系数在 2015 年后出现反弹，说明在该情景下滨海新区经济增长对能源消耗依赖性趋于增长，能源消费总量的快速增长对滨海新区资源、环境构成了较大的压力，对经济健康、持续的增长起到一定的制约作用。而高端情景的能源消费弹性系数先上升后下降的变化，则主要源于 2015 年后工业能源消费增长速度趋缓。

表 4-31　滨海新区基准情景与高端情景能源消费弹性系数

情景	2005~2010 年	2010~2015 年	2015~2020 年
基准情景	0.84	0.81	0.88
高端情景	0.66	0.68	0.57

本节对能源部门需求结构进行分析评价，滨海新区未来产业用能比例将持续下降，生活用能比例稳步上升，尤其在高端情景下，生活能源消费比例 2005~2020 年增幅将达 100%，说明随着人口规模及人均生活用能水平的迅速提高，未来生活能源需求的快速增长对滨海新区万元 GDP 能耗下降所构成的压力将越来越大。如何在不影响人民生活品质的同时控制生活能源消费的快速增长是亟待解决的问题。

根据上述分析可知，滨海新区若沿着基准情景的路径发展，难以完成城市发展规划中提出的 2010 年单位 GDP 能耗下降 20%以上的节能目标，而在高端情景发展模式下，滨海新区进一步优化产业结构，提升工业内技术密集型行业的比例，促进钢铁、石化等传统高耗能行业产品结构的升级，提高企业技术装备水平，从清洁生产水平角度提升行业准入门槛。通过实施这些措施，能够达到预期的节能目标。最后，通过分析两种情景的节能驱动因素，本研究认为滨海新区只有坚持结构节能、技术节能两条腿走路，才能实现资源、环境与经济的协调发展。在对两种情景进行对比、总结的基础上，还从促进节能目标实现的角度为滨海新区未来产业的发展提出对策和建议。

4.2.4　结论

城市发展所带来的资源、环境问题必须在城市规划的早期加以预防，而预测城市规划可能产生的影响存在较大的不确定性。滨海新区的案例说明，本文所构建的以综合情景和分情景为基础，定性和定量相结合的情景分析模式，能够很好地解决城市发展环境影响预测的不确定性问题，辅助评价规划实施可能产生的资源、环境影响，为制定预防和减缓的对策及措施提供支持，最终促进城市的可持续发展。

4.3　系统动力学在水资源承载力中的应用

4.3.1　系统动力学概述

1. 系统动力学理论

系统动力学(system dynamic)是美国麻省理工学院 Jay W. Forrester 教授于 1956 年创立的一种以反馈控制理论为基础的，以计算机仿真技术为辅助手段的，研究复杂社会经济系统的定量分析方法。系统动力学从系统的微观结构入手建模，构造系统的基本结构和信息反馈机制，进而模拟与分析系统的动态行为，可以分析研究信息反馈结构、功能与行为之间动态的辩证对立统一关系，是一种从结构机制上认识与理解动态系统的科学思维方法。系统动力学同时还是定性与定量结合、系统分析、综合与推理的方法，它是以定性分析为先导，定量分析为支持，两者相辅相成，多次反复循环，逐步深化，螺旋上升解决问题的方法。实践证明，系统动力学对于处理高阶次、非线性、多重反馈的复杂时变系统，往往能表现出其他研究分析方法所无法比拟的优势。

系统动力学的研究范围可大可小，大的系统如城镇社会福利系统、区域交通系统、国家经济系统、世界生态系统，甚至是天体运行系统，小的系统如生产销售系统、员工雇佣系统、房屋供暖系统，甚至是动物心肺和血液循环系统，等等。

应用系统动力学方法可以有效研究区域水资源承载力。它可以进行长期的区域水资源系统变化情况的仿真预测模拟，在建模时将水资源系统中大量有效信息融入模型当中，而在部分信息或数据无法获取的情况下，仍然能保证其预测结果具有一定的参考价值，同时还能预测出情景变化时水资源承载力的变化情况。可以说，系统动力学的上述所有特点都与水资源承载力的特点一一对应，这也体现了系统动力学在研究区域水资源承载力上的独特优势。

2. 系统动力学建模过程

系统动力学建模以及解决问题的步骤可分为以下五步。

1）系统分析

系统分析是用系统动力学解决问题的第一步，其主要任务在于明确研究的对象，确定系统的目标和边界。其主要内容包括：调查收集有关系统的情况与统计数据；了解用户提出的要求、目的，明确所要解决的问题；分析系统的基本问题与主要问题、基本矛盾与主要矛盾、基本变量与主要变量；初步确定系统的界限，并确定内生变量、外生变量、输入量；确定系统行为的参考模式。

2）系统结构分析

这一步主要任务在于处理系统信息，分析系统中的主要变量及其有关因素间的反馈机制，主要包括：分析系统总体与局部的反馈机制；划分系统的层次与子块；分析系统的变量及变量间的关系，定义变量(包括常数)，确定变量的种类及主要变量；确定回路及回路间的反馈耦合关系；初步确定系统的主回路及其性质；分析主回路随时间转移的可能性。

3）构建数学规范模型

建立系统要素之间的水平方程、速率方程、辅助方程等诸方程，估计或确定方程参数。

4）模型仿真模拟和模型修改调整

利用计算机仿真模拟软件对所建立的模型进行模拟仿真，将仿真运行结果进行解释，同时将结果与实际情况进行对比检验，并对模型结构及相关参数进行调整和修改，使之尽量符合实际系统的行为特点，然后再重新运行模拟仿真，重复数次直至模型行为基本符合实际系统，满足目标要求。

5）政策分析

使用检验好的模型，针对相关政策实施后，系统目标问题所产生的变化和影响做出仿真模拟预测，并根据仿真结果对政策提出修改建议。

目前，国内外常用的系统动力学软件包括 Stella/ithink、Powersim、Anylogic、Vensim 等。每一款软件均各有设计理念及功能，对一般使用者和专业模式构建者各有贡献。本文采用的系统动力学仿真软件为 Vensim 5.9 DSS。

Vensim 软件是由 Ventana 公司开发，在全球和国内获得最广泛使用系统动力学建模的软件，它具有图形化的建模方法，除具有一般的模型模拟功能外，还具有复合模拟、数组变量、真实性检验、灵敏性测试、模型最优化等强大功能。

4.3.2　基于系统动力学的水资源承载力研究方法

应用系统动力学方法进行水资源承载力分析时，一般包括以下程序：划定系统边界、划分系统层次、建立仿真模型、模型分析检验。

1. 划定系统边界

系统动力学中的“边界”是指某一特定的动态行为，主要是由系统边界内部的因素所决定的，因此在边界内部，凡涉及与所研究的动态问题有重要关系的概念与变量，均应考虑进模型中。按照系统动力学的观点，正确地画出系统界限的一条准则，是把系统中的反馈回路考虑成闭合的回路。

由于水资源承载力系统是一个自然和社会相结合的开放性动态复合系统，与社会经济系统和生态环境系统之间存在着频繁而复杂的能源、物质和信息的交流。所以系统的边界模糊，不易确定。针对研究目的的需要，本研究划分系统边界的原则是将与水资源承载力有较大关联的因素划在边界之内，关联较小的因素划在边界之外。研究的范围为城市或与其对等的行政区域，主要考虑区域内部与水资源相关的经济、社会、行政管理、人口、生活、生态环境等因素间的相互联系和相互作用，并以边界内系统的整体动态行为为研究核心。

2. 划分系统层次

根据水资源承载力系统的构成及研究目的，本研究将水资源承载力系统划分为水量子系统、水质子系统和水资源损耗及补偿经济子系统。其中，水量子系统由总需水量、总可供水量两个二级子系统组成。水质子系统是研究区域内各河流的水质状况因子的集合。水资源损耗及补偿经济子系统则由两部分组成：一是表征由于水资源开发利用(包括水量和水环境的开发和利用)而造成的水资源短缺和水质污染的水资源退化经济损失二级子系统；二是为了减少水资源破坏和减缓水资源退化而投入的治理经费——环保投入二级子系统。一级子系统和二级子系统之间的因果关系链如图 4-14 所示。

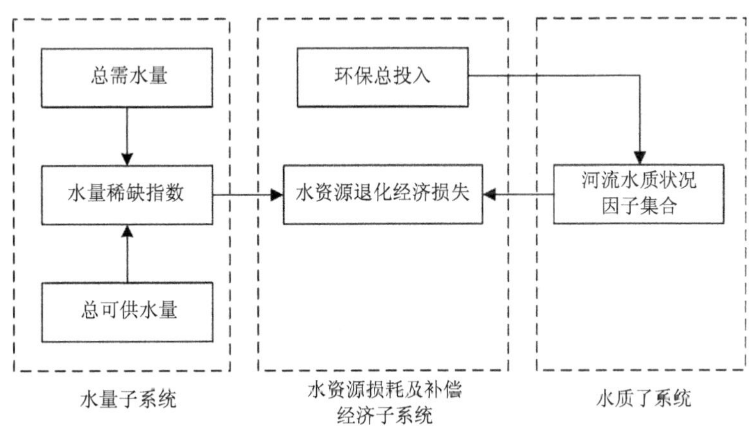

图 4-14　水资源承载力子系统关系图

3. 建立仿真模型

区域水资源承载力流图如图 4-15 所示。根据上节所划分的区域水资源承载力

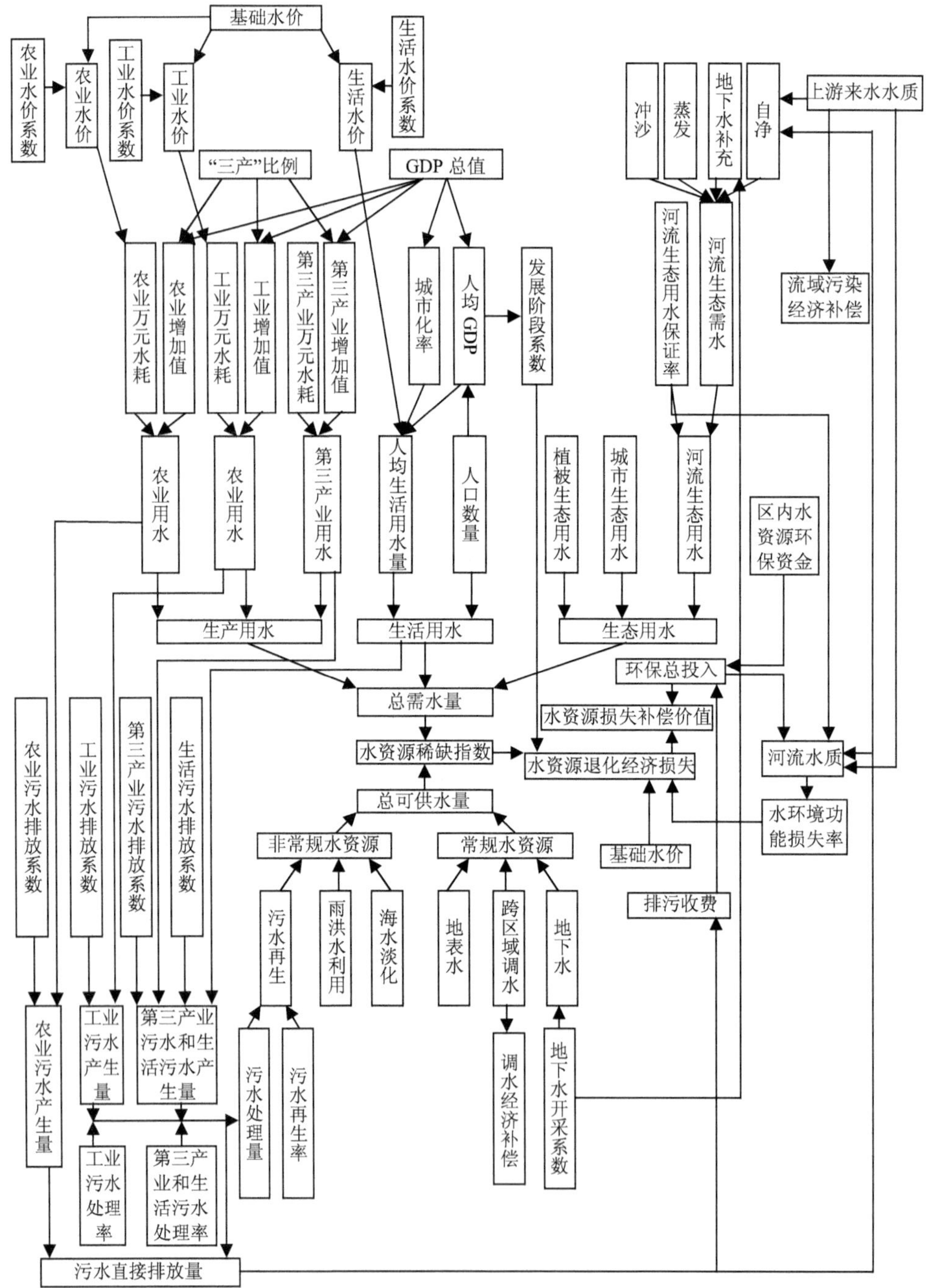

图 4-15　区域水资源承载力系统动力学

的水量、水质、水资源损耗及补偿经济三大子系统，对系统的整体结构进行分析。

在完成主要反馈回路和主要影响因素分析的基础上，利用 Vensim 系统动力学软件建立区域水资源承载力系统动力学仿真模型。

4. 模型分析检验

对系统动力学模型检验的目的是验证所建立的模型是否较好反映系统的本质特征和某些主要特征，通常进行模型表达正确性和模型有效性研究。表达正确性需首先将系统动力学模型用计算机语言表达后上机运行，应用 Vensim 软件所提供的编译检错和跟踪功能检验模型的表达正确性。模型有效性是指检验模型的有效性，对系统状态变量的仿真值与历史统计数据进行比较，检验二者间的拟合度。

4.3.3　案例研究——基于系统动力学模型的天津滨海新区水资源承载力研究

1. 案例背景

滨海新区水资源严重匮乏。经过多年的演化，形成了地表水、地下水、外来水、海水淡化与海水直接利用等为主的多元供水结构。2003 年天津滨海新区供水结构图中，当地地表水约占滨海新区供水量的 44%，为最大的供水来源；引滦入津水是滨海新区重要的第二水源，约占供水量的 25%；地下水和区外引地下水分别占供水量的 17%和 5%；海水淡化与海水直接利用占总供水量的 9%。

滨海新区位于海河流域及天津的下游，上游入境污染问题十分突出。2005 年对滨海新区境内有流量的 8 条主要干支流的污染物负荷比进行分析(本年度马厂减河一级段干涸)，结果显示除蓟运河为Ⅴ类水质外，其他河流入境断面、出境断面和境内水质均为劣Ⅴ类(9 项指标)。

2. 系统动力学模型建立

根据水资源承载力的内涵和特点，以建立的区域水资源承载力系统模型为基础，以滨海新区水资源的供需关系为基础，结合滨海新区水资源的特点和区域社会经济的实际状况，综合考虑水质的影响因素，结合相关的水资源利用、损耗过程中的经济损失和补偿分析，构建起适用于滨海新区的、由“水量–水环境–社会经济”三大部分所组成的滨海新区水资源承载力模型。模型边界为包括塘沽区、汉沽区、大港区、东丽区及津南区划归滨海新区部分的整个滨海新区行政区域，模型的模拟年限为 2020 年，基准年为 2006 年。

3. 系统动力学模型参数的确定

模型中参数的种类有常数类、表函数和初始值，本研究采用的参数估计方法有四种：①经调查获得第一手材料；②从模型中部分变量间关系中确定参数值；③分析已掌握的有关系统的知识估计参数值；④根据模型的参考行为特性估计参数。

通过对滨海新区社会经济发展现状、人口及城市化水平、水资源需求、水资源供给、水环境现状以及水资源利用收支状况等进行分析，确定模型的参数取值和参数间定量关系。

4. 系统动力学模型有效性检验

系统动力学模型的有效性检验具体包括以下几个内容：清晰的模型结构；能清楚地解释对系统的基本假说；便于人机进行交互；模型所说明的系统随时间变化的结果应具有可靠性。

在整个模型的建立过程中，已经充分考虑了前三项的要求，并且将其作为建模的原则贯彻于模型建立的全过程。现在仅需对最后一项要求，即对系统随时间变化的结果应具有可靠性进行历史检验。检验时间为 2006~2008 年，检验的项目具体包括总人口数、工业生产总值、第三产业生产总值、地下水开采量、工业需水量、城市生活需水量、工业废水量、城市生活废水量。检验的方法为

$$偏差=\frac{|计算值-历史值|}{历史值}\times 100\%$$

检验结果如表 4-32 所示。由表计算结果可知，所考察的 8 个变量的模拟仿真计算结果与历史实际值基本吻合，误差均在 5%以内。可认为各参数取值较为合理，模拟结果与实际值拟合较好，模型具备预测实际未来情况的能力。

表 4-32　滨海新区水资源承载力模型历史校验

项目	2006 年			2007 年			2008 年		
	计算值	历史值	偏差/%	计算值	历史值	偏差/%	计算值	历史值	偏差/%
人口/万人	153.0	153.9	0.58	167.4	172.4	2.9	188.3	202.8	5.1
工业生产总值/亿元	1370	1370.77	0.06	1705	1694.84	0.60	2108	2246.24	4.15
第三产业生产总值/亿元	582.2	582.21	0.002	649.1	662.09	1.96	834.8	848.56	1.62
地下水开采量/亿 m^3	0.867	0.854	1.52	0.926	0.913	1.42	0.887	—	—

续表

项目	2006 年			2007 年			2008 年		
	计算值	历史值	偏差/%	计算值	历史值	偏差/%	计算值	历史值	偏差/%
工业需水量/亿 m^3	1.4256	1.4516	1.79	1.7052	1.7225	1.0	2.0240	1.9375	4.4
城市生活需水量/亿 m^3	0.551	0.590	3.61	0.6577	0.7174	4.32	0.8070	7527	3.24
城市生活废水/亿 m^3	0.4418	0.4660	4.19	0.5262	—	—	0.6456	—	—
工业废水/亿 m^3	1.3115	1.3214	0.75	1.5688	—	—	1.8621	—	—

注：一为缺乏相应历史统计数据或无法计算相应偏差值

资料来源：《天津滨海新区统计年鉴》(2009)、《天津市环境统计资料汇编》(2009)、《滨海新区发展战略水资源、水环境影响研究》(2009)

5. 系统仿真

系统动力学模型对未来的预测需要在一定的情景下完成，所以合理的情景设定是完成对预测年份 2020 年时滨海新区水资源承载力合理预测的关键步骤。本研究设计两种未来滨海新区可能出现的情景。

情景 1 为社会经济优先发展情景。在该情景中，将优先满足现状规划下政府对滨海新区社会发展类决策性指标的规划要求，仅有部分区域性或地方性强制力较大的环境政策、制度，如地下水开采量控制政策、调水区的生态补偿制度等得到贯彻执行。但流域间未开展污染生态补偿，国民经济收入中将划分一定比例的资金作为环境治理的专项经费。

情景 2 为经济发展与环境保护并重情景。在该情景中，将以区域水资源和水环境作为区域经济发展速度和人口数量调整的基本依据。经济、城市规模和人口数量都将被限制在水资源和水环境可以承载的范围之内。流域、调水区域间的生态补偿也已经开展，水价、水污染当量收费都将达到充分反映本区域水资源、水环境价值的定价水平。同时，区域内河流的水质全部保证达到规划的Ⅴ类水体标准。

6. 仿真结果与讨论

1）水资源供需平衡分析

（1）情景 1。

图 4-16 为情景 1 下 2010~2020 年滨海新区水资源短缺量的变化情况。从长期趋势来看，随着经济、人口的增长、城市规模的不断扩大，在南水北调尚未通水之前，水资源短缺量是不断增加的。在 2014 年南水北调中线工程通水之后，水资

源短缺的情况能够在一定时期内得到缓解，但区内的水资源仍旧供不应求，而且在随后 5 年滨海新区的水资源仍将出现因为经济的高速发展和人口的迅速扩张而再次出现短缺状况逐年加剧的现象，直至 2020 年南水北调东线工程通水之后，水资源紧张的情况才能再度得到缓解。

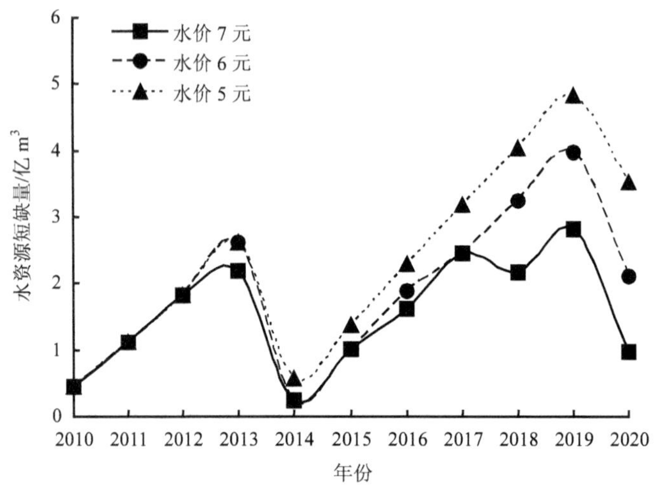

图 4-16　情景 1 下 2010~2020 年滨海新区水资源短缺量变化趋势图

（2）情景 2。

图 4-17 为情景 2 下滨海新区 2010~2020 年水资源短缺量的变化趋势。从长期趋势来看，在该方案下未来 10 年滨海新区水资源都会出现短缺的现象，生产总值的增长率是在该方案下决定水资源短缺量的主要因素，而第三产业比例仅能在小范围内对水资源的供需差额产生影响。

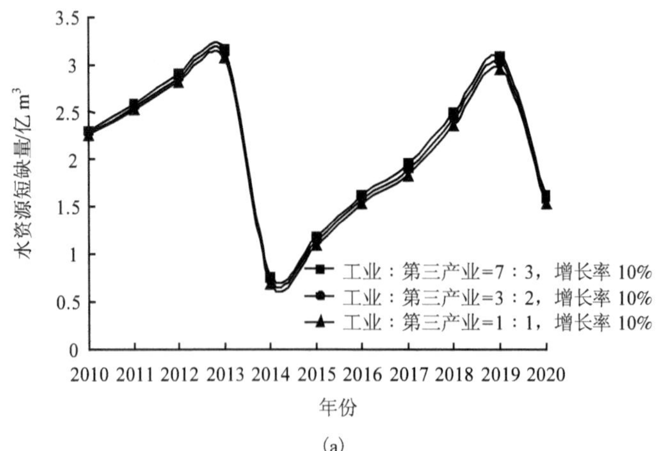

(a)

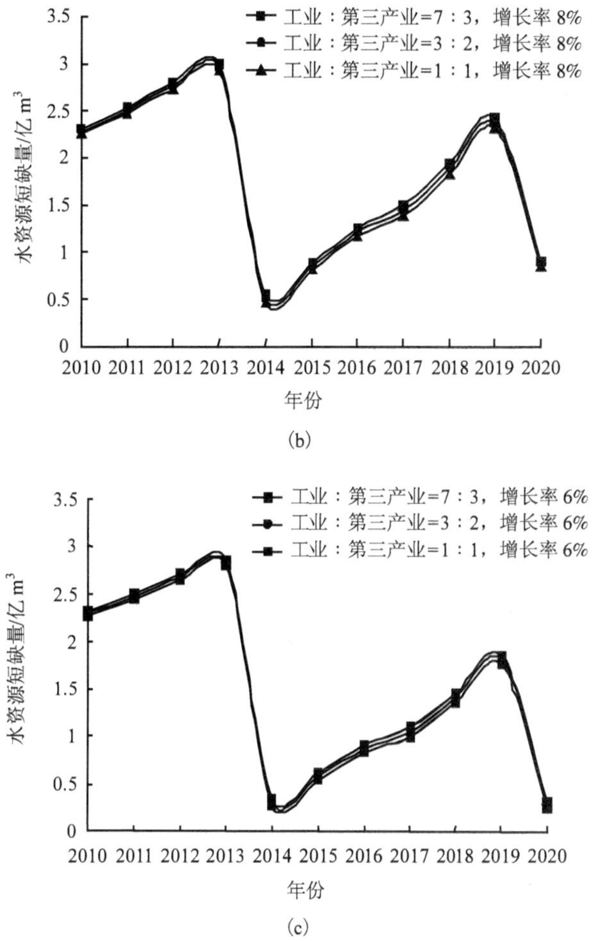

图 4-17　情景 2 下滨海新区 2010~2020 年水资源短缺量变化趋势图

2）水环境质量分析

（1）情景 1 的水环境质量分析。

图 4-18 和图 4-19 是在不同水价下河流 COD 和氨氮污染物浓度随环保资金投入比例变化的情况。从总体的长期趋势来看，在这一方案下，河流大部分的决策变量组合都能够获得河流水质环境不断改善的效果。在区域水环境调控的过程中，尽管提高环保资金在国民经济收入或政府财政支出中的比例是一种行之有效的办法，但是辅以合理的水价调控政策将在保证同样水环境治理效果的同时，可有效缓解政府环保资金投入上的财政压力。当然，若是想单纯依靠提高水价来使区域水环境质量达标也是不可能实现的，地方财政也必须保证水污染治理资金维持在一定比例之上才能够实现河流水质的改善。

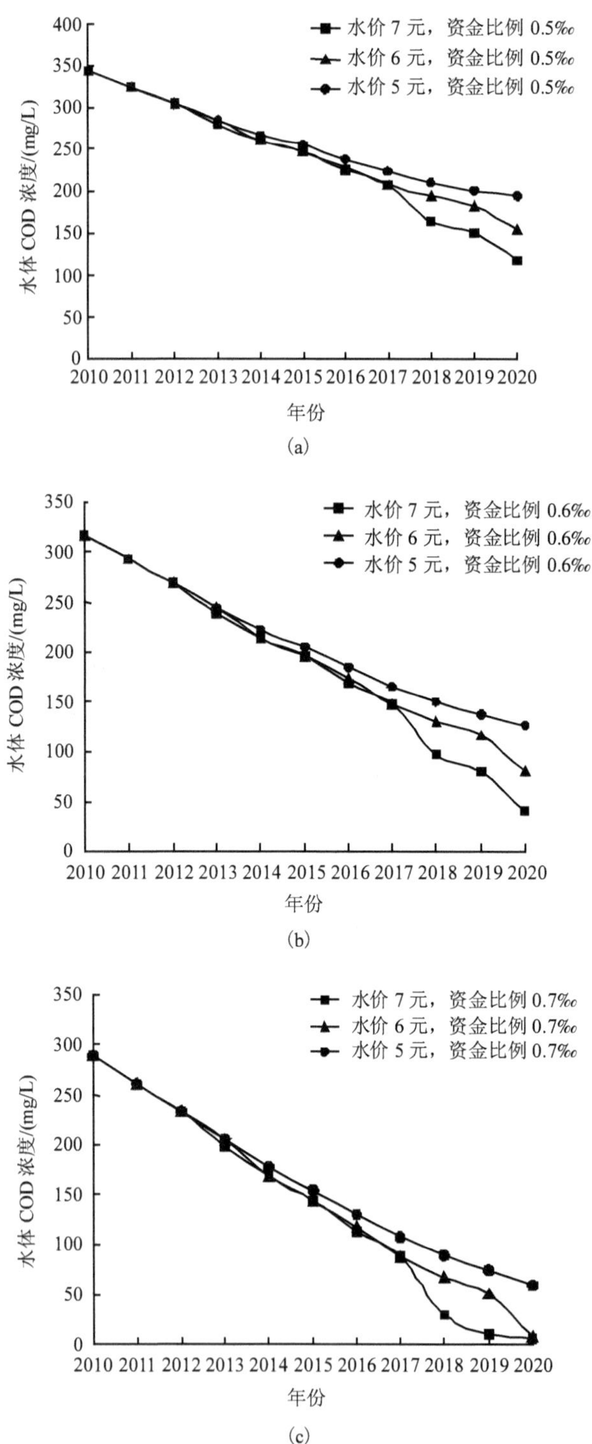

图 4-18　滨海新区 2010~2020 年河流 COD 浓度变化趋势图

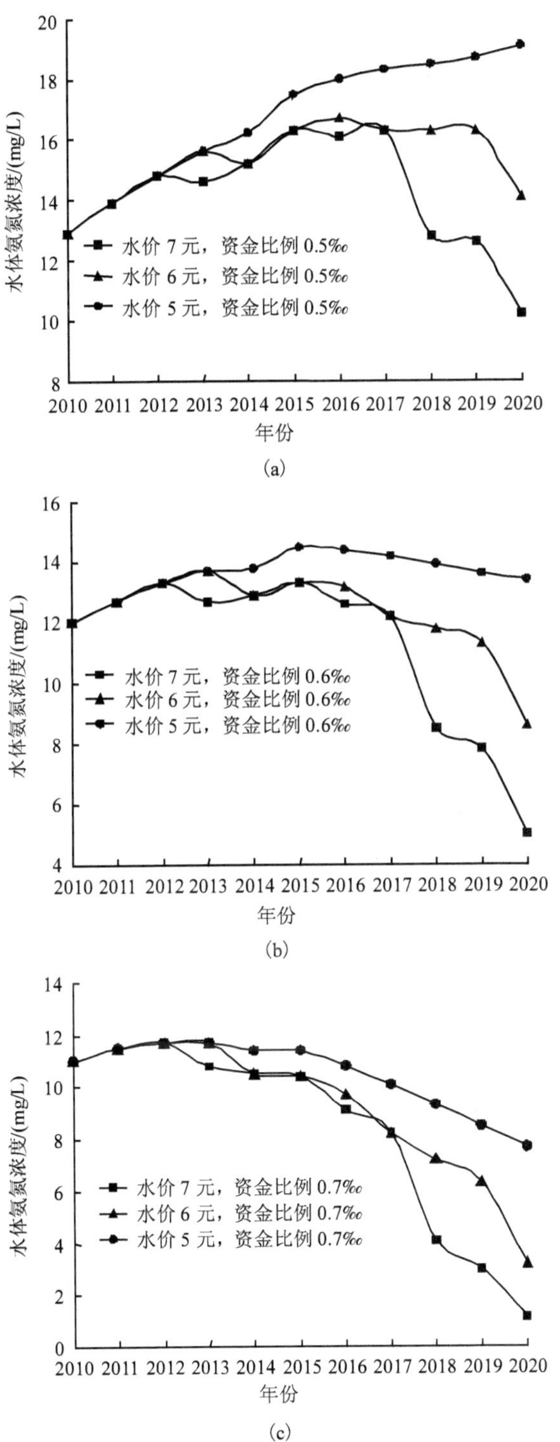

(a)

(b)

(c)

图 4-19　滨海新区 2010~2020 年河流氨氮浓度变化趋势图

(2) 情景 2 的水环境质量分析。

图 4-20 和图 4-21 是不同地区生产总值增长率下，工业和第三产业生产总值比例变化对滨海新区地表水 COD 和氨氮浓度的变化图。从长期趋势来看，在这一方案下，河流的水质是向着不断恶化的趋势发展的。在该方案下长期主导区内河流水质恶化的主要原因仍旧是地区生产总值的增长率。同时可以看到，在同样的增长率下，工业生产总值比例的上升将加重区域内河流水质的污染水平，但是这对水质的影响程度较小，河流水质在方案设计中 3 个不同比例下的变化幅度并不大，河流 COD 和氨氮的污染物浓度的变化均在 1%左右。但是需要注意的是，工业污水与第三产业污水相比，其最大的特征就是含有大量的有毒有害的金属和非金属污染物。而由于本模型为了简化模型只研究了 COD 和氨氮两种污染物，

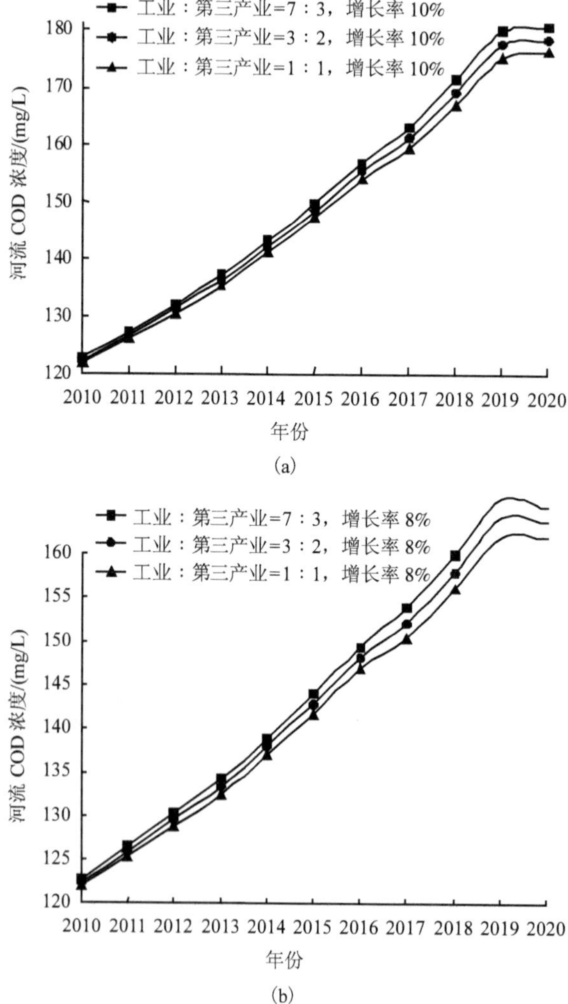

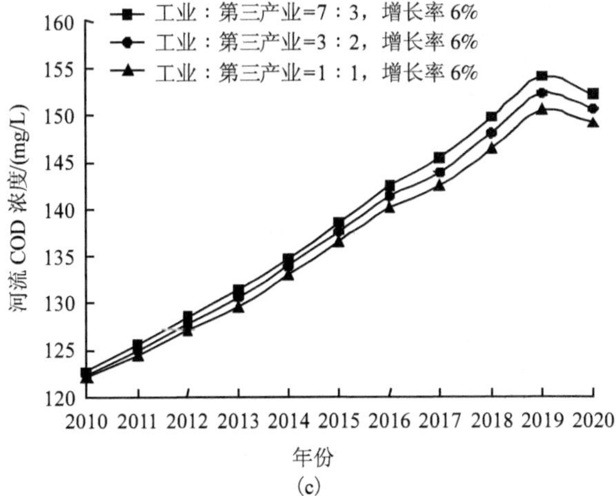

(c)

图 4-20　滨海新区 2010~2020 年河流 COD 浓度变化趋势图

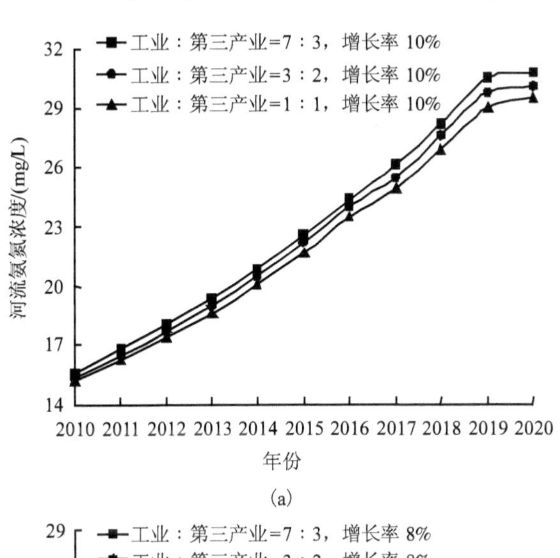

(a)

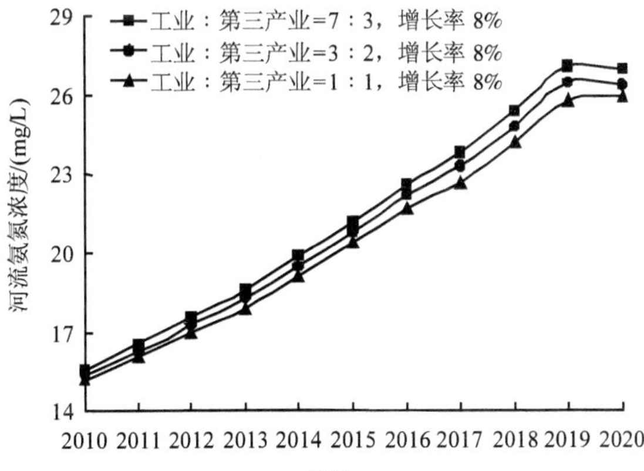

(b)

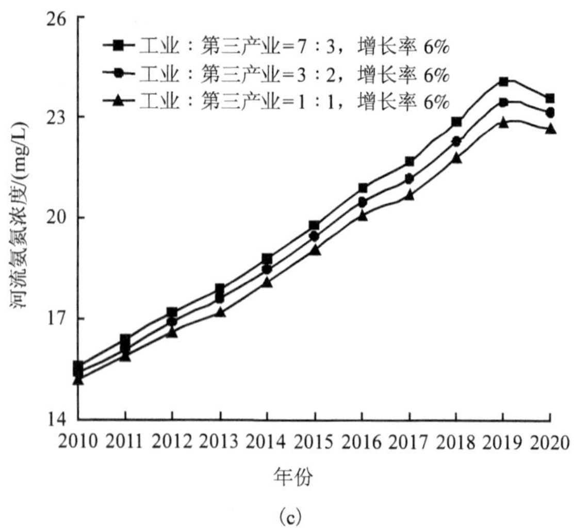

(c)

图 4-21　滨海新区 2010~2020 年河流氨氮浓度变化趋势图

并未将这些污染物指标纳入模型的水环境子系统中，所以导致结果无法体现出工业污水在这些污染物指标上对区域水环境的危害。所以在此只能说，对 COD 和氨氮两类污染物而言，工业产值和第三产值比例的变化并不会对目标河流水质产生明显的影响。

3）水资源利用经济收支分析

（1）情景 1。

图 4-22 是滨海新区 2010~2020 年水资源利用收支差额与生态用水保证率和水价之间的关系图。从图中可以看出，在该方案下，滨海新区所获取的各类水资源、水环境费用总额少于其对区域水资源利用所付出的代价，即其水资源环境利用存在额外的经济损失，但损失的金额是不断降低的，到 2018 年之后，水资源利用的收入将大于支出。

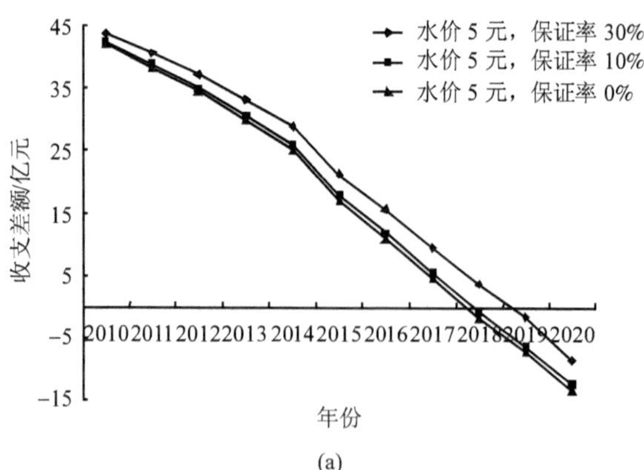

(a)

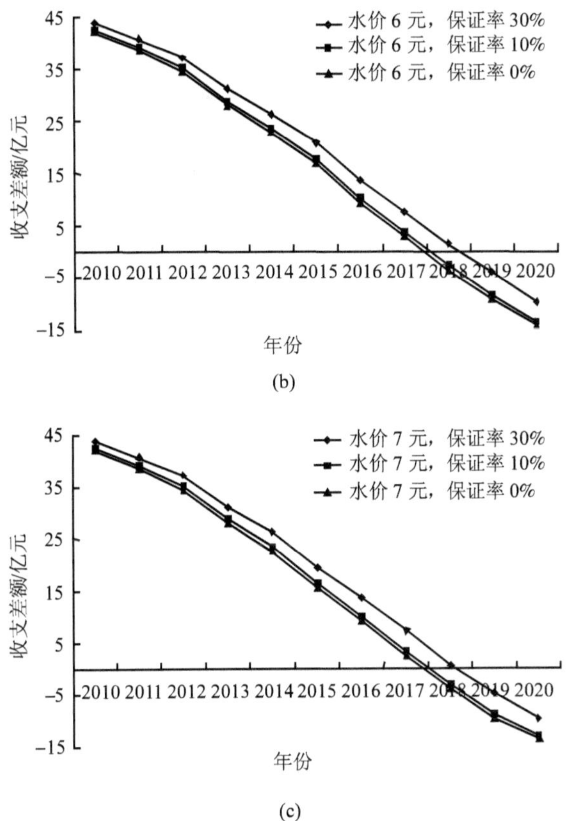

图 4-22　滨海新区 2010~2020 年水资源利用收支差额变化趋势图

正值表示支出＞收入，负值表示收入＞支出

综合分析发现，在同一水价水平下，尽管随着生态用水保证率的增加，水资源短缺的情况加剧，但是水资源和水环境利用所需要额外付出的金额反而降低了。这就意味着，为了提高生态用水保证率造成的水资源短缺，与为了缓解区域水资源压力而降低或牺牲生态用水保证率两种情况相比，后者带来的水资源水环境退化经济损失远比前者要大。所以，从区域水资源水环境承载力全局来看，即便在水资源短缺的地区，只有将生态用水量维持在适当的水平，才能够有效减少水资源不足或水环境退化所带来的经济损失。

（2）情景 2。

图 4-23 是不同工业产值和第三产业总值比例下，滨海新区水资源利用收支差额随地区生产总值增长率变化的关系。在该方案下，滨海新区水资源利用一直处于支出大于收入的状态，尽管两者间是朝着收支平衡的方向发展的，但是直到 2020 年支出值仍旧比收入值高出 15 亿元。

从长期来看，地区生产总值的增长率是决定水资源利用收支差额变化的主要

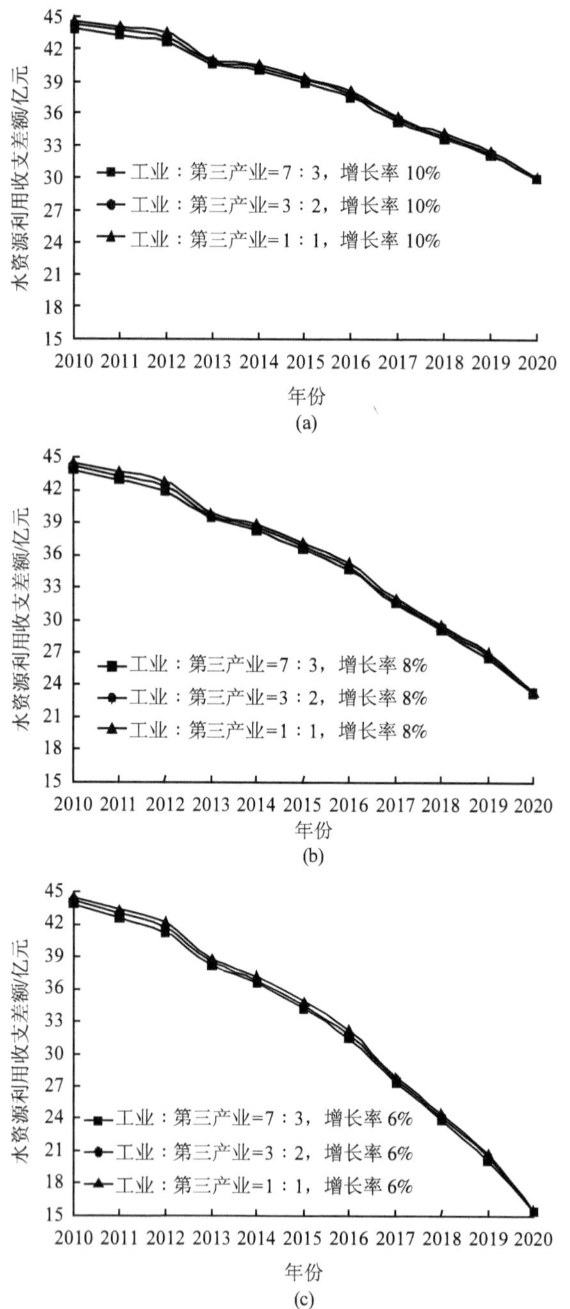

图 4-23　滨海新区 2010~2020 年水资源利用收支差额变化趋势图

正值表示支出＞收入，负值表示支出＜收入

因素，增长率越高这一水资源利用入不敷出的情况就越严重。工业与第三产业产值的比例在早期(2010~2013 年)对这一差额的调控作用较为明显，但是随着时间的推移，这一调控能力逐渐减弱。出现这一情况的原因，一方面可能是由于时间的推移，工业生产的万元用水量不断下降，甚至最后有可能十分接近第三产业的万元水耗，所以第三产业比例提高在减少用水总量上的效果不再明显。而另一方面，由于模型中考虑的目标污染物变量只有 COD 和氨氮两种，而工业和第三产业污染在两种指标上的差距不大，因而工业产值比例的提高给区域水环境污染带来经济损失也未能体现出来，从而使最终的结果表现出产业比例调整对这一收支差额影响不大的假象。

4.3.4　结论

系统动力学方法集系统论、控制论和信息论于一身，融会组织管理理论的精髓，采用计算机模拟技术，通过模型构建和仿真，可以较好地对战略实施过程中的环境影响进行评价，且其环评结果以定量的形式输出，可以在战略制定中予以体现。

区域水资源环境承载力系统是一个非常复杂庞大的系统，庞大模型中的各个子系统组成和变量的取值、变量之间的关系不可能做到完全无误，由于本研究关注的是系统整体性问题，因此并不追求结果的具体计算值，而是注重分析整个系统在不同情景和方案下所表现出的不同变化趋势，以及影响这些趋势变化的决策变量有哪些、它们各自的影响大小如何。

在情景的设计上立足于实际，分别为未来可能出现的两种情景设计了两个方案，通过方案中不同决策变量取值的调整，研究区域社会经济发展下水资源环境的变化情况，指出在不同情景中应该采取哪些调整手段，能够取得哪些效果，其中的经济收支情况又如何等具体而实际的问题，从而为决策者制定相关的政策提供可供参考的建议。

系统动力学是一种系统分析工具，可以分析预测众多参变量随时间的变化响应，但空间分析能力较弱，较难解决区域发展的空间布局优化问题，SD 模型的系统分析与 GIS 空间分析功能的融合未来具有较大的发展空间。

4.4　第二代法规空气质量模式在规划环评中的应用

4.4.1　空气质量模式概述

空气质量模式是用以预测大气污染物浓度在空间分布(或随时间变化在空间的分布)的数学公式，是大气环境影响预测的主要分析手段，它在大气环境影响评价、制定大气排放标准以及日常对大气环境质量控制和管理等方面具有非常重要的作用。法规(regulatory)空气质量模式是指由政府部门在“导则”等法规性文件中推荐或准备推荐使用的空气质量模式。

我国先后于 1993 年和 2008 年颁布了《环境影响评价技术导则—大气环境》，这两个技术导则规定了我国第一代法规空气质量模式与第二代法规空气质量模式。第一代法规空气质量模式又称“93 导则”推荐模式，为高斯模式。第二代法规空气质量模式包括筛选模式(Screen 3)、AERMOD、ADMS、CALPUFF 精确模式。项目环评、区域环评、规划环评在评价范围、评价深度、技术要求上对法规模式的要求不断提高。法规模式的演进顺应了我国环境影响评价的要求，推动了我国环评的发展。

空气质量监测无论在时间上、空间上，还是在分辨个别污染源对环境质量的贡献上都具有一定的局限性。采用空气质量模式预测能比较完善地解决以下问题：①给出各类或各个污染源对任一接受点污染物浓度的贡献(污染分担率)；②预测未来规划方案实施后对空气质量影响的程度和范围；③比较各种规划方案对空气质量的影响；④优化城市或区域的污染源布局；⑤实施科学的总量控制和日常的环境质量管理。

4.4.2 第一代与第二代法规模式比较分析

第一代空气质量模式基于 20 世纪 60~70 年代的大气边界层理论，适用于小尺度范围的预测模拟。第二代 AERMOD、ADMS 及 CALPUFF 法规模式，属于 80~90 年代的大气边界层理论，得力于数值研究的深入和计算机技术的发展，通过数值运算将数学模型与计算机技术相结合，不仅扩大了模型的应用范围，还可以通过图形将模拟结果直观显示出来。

1. 第一代法规空气质量模式

第一代空气质量模式为“93 导则”推荐模式，“93 导则”推荐模式基于传统的高斯扩散模式。高斯扩散模式是在分析大量实测资料之后，应用湍流统计理论得到的一种经验模型，主要考虑个别污染物的扩散，采用物理输送算法估算下风向的环境浓度，假定空气污染物在空间中遵循高斯分布。第一代模式主要有以下几个假设：①风的平均流场稳定，风速均匀，风向平直；②污染物的浓度在水平、垂直方向符合正态分布；③污染物在扩散中质量守恒；④污染源的源强均匀连续。

第一代空气质量模式具有浓度计算在水平方向和垂直方向上都采用高斯分布假定，以及湍流分类和扩散参数采用离散化经验分类方法的特点。因此，“93 导则”模式主要存在以下几个不足：①不稳定条件下，垂直方向的扩散采用正态扩散模式预测，对于较高的有效源高，其地面浓度预测值和实测值之比，明显偏低；②在处理污染物反射问题上采取了地面和混合层全反射的处理方法，未能反映浮力烟羽抬升到混合层顶部附近的实际扩散过程，地面浓度预测值误差较大；③大气稳定度稳定度采用修订的帕斯奎尔稳定度分类方法，不连续，误差大；④湍流分类采用离散化的经验分类方法，扩散参数如气象参数、风速幂指数及烟羽有效高度等确定和选取通常通过实验实测或选取经验曲线而求算，往往存在一定误差；⑤没有考虑建筑物下洗等问题。

第一代空气质量模式的假设限制，决定了第一代空气质量模式应用的局限性，只能在大气小尺度(10km)范围内基本满足工程项目环境影响评价的需要。

2. 第二代法规空气质量模式

第二代 AERMOD、ADMS、CALPUFF 模式系统是将 20 世纪 80~90 年代的大气边界层理论应用于大气扩散模型而开发的新模式。AERMOD 由美国环境保护局联合美国气象学会组建法规模式改善委员会开发而成；ADMS(atmospheric dispersion modeling system)由英国剑桥环境研究公司(CERC)开发，分为“ADMS-Screen”、“ADMS-Industrial”、“ADMS-Roads”和“ADMS-Urban”等独立系统；CALPUFF 由西格玛研究公司(Sigma Research Corporation)开发，是美国环境保护局(US EPA)长期支持开发的法规导则模型。AERMOD、ADMS、CALPUFF 模式系统部分弥补了第一代模式的不足，比第一代模型更能准确地模拟污染物在时空中的分布变化，对复杂地形，干湿沉降、化学反应、下洗有很好的处理，CALPUFF 还能适用于复杂风场。数值计算突破了高斯扩散理论均匀平稳湍流的限制，可以求解非均匀、非定常的污染物扩散问题，使模式的适用范围向中尺度、大尺度扩展，其中 AERMOD 在近场 50km 范围以内使用，ADMS-EIA 适用于评价小于 50km 的范围，ADMS-URBAN 版适用于评价数百公里以内的范围，CALPUFF 烟团模式能在 300km 范围内使用。

相对于第一代法规空气质量模式，第二代空气质量模式主要有以下优点：

(1) 气象数据翔实可靠。气象模块均基于常规气象资料，所必需的气象数据有地面参考高度上的风速、温度以及云量等。烟羽抬升和扩散计算所需要的特征参数，如摩擦速度、莫宁–奥布霍夫长度、混合层厚度以及湍流参数，均可通过常规气象数据计算得到。

(2) 理论科学。第二代空气质量模式彻底抛弃了传统的离散的 Pasquill-Turner 稳定度分类法及 Pasquill-Gifford 扩散参数体系(或与此类似的其他体系)，因此，已没有必要再将大气边界层的稳定度分成 6 类或 7 类，而只要根据热通量的正负，将其分成不稳定和稳定两类即可。在对流条件下，扩散模式在烟流的垂直分布上不是采用高斯型的算法，而是采用概率分布函数(PDF)。

(3) 可视化界面，图形化显示结果，人机交互操作。AERMOD、ADMS、CALPUFF 都有相应的界面操作版本，模型结果可以通过界面版的后续处理直观、形象地展示出来。其中 ADMS-Urban 可以作为一个独立的系统使用，也可以与一个地理信息系统联合使用。ADMS-Urban 与 MapInfo 以及 ESRI 的 ArcView 可以完全有机的连接，这样可以使用数字地图数据、CAD 制图或航片真实直观地设置污染问题，并生成等值平面图。

此外，三种空气质量模式也有其各自的特点和应用范围，具体如下：

(1) AERMOD 是一个稳态烟羽扩散模式，可基于大气边界层数据特征模拟点源、面源、体源等排放的污染物在短期(小时平均、日平均)、长期(年平均)的浓度分布，适用于农村或城市地区、简单或复杂地形。AERMOD 考虑了建筑物尾流的影响，即烟羽下洗，使用每小时连续预处理气象数据模拟大于等于 1h 平均时间的浓度分布。AERMOD 包括两个预处理模式，即 AERMET 气象预处理和 AERMAP 地形预处理模式。

(2) ADMS 可模拟点源、面源、线源和体源等排放出的污染物在短期(小时平均、日平均)、长期(年平均)的浓度分布，还包括一个街道窄谷模型，适用于农村或城市地区、简单或复杂地形。模式考虑了建筑物下洗、湿沉降、重力沉降和干沉降以及化学反应等功能。化学反应模块包括计算一氧化氮、二氧化氮和臭氧等之间的反应。ADMS 有气象预处理程序，可以用地面的常规观测资料、地表状况以及太阳辐射等参数模拟基本气象参数的廓线值。在简单地形条件下，使用该模型模拟计算时，可以不调查探空观测资料。该模型既考虑到孤立的点源或单个道路源等简单问题，又考虑到最复杂的城市问题(例如，一个大型城市区域的多个工业污染源，民用和道路交通污染排放)。该模型可同时模拟 3000 个网格污染源、1500 个道路污染源和 1500 个工业污染源(包括点、线、面和体污染源)，在污染源数量非常大时，模型可将较小的点源和道路源集成为网格源进行运算，提高运行速度。

(3) CALPUFF 是一个烟团扩散模拟系统，可模拟三维流场随时间和空间发生变化时污染物的输送、转化和清除过程。CALPUFF 适用于从 50 公里到几百公里范围内的模拟尺度，包括了近距离模拟的计算功能，如建筑物下洗、烟羽抬升、排气筒雨帽效应、部分烟羽穿透、次层网格尺度的地形和海陆的相互影响、地形的影响，还包括长距离模拟的计算功能，如干、湿沉降的污染物清除、化学转化、垂直风切变效应、跨越水面的传输、熏烟效应以及颗粒物浓度对能见度的影响。适合于特殊情况时的模拟，如稳定状态下的持续静风、风向逆转、在传输过程中气象时空发生变化下的模拟。CALPUFF 模型系统包括 CALMET(California meteorological model)、CALPUFF 和 CALPOST 三部分，以及一系列对常规气象、地理数据进行预处理的程序。CALMET 是气象模型，用于在三维网格模型区域上生成小时风场和温度场。CALPUFF 是非稳态三维拉格朗日烟团输送模型，它利用 CALMET 生成的风场和温度场文件，输送污染源排放的污染物烟团，模拟扩散和转化过程。CALPOST 通过处理 CALPUFF 输出的文件，生成所需浓度文件用于后处理。

4.4.3 第二代法规空气质量模式的应用

1. 应用空气质量模式评价大气环境影响的适用范围及参数需求

三种空气质量模式在规划环境影响评价中具有广泛的应用前景，对大气环境进行影响评价过程中，三种空气质量模式的技术程序如图 4-24 所示。

如图 4-24 所示，AERMOD、ADMS、CALPUFF 模式应用中都需要输入气象数据、地形数据、污染源数据、预测点数据及根据项目需求的控制参数，将所有的参数输入模型之后，运行模型，得到模拟结果。此外，AERMOD、ADMS、CALPUFF 都开发了界面版，具有对模拟结果根据用户要求进行后续分析和将分析结果用图形直观展示的能力，ADMS-Urban 可以与地理信息系统联合使用，可以使用数字地图数据、CAD 制图或航片真实直观地设置污染问题，在所使用的不同类型的地图数据上，生成等值平面图。

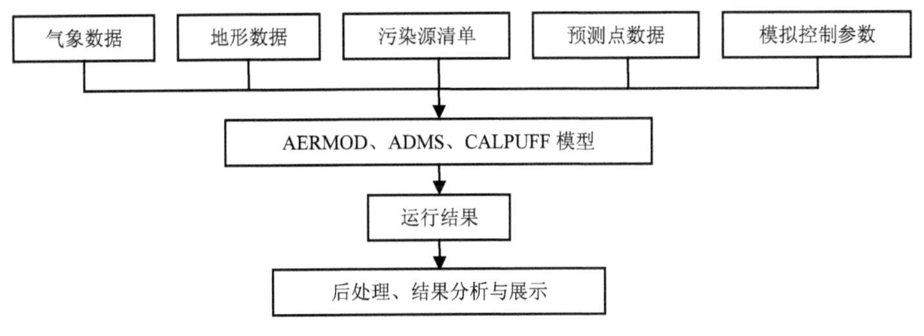

图 4-24　模型应用流程

AERMOD、ADMS、CALPUFF 模型的原理、开发设计等存在差异，这就决定了这三种模型在应用过程中存在着一定的差异，主要差异表现在模型的应用范围、应用条件及对参数的需求上，分别见表 4-33、表 4-34。

表 4-33　AERMOD、ADMS、CALPUFF 模式适用范围

分类	AERMOD	ADMS	CALPUFF
适用污染源类型	点源、面源和体源	点源、线源、面源和体源	点源、线源、面源和体源
气象数据需求	地面与高空气象数据	地面气象数据	地面与高空气象数据
适用地形条件	简单地形、复杂地形	简单地形、复杂地形	简单地形、复杂地形、复杂风场
建筑物下洗	支持	支持	支持
干湿沉降	支持	支持	支持
化学反应	简单化学反应	简单化学反应	复杂化学反应

表 4-34　AERMOD、ADMS、CALPUFF 模式主要输入参数

分类	AERMOD	ADMS	CALPUFF
地表参数	地表反照率、BOWEN 率、地表粗糙度	地表粗糙度、最小莫宁奥布霍夫长度	地表粗糙度、土地使用类型、植被代码
干沉降参数	干沉降参数	沉降率	干沉降参数
湿沉降参数	湿沉降参数	清洗率	湿沉降参数
化学反应参数	半衰期、NO_x 转化系数、臭氧浓度等	化学反应选项	化学反应计算选项
其他参数	时区	模拟建筑物/山区	时区、地形影响半径、气象台站影响半径、风速幂指数、静风阈值、混合层阈值

在应用尺度上，AERMOD 在近场 50km 范围内使用，ADMS-EIA 适用于评价小于 50km 的范围，ADMS-URBAN 版适用于评价范围数百公里以内，CALPUFF 烟团模式能在 300km 范围内使用。

2. 应用空气质量模式评价大气环境影响评价的一般步骤

规划环评中，大气环境影响评价需要对规划方案的对大气影响进行系统分析，首先对规划方案进行分析，确定评价的气象条件、污染源条件、地形条件、评价因子、评价标准及控制点等，建立污染源(点源、线源、面源、体源)清单，将所有的参数带入模型得出结果。其次，根据结果对规划方案进行分析，或者进一步处理，建立污染源与控制点之间的传递系数矩阵，以确定某一污染源对某一控制点影响程度的大小，核算大气环境容量，根据环境容量等分析结果对规划方案进行调整，最后得出分析结论。

总体来说，大气环境影响评价的步骤一般为(图 4-25)：

(1) 确定评价因子；

(2) 确定评价范围；

(3) 确定计算点；

(4) 确定污染源清单；

(5) 确定气象条件；

(6) 确定地形数据；

(7) 确定预测内容和预测情景；

(8) 选择预测模式、模式验证；

(9) 确定模式中的相关参数；

(10) 进行大气环境影响评价与预测；

(11) 建立污染源与控制点之间的传递系数矩阵；

(12) 规划方案分析、大气环境容量分析。

评价过程中应注意以下几个问题。

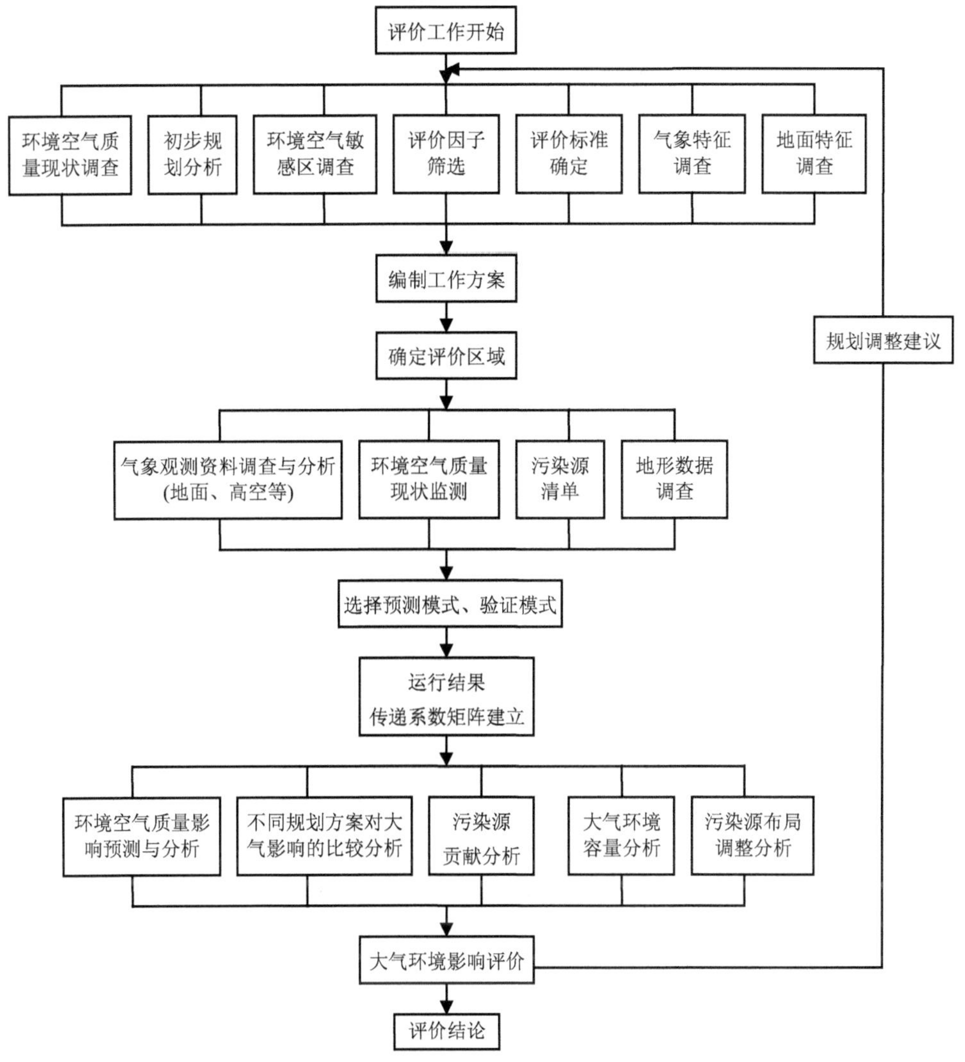

图 4-25　大气环境影响评价流程

(1) 污染源调查。区域中的污染源比较多，且比较繁复，有点源、面源、线源和体源等，污染源数据还要满足模型计算的需求。大气污染源数据是进行大气环境容量测算的基础，因此要建立污染源排放清单，如源的位置、源的排放速率、烟气出口温度、源的高度、线源长度等。如果在模拟中考虑干沉降、湿沉降、二次转化等问题，源数据的需求情况会更加复杂。

(2) 基准气象控制条件的确定。气象条件对影响污染物的扩散至关重要，不同地区气候不一，同一地区不同时间的气象条件也不一样，合理的选用气象条件是保证评价科学性的重要基础。目前确定气象条件的主要方法有：全年气象条件年均值达标及污染分布图控制法、联合频率法及典型日控制法。

全年气象条件，年均值达标及污染分布图控制法充分考虑全年气象条件和各类污染源对环境质量的影响，保证市区各功能区污染物的年均值达到国家二级标准，每年达标的天数占到 90%以上，用污染物的地面浓度分布图来保证市区超标区域面积低于总面积的 5%。该方法紧密结合我国现行的污染物达标概念，对扩散模型的要求较高，要求扩散模型可以计算全年每天的污染物浓度值，并且能够和地理信息系统结合，用电子地图来直观显示浓度计算结果。

联合频率法根据测算区域特征，基准控制时段多确定在采暖季，采用月平均浓度、季平均浓度为控制标准，把上述时期内的气象资料整理为大气稳定度、风向、风速联合频率，也可以采用这些数据直接计算，计算这个时间段每天的浓度和平均浓度。这种方法的优点是计算简单、方便，并且结合污染物季节性特点，保证整个采暖季和全年的浓度达到国家标准。但是这种方法不能给出达标保证率，我国目前也无正式的污染物月或季的控制标准。

典型日控制法把当地某种大气污染物监测日平均浓度从小到大排列，寻找一定累计概率，如 90%或者 95%所对应的那一天，用该天作为中间值，按照浓度从小到大的排列前后 7 天的气象条件作为基准控制条件，理论上可以保证城市区域大气环境质量 90%的天数或者 95%的天数达标。有的采用方差，即利用方差公式计算一年内每日污染物均值与 95%保证率下各监测点位污染物日均值方差，选取方差最小所对应的日期，把该日期作为 95%保证率的控制日。该方法要求有足够的典型日天气资料和监测资料，对典型日天气类型分析，确定所采用的典型日确实是当地有代表性的，而不是特异天气类型，但这样做之前必须对整个冬季或者多年天气做类型分析，确定各种典型日条件，该基准控制日天气条件属于污染严重的典型天气。但该方法执行起来非常困难，一定的保证率可以对应不同的典型日气象参数组，各种参数组差别明显。

(3) 扩散模式的选取。AERMOD、ADMS、CALPUFF 在应用范围、计算数据需求上存在一定的差异，在模型选择中要结合当地实际情况，综合考虑气象条件、污染源类型与数量条件、地形条件、测算区域大小选择合理模式。

(4) 控制点的选取。所谓控制点，就是用来标识整个控制区大气污染物浓度是否达到环境目标值的一些代表点。控制点的多少取决于所能承受的工作量，以在足够代表性的条件下尽可能减少个数为原则，可选择如人群分布的社区、风景名胜区、自然保护区和一些较敏感的保护区等作为控制点。另外，应尽量选择在控制区域年主要风向下风向的区域。

3. 应用空气质量模式评价大气环境影响的主要内容

空气质量模式在规划环评中的应用主要体现在以下几个方面：

1）污染源贡献分析

AERMOD、ADMS、CALPUFF 都可以计算出不同污染源在特定气象条件下对某一控制点浓度影响的大小，根据不同污染源对特定控制点的浓度值，可以计算出各个污染源对任一接受点浓度的贡献，即污染分担率。

污染源分担率为

$$k_{ij} = \frac{C_{ij}}{C_j}$$

式中，k_{ij} 为污染源分担率系数；C_{ij} 为第 i 个源对第 j 个敏感点的影响浓度；C_j 为第 j 个控制点上污染物浓度。

2）污染源与控制点之间的传递系数

AERMOD、ADMS、CALPUFF 都可以计算出同一污染源在特定气象条件下对不同控制点浓度影响的大小，即传递系数，综合考虑规划区域多种、多个污染源对规划区域的影响，建立现有规划方案下污染源与预测点之间的关系，即建立污染源与控制点之间的传递系数矩阵。

污染源与预测点之间的传递方程为

$$\begin{pmatrix} C_1 \\ \vdots \\ C_n \end{pmatrix} = \begin{pmatrix} a_{11} & \cdots & a_{1n} \\ \vdots & & \vdots \\ a_{n1} & \cdots & a_{nn} \end{pmatrix} \begin{pmatrix} Q_1 \\ \vdots \\ Q_n \end{pmatrix}$$

传递系数为

$$a_{ij} = \frac{C_{ij}}{Q_i}$$

式中，a_{ij} 为传递矩阵传递系数；C_{ij} 为第 i 个源对第 j 个敏感点的影响浓度；Q_i 为第 i 个污染源排放浓度。

上述的传递系数矩阵包含了研究区域内污染物的长期平均特征信息，当某一种污染物的源强有所改变时，通过传递系数矩阵，能够根据源强的变化，很快得到污染物长期平均浓度分布的变化。

3）规划方案对空气质量的影响分析

某 规划方案确定之后，区域内的功能区布局及工业布局也随之确定，因此污染源也确定，将污染源清单带入预测模式，通过模型可以直接计算出控制点(敏感点)上某一污染物的浓度，结合控制标准，控制点达标与超标情况也计算了出来。

运用模型后处理程序及 GIS 的软件等，可以绘出污染物扩散浓度分布图，浓度等值线图等，这样就可以对某一规划方案进行定性与定量分析。

4）规划方案对比分析

根据不同的规划方案，建立相应的污染源清单，结合当地的气候、地形等条件，通过模型计算出控制点上污染物的浓度。统计不同方案下污染物的达标率、最大值，对不同的规划方案进行比较分析，可以评价出不同规划方案对空气质量影响的差异。

5）污染物总量及环境容量分析

污染源清单建立之后，可以核算出规划区域内某一污染物的排放总量。污染源与控制点之间的传递系数确定之后，利用线性规划等方法，选取特定目标作为控制条件，可以核算出规划区域的环境容量，常用的控制条件如下。

(1) 控制点临界负荷约束，即保证敏感点达标。

目标函数为

$$\max Q = \sum_{j=1}^{n} Q_j$$

约束条件为

$$Q_i \geqslant 0; \quad \sum_{i=1}^{n} a_{ij} Q_i \leqslant D_j; \quad i = 1, 2, \cdots, n; \quad j = 1, 2, \cdots, m$$

式中，a_{ij} 为污染源与控制点之间的传递系数；Q_i 为第 i 个污染源的允许排放量；D_j 为第 j 单元控制点临界负荷量/环境标准浓度限值；n 为污染源个数；m 为控制点个数。

(2) 在应用中还有经济优化模型，对污染源进行改善的情况下，经济投资最小。大气污染物总量控制经济优化模型如下：

目标函数为

$$\min P = \sum_{i=1}^{m} P(i, k(i))$$

约束条件为

$$\sum_{i=1}^{n} a_{ij} Q(i, k(i)) \leqslant D_j; \quad k(i) \in \{1, 2, \cdots, L(i)\}; \quad D_j > 0$$

式中，$P(i,k(i))$ 为第 i 个源采用第 $k(i)$ 技术措施的投资额；a_{ij} 为污染源与控制点之间的传递系数；D_j 为第 j 单元控制点临界负荷量/环境标准浓度限值；$Q(i,k(i))$ 为第 i 个源采用第 $k(i)$ 技术措施时的排放量；$L(i)$ 为第 i 个源的方案数；m 为控制点个数；n 为污染源个数；$k(i)$ 为第 i 个源被采纳的方案数。

6）优化区域污染源布局

根据污染源对控制点的影响以及控制区域的大气环境容量，一方面对区域的功能区布局进行合理规划，尽量使居住区、商业区在污染源影响范围之外；另一方面，规划方案中对污染源进行合理的调整，尽量降低污染源对敏感点的影响，从而使规划区域的布局更加合理。

4.4.4　案例应用——ADMS 模拟天津经济技术开发区

1. 案例概况

南开大学应用 ADMS 对天津经济技术开发区东区规划现状进行了模拟。天津经济技术开发区东区位于天津东部，滨海新区的中心地带，距市中心 45km，区域东起东海路，西至京山铁路，南靠新港四号路，北接塘沽北塘镇，规划面积 $40km^2$。该区域地处渤海湾西侧，属冲积–海积平原，填垫前为盐田。地面标高东高西低，按大沽高程系，平均高度为 2.5m，经填垫后，地面标高可达 3.5m。

该地区属温带大陆季风性气候，年平均气温 12℃（夏季 25.2℃，冬季零下 2.3℃），年平均降水量 602.9mm，年平均蒸发量 1909.6mm，年平均气压 1016.4mbar①，日照百分度 65%，全年主导风向为西南风，年平均风速 4.5m/s。

2. 评价参数确定

（1）评价因子：天津经济技术开发区主要污染物为 SO_2、NO_2、PM_{10}，因此选这三种污染物作为评价因子。

（2）评价范围：天津经济技术开发区东区规划范围。

（3）计算控制点确定：根据泰达东区的范围，以 500m×500m 对其进行网格化，将网格的交叉点作为控制点。

（4）污染源清单：污染源划分为点源、线源和面源三类。点源的排放数据主要从环保部门协调获取；线源数据通过对泰达东区主要交通干道进行实地测量获得。根据该地区交通流量的特点，将一天分为忙、中、闲三个时段，忙时段是指 7:00~9:30、11:30~14:00、16:30~19:30；中时段是指 9:30~11:30、14:00~16:30；闲时段是指 19:30 至次日早 7:00。对某条道路各时段轻、重两种车型的车速和车流量分别测量，之后求出一天中该道路轻、重两种车型的平均车速和车流量。该测量工作持续进行了一周的时间。面源数据的调查是先通过 Google Earth 软件确定面源位置，再进行实地测量确定面源形状与面积。

根据点源的划分，泰达东区符合点源条件的排污企业有 10 家，其中滨海能源

① $1bar=10^5Pa$。

发展有限公司热源二厂、五厂、国华能源发展有限公司属大型排污企业，共有100m高烟囱6个，另外还有排放高度在30~100m的污染源7个。

道路交通源按线源处理，本研究对泰达东区22条主要交通干线进行了调查，调查内容包括道路长度、宽度、机动车流量、机动车车速等，在模型计算时采用英国道路车辆划分标准将机动车主要划分为重型车和轻型车。

面源主要为开放源，即露天堆场和在建工地，这些面源对可吸入颗粒物的贡献非常大。

（5）气象条件：采用Weather Underground网站（站号54527）天津2009年逐日逐时的气象数据。

（6）地形数据：地理坐标、地面高程等数据采用Google Earth软件与实地测量相结合的方式确定。

（7）评价内容：模拟污染物对控制点的影响，计算大气环境容量。

（8）预测模式选用及验证：选用ADMS-Urban作为本评价的预测模式。

在对ADMS-Urban模型的模拟结果进行验证时，分别向模型中输入2009年各月的气象数据和污染源排放数据，由模型计算得到指定监测点位各月的污染物浓度日均模拟值，再将模拟值通过一定的公式转换成检验值，最后将检验值与自动监测站的大气环境质量浓度监测值进行对比。

3. 评价结果

1）污染物浓度分布

（1）可吸入颗粒物。

可吸入颗粒物主要由点源和面源排放。ADMS-Urban在调用全年的污染源数据库及气象数据库后，计算得到可吸入颗粒物浓度的年日均值，将研究区域内污染物浓度相等的点位连接起来生成等值线图，如图4-26所示。

（2）二氧化硫。

二氧化硫的排放源主要是燃煤点源，从相关部门获取并建立了点源排放数据库后，在2009年全年的气象条件下，通过ADMS-Urban计算得到了研究区域各输出点的污染物浓度值，绘制成等值线图，如图4-27所示。

（3）二氧化氮。

向ADMS-Urban模型输入点源和线源对二氧化氮的排放数据之后，依据2009年全年的气象条件，绘制得到二氧化氮年日均浓度的等值线图，如图4-28所示。

2）环境容量

采用控制点临界负荷约束，用ADMS-Urban模型计算输出长期平均污染物浓度，建立污染源与控制点之间的传递系数矩阵（方法如前文所述），通过线性优化模式对泰达东区的可吸入颗粒物、二氧化硫和二氧化氮的允许排放总量进行计算。

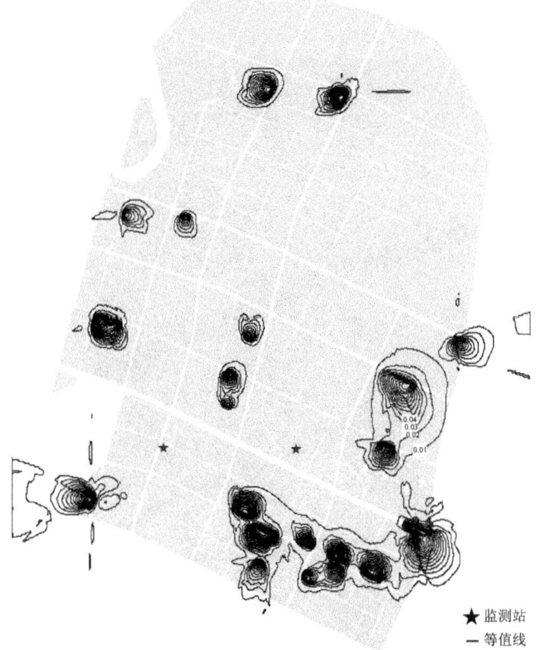

图 4-26　现状污染源格局的 PM_{10} 模拟浓度等值线图

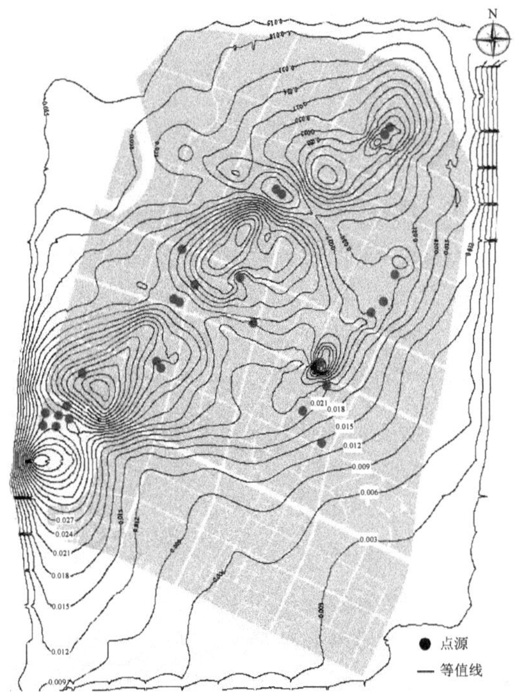

图 4-27　现状污染源格局的 SO_2 模拟浓度等值线图

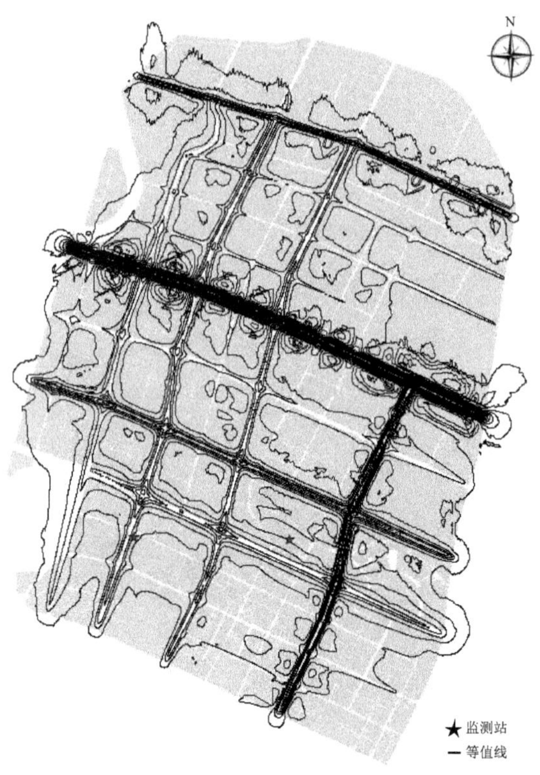

图 4-28　现状污染源格局的 NO_2 模拟浓度等值线图

4.4.5　结论

法规空气质量模式是规划环境影响评价的重要工具，为保护环境、控制大气污染提供了可靠的技术支持。第二代法规控制质量模式相对于第一代法规控制质量模式基础数据更加翔实可靠，技术理论更加科学，大大提高了预测的精度和准确度。随着计算机技术的发展，各种可视化界面的出现方便了从业人员对模型的应用，同时能够直观的将模拟结果显示出来，使模拟更加形象生动。

常规的空气质量监测无论在时间上、空间上，还是在分辨个别污染源对环境质量的贡献上，都具有一定的局限性。采用法规空气质量模式模拟污染物扩散，能弥补常规监测方式的不足。

规划区域污染源众多，气象条件、地形条件、区域面积和污染源状况等因素也存在很多不确定性，这给模型的应用带来了一定的困难。因此，合理地选择预测模型，科学分析气象条件、污染源种类及分布状况、控制点状况及当地的社会经济状况，对于提高模拟的准确性是相当重要的。

4.5　噪声地图法在规划环境影响评价中的应用

4.5.1　噪声地图法概述

近年来，随着城市汽车保有量的逐年增加、轨道交通网的不断发展，城市交通噪声污染在日益加剧的基础上还呈现出复杂性、多样性的特征，为其管理和治理带来很大困难。目前，大城市的交通噪声具有多方面的成因，包括不同噪声源、道路条件、车况和所采取的控制措施的合理性等。由于传统布点监测的时间和覆盖范围有一定的局限性，仪器实测数据无法区分不同的噪声源和不同影响因素的贡献量，城市交通噪声随时间起伏较大，固定测点的短期监测往往不能准确反映该点实际的声级情况。这样一来，完全通过布点监测来获取整个区域噪声污染水平的方法不仅耗费大量人力物力，且无法满足目前噪声管理和技术上的需求，也不能提出具有针对性的控制措施。

噪声地图法(noise mapping)是指将噪声源的数据、地理数据、建筑的分布状况、道路状况、公路、铁路和机场等信息综合、分析和处理后，生成反映城市噪声水平状况的数据地图，以不同的颜色表示不同的噪声级。一般由地理信息系统结合声学仿真模型软件绘制，并通过实测数据检验校正。

噪声地图以数字与图形的方式显示了噪声污染在城市区域范围内的分布状况，通过噪声地图技术方法，能够较好地定义各类交通噪声源，比较准确的确定区域长期平均噪声水平，同时可以将不同噪声源、道路饱和度、车况、车速、交通管理手段等对交通噪声贡献量加以区分，准确地预测噪声污染水平，了解采取的降噪措施的效果，分析某地区的噪声暴露水平，从空间和时间维度上较为全面地对噪声的影响进行判断和区分，使噪声控制更为有效。噪声地图方法的有效应用可以为决策提供依据，同时，它也是进行声环境影响评价、方案选择或是公众参与的有效工具和技术支撑。

目前，噪声地图已在大部分欧美国家的大中城市建立并不断发展，成功通过该技术控制环境噪声，并用于城市规划、环境评价和公众参与等方面。2002 年，欧盟成员正式通过实施《2002 噪声指引》与环境噪声评估和管理条例，其中规定：各欧盟成员国须在 2007 年 6 月 30 日前为超过 25 万人口的城市和年车流量超过 600 万次的交通干道、年车流量超过 6 万次的主要铁路干线及主要机场开展噪声地图，并且每 5 年进行评估和更新。2005 年，英国出版了一本世界上最大的官方噪声地图——《伦敦道路交通噪声地图》，将城市的噪声水平与人居环境密切结合。减少噪声污染已经成为欧盟国家新城市发展计划的重要部分。

亚洲噪声地图的建立稍晚于欧洲，目前日本、韩国、中国香港等均建立了本地区的噪声地图，在城市噪声控制方面取得了良好的效果。我国已有部分地区开始了区域噪声预测和噪声地图的尝试，但关于城市交通噪声预测模型的选择和三维噪声地图方法的研究，国内还比较少。这一方面增大了预测的不确定性，另一方面影响决策者和公众获取全面的声环境信息。为此，选择合适的噪声预测模型，建立一套适合我国实际情况的城市区域噪声预测方法，并以此为基础开发三维的噪声地图方法，对于我国城市的噪声管理与控制、噪声环境影响评价、公众参与以及方案决策，都具有十分重要的现实意义。

1. 噪声地图系统组成

城市区域噪声预测的服务目的之一是开展噪声地图。噪声地图可以用来查看噪声影响区域，也可以用来计算处于高噪声环境中的敏感建筑物数目，或是敏感人群数。在规划和决策过程中，噪声地图是进行噪声控制的有效手段，它不仅可以重现噪声情况，而且可以对各个发展情景带来的噪声变化进行模拟显示，是进行费用效益分析和方案选择的有力工具。

噪声地图系统可由 GIS、声学模型系统、显示系统和校验系统 4 个子系统组成。地理信息系统主要用于建立区域地理模型；声学模型系统将地理模型通过一定方式定义为声学模型，进行声学计算，是整个系统的核心部分；显示系统用于将计算结果以各种形式直观地显示出来；校验系统主要用于系统误差分析。系统将声学模型与三维 GIS 模型相结合，建立基于三维 GIS 的城市噪声地图。

2. 噪声地图方法过程

建立噪声地图系统分为输入、计算、检验和输出等几个步骤，如图 4-29 所示。

（1）地理建模，数据输入。

建立噪声地图系统的首要任务是区域地理模型的建立，即地理信息和相关建筑的输入。在噪声地图系统的地理建模中，主要输入内容包括：①城市道路、铁路和地面轨道交通的平面和立体分布；②相关建筑物位置及高度；③地形高差；④声屏障等降噪构筑物。

噪声地图系统地理模型的主要特点在于，模型需突出其声源特性，对于道路、铁路、轨道交通等声源位置应重点关注，并明确它们与周围建筑之间的空间关系。

（2）声源定义。

在所建立的区域地理模型中，识别声源是主要的研究内容，识别声源又包括定义声源的地理属性和声源的流动特性。以道路声源为例，声源的地理属性主要包括红线宽度、车行道宽度、高程、坡度等；声源的流动特性则包括小时车流量、车型、车速等。声源定义阶段必须明确区域的噪声特点、声源分布以及控制措施情况。一般而言，交通噪声(即道路、铁路、轨道交通等流动源产生的噪声)是城市区域的主要声源，也是系统重点考虑的对象，应予以明确识别。

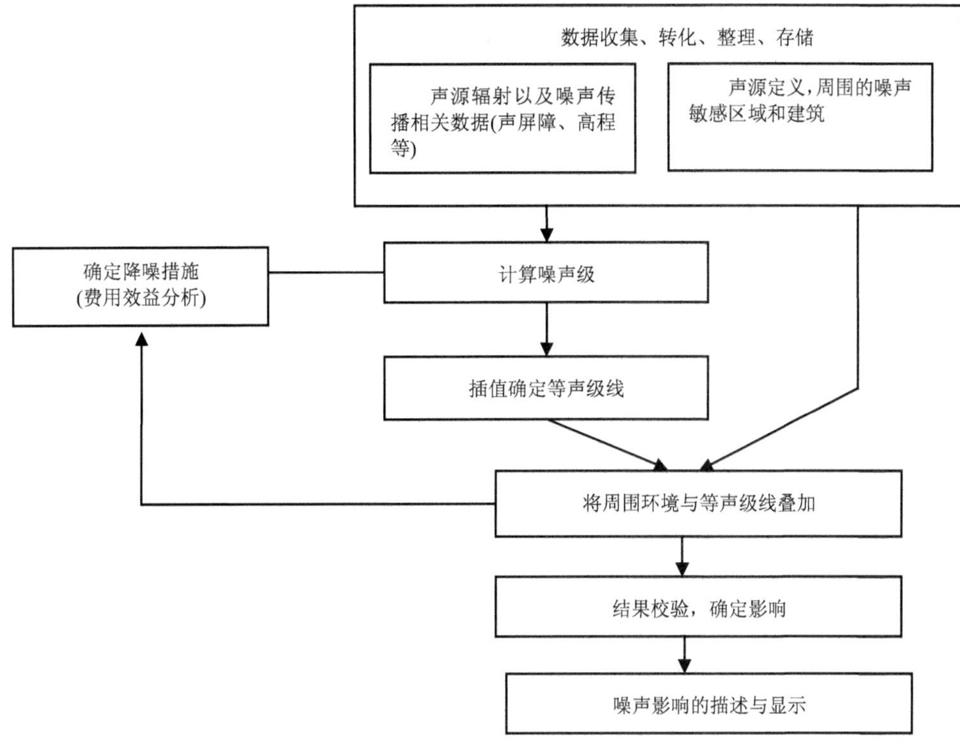

图 4-29　噪声地图过程

(3) 计算噪声级，叠加等声级线。

在地理建模和声源定义后，需计算噪声级，计算原理遵循声波在空间传播规律，并考虑声源的指向性以及声能量在空间中的衰减等因素。主要的计算内容包括噪声源强的计算、声传播计算和交通噪声影响声级计算。同时将周围环境与等声级线叠加。在噪声地图系统中，声学计算是通过声学模型软件来完成。

(4) 结果校验，确定影响。

校验的目的是对系统进行误差分析。对于已建成的城市区域，校验主要通过计算点实测验证的方法，对计算结果和实测结果进行比较。对于噪声地图系统的实际应用应提出可靠的误差接受范围。在噪声地图系统中，校验结果应反馈给输入阶段，通过误差分析，对建模、声源定义或参数输入进行必要的调整，再次进行计算，直至误差可接受。

(5) 输出描述与显示。

噪声地图系统的输出以图像形式为主，可辅以表格形式。图像显示可以根据不同需求输出 2D、3D 或者动态图形，2D 显示一般可用于声功能区的管理，3D 显示可以判断声场的空间立体分布，动态显示则可用于表示区域噪声变化趋势和规律。

在环境噪声模拟软件方面，选用德国 Datakustik 公司开发的环境噪声模拟计算商业软件 Cadna/A。它以 Windows 为操作平台，可以计算和评估由公路、铁路、机场、工厂、企业以及运动和娱乐设施所引起的噪声。该软件 2001 年通过我国国家环境保护总局认证，是用于城市或区域环境噪声预测、评价和控制方案设计的工具软件，包含多种声学计算模型，能够提供复杂的声学计算功能，在欧洲国家已获较广应用。Cadna/A 具有如下特点。

(1) Cadna/A 具有较强的计算模拟功能，可以同时预测各类声源，包括点声源、线声源和面声源的复合影响。从声源定义、参数设定、模拟计算到结果表述与评价，构成一个完整的体系，可实现功能转换和声源、构建物与预测点的确定，具有多种数据输入接口和输出方式。

(2) 对声源和预测点的数量没有限制，声源的辐射声级和计算结果除了可以用 A 计权声级表示外，也可以用不同倍频带的声压级来表示。

(3) 可以考虑任意形状建筑物群、绿化带、地形高程的影响。Cadna/A 可以设置多种情景，适合对噪声控制设计进行费效分析，其屏障高度优化功能可以广泛用于道路等噪声控制工程的设计。

(4) Cadna/A 软件流程设计合理，功能齐全，用户界面友好，操作方便，易于掌握使用。软件具有二维和简单的三维噪声地图功能，可以使预测结果可视化和形象化。

相比城市噪声环境影响的预测步骤，噪声地图实际上已经将整个预测步骤囊括其中。噪声地图与噪声环境影响预测在方法学上的区别在于，噪声地图将周围环境与等声级线进行了叠加，并且据此对噪声影响进行描述和显示，这使得噪声地图比一般的噪声环境影响预测更为形象和直观，更易让人理解。

从预测范围上来说，噪声地图可以是小尺度的，但也可以是相当大尺度的(整个城市)，这就比一般建设项目的噪声环境影响预测范围大出很多。由于范围的扩大，预测噪声所需要的工作量就会迅速增长，一般需要用计算机软件进行专门的运算，尽管如此，仍有可能需要耗费数天的时间来计算和插值噪声级。因而，在进行噪声地图时，各个步骤的具体方法很有可能需要根据实际情况进行调整，在保证质量和精确度的前提下减少预测时间和工作量。

4.5.2　噪声地图法的应用

噪声地图相当于城市噪声的“晴雨表”，它直观地区分了城市安静地区与吵闹地区，提醒决策者哪些地区的噪声水平是需要改善的，哪些是需要维持不下降的，为环境评价工作者提供了高效的城市噪声预测与评价环境。规划环境影响评价人员能够直接在噪声地图上识别噪声污染控制优先区域及其空间分布情况，为下一步的污染治理制订行动计划。另外，噪声地图可以为规划项目选址提供依据，规划环境影响评价人员无须现场测量就可作“预决策”。在噪声地图上还可以给出与噪声限值的差异图，标明超出或低于限值 5dB(A)、10dB(A)、15dB(A)的区域，当它与人口密度数据相结合时可预计受影响的人口数量。在城市规划环境影响评价中应充分考虑这些因素，致力于改进城市的生活品质。

噪声地图还具有检验噪声污染防治技术措施(如声屏障)和规划控制措施(如交通改道)有效性的功能。基于 GIS 的噪声地图模型，可以通过调整输入数据来预测采用的措施是否能达到预期效果，也可以将不同设计方案下的噪声预测结果进行比较，并结合其他因子(如成本等)选择最优的设计方案。

Kurakula 结合 GIS 构建了三维噪声地图的方法，用以评价规划或项目可能产生的噪声环境影响。三维噪声地图方法分为 5 个步骤，如图 4-30 所示。

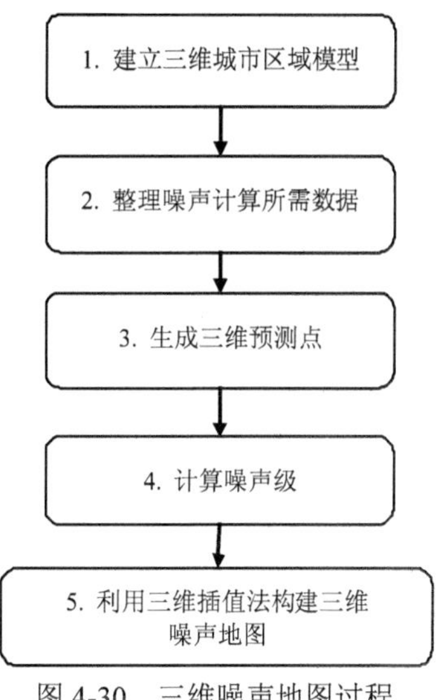

图 4-30　三维噪声地图过程

这些步骤都是与 GIS 紧密结合来完成的。在整个三维噪声地图过程中，基本的场景模型、模型之间的空间关系可以在 ArcGIS 中定义，利用 ArcGIS 中 ArcMap 的编辑、分析、浏览等功能以及 ArcCatlog 的数据管理功能，对预测区域进行预测点布置和插值，再利用 ArcScene 强大的三维编辑、显示和漫游等功能进行三维景观的模拟。鉴于 ArcGIS 本身的场景可视化建模功能并不强，因此，采用 3DS Max 进行三维场景建模，随后导入 ArcScene 中进行显示与编辑。

4.5.3　噪声地图法应用前景

(1) 噪声地图具有长期性和战略性的特点，应当体现在建或规划项目的噪声影响。由于实测仅代表测量时的噪声状况，在该时间段不具代表性、受天气状况影响大、成本高等，因此，实际编制噪声地图时鼓励模型预测为主，辅以实测验证。

(2) 国外现在已开发出的专用噪声地图软件有 LI-MA、Cadna/A、IMMI、

Soundplan 等，部分已通过环境保护部技术认证。不同的噪声地图软件对计算机处理器、内存、硬盘、操作系统的要求不同，选用的预测模型也不尽相同，使用这类软件时应充分考虑我国的实际情况，建立一套动态服务和管理系统使用过程中的信息反馈，以利不断完善。

(3) 噪声地图是一项开创性的工作，主要是为城市规划和城市环境噪声管理服务。随着信息化程度的日益提高，应该加强 GIS 等具有空间分析功能的技术系统与噪声预测模型的结合，在有针对性地引进和吸收国外先进技术的基础上，建立符合我国实际情况的通用模型，使噪声地图在城市规划中发挥更准确的决策作用。

(4) 理想的交通噪声预测模型应该根据国家的实际交通情况进行制定，声导则模型与 RLS90 模型严格说来都不是我国自行开发的，并不能完全符合国内的交通情况。且声导则模型基于的 FHWA 公路交通噪声预测模型早已被新模型(FHWA TNM)所替代，因而有必要结合实际情况，研究能体现我国城市道路交通噪声特点的新一代道路交通噪声预测模型。三维的噪声地图是一个较新的领域，本文提供的布点、插值和显示办法只是其中一种较为可行的方案。随着计算机水平的进步、GIS 平台的发展和噪声预测软件的更新，可用的技术和工具将会更多，今后有必要对三维噪声地图继续进行研究和改进，以期不断优化和完善。

4.5.4 应用案例——以台湾台中噪声地图构建为例

1. 背景介绍

本节以台中为例，对东、西、南、北、中五个主要行政区(图 4-31)进行噪声地图模拟预测，五个行政区面积为 $30km^2$，有 8 万栋建筑，47 万人口，为标准都市区形态。本节对五个行政区主要道路建设模拟噪声地图的 2D 平面图和 3D 立体图。

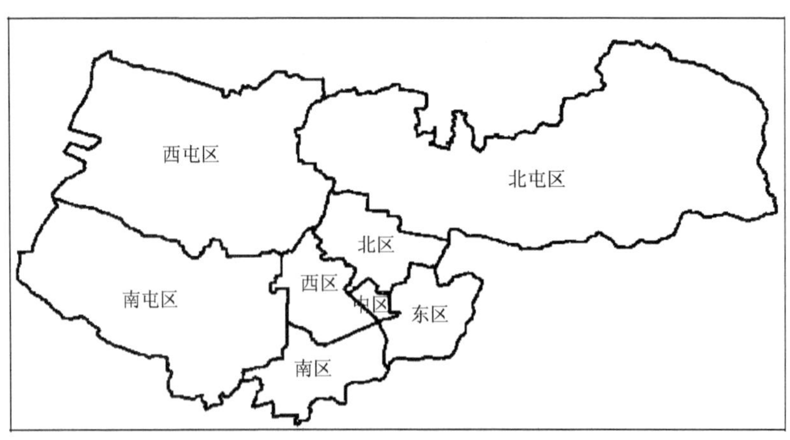

图 4-31 台中各区示意图

2. 输入参数

目前，对于噪声地图来说，尚没有统一的噪声预测模型。本次研究选用 Cadna/A 默认的 RLS90 模型作为道路交通噪声预测模型。噪声地图对于噪声评价指标也缺乏统一的规定。研究采用噪声等效声级(L_{eq})作为噪声评价指标。区域内除了道路交通以外没有其他大型噪声源，因此只需计算道路交通噪声，无需与其他声源产生的噪声合并。噪声级的插值方法采用 Cadna/A 内建的插值法。

本研究噪声地图输入资料包括交通、地理环境、人文、建筑以及音源等数据信息，建立三维地理模型，需要获取建筑物轮廓图，本研究利用 Google Earth 获取建筑物轮廓图，然后采用实地测量的方式获取建筑物高程和其他地理空间数据。将这些数据在 ArcGIS 里面进行整理后，输入 Cadna/A。Cadna/A 可对三维地理模型进行直观显示，进而输出 2D、3D 图像以及噪声人口暴露信息，具体流程见表 4-35。

表 4-35　噪声地图法技术流程

资料输入	处理阶段	资料输出
交通资料 ● 车速 ● 高峰车流量 ● 路面宽度 ● 车辆混合比 ● 行进方向及车道数	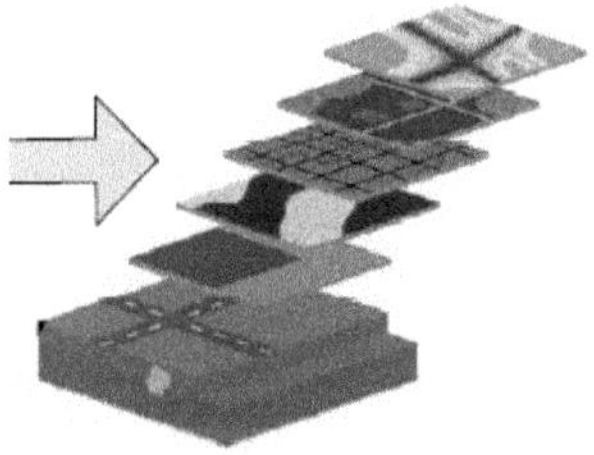	台中市中区 
地理环境资料 ● 土地面积 ● 交通路线长度		2D 噪声地图
人文资料 ● 人口及户数 ● 各区人口密度	GIS 相关图层构建 利用 MAPINFO 软件建立相关图层，包括交通、水文、建筑物、人口资料、土地面积以及固定音源	台中市中区 
建筑物资料 ● 楼层高度 ● 建筑物地面积 ● 固定音源资料		
工厂 ● 娱乐场所 ● 其他资料 ● 噪声反射次数 ● 各国法规规章 建筑物噪声损失比	进行噪声模拟计算，利用监测值修正	3D 噪声图 除了呈现 2D(平面)和 3D(三维)的噪声地图外，还需呈现噪声人口暴露量

1）交通

交通参数建立主要包括路名、车道宽度、单向双向、交通限速、交通流量等，如图 4-32 所示，将建立的参数转换到模拟软件中，主要步骤包括转换图档格式、建立相关参数、合并交通图层。

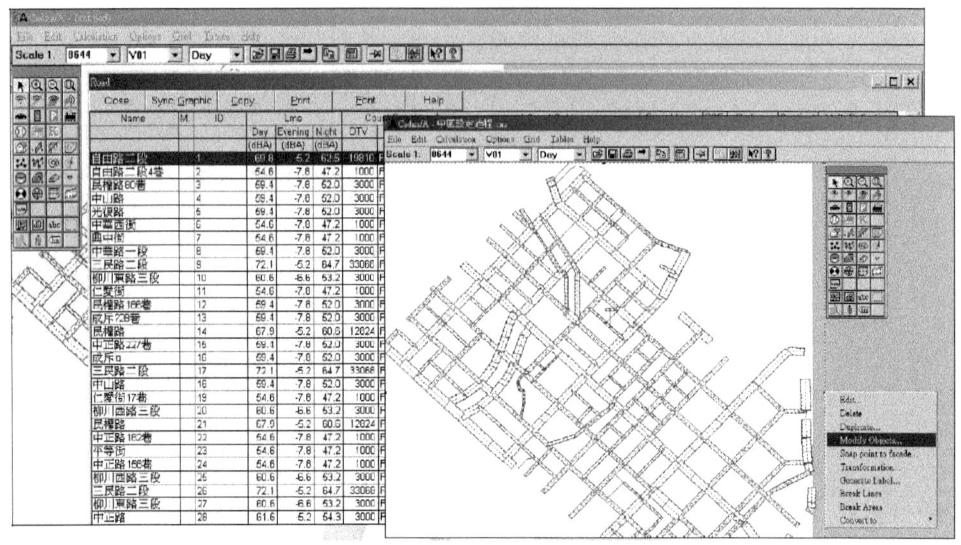

图 4-32　相关参数输入

2）建筑物

建筑物信息较为重要，包括建筑物高度、基地面积、楼板面积、人口密度等参数。相关参数建立需在 Mapinfo 格式中完成，并将建立的参数转化到模拟软件中，相关步骤包括：转化数据格式(利用 Cadna/A) 模拟软件转换数据格式；建立相关参数(依照建筑物的高度、面积和吸收系数等)；3D 图形构建(计算不同楼层高度及影响范围，如图 4-33 所示，将计算结果利用 Cadna/A 工具中的 3D special 功能生成 3D 结果)。

3. 2D 和 3D 图形模拟

各区由于土地面积、建筑物、建筑高度以及交通流量不同，因此模拟的时间长短不同，大范围的面积模拟可以有效减少时间和人力成本。图 4-34 为台中 3D 噪声地图，相比 2D 噪声地图，3D 噪声地图有着很大的优势，它提供了更为丰富详细的信息，可以据此对整个空间的噪声水平进行了解；噪声级可以和实际的楼层甚至是单元相对应，从而为准确计算受超标噪声影响的人口数提供基础；其强大的真实场景模拟功能方便了公众对其居住环境的噪声水平进行认识，提高公众参与的积极性。对于降噪措施，3D 噪声地图也可以提供更为详细的降噪效果，从而为合理的费用效益分析提供支持。

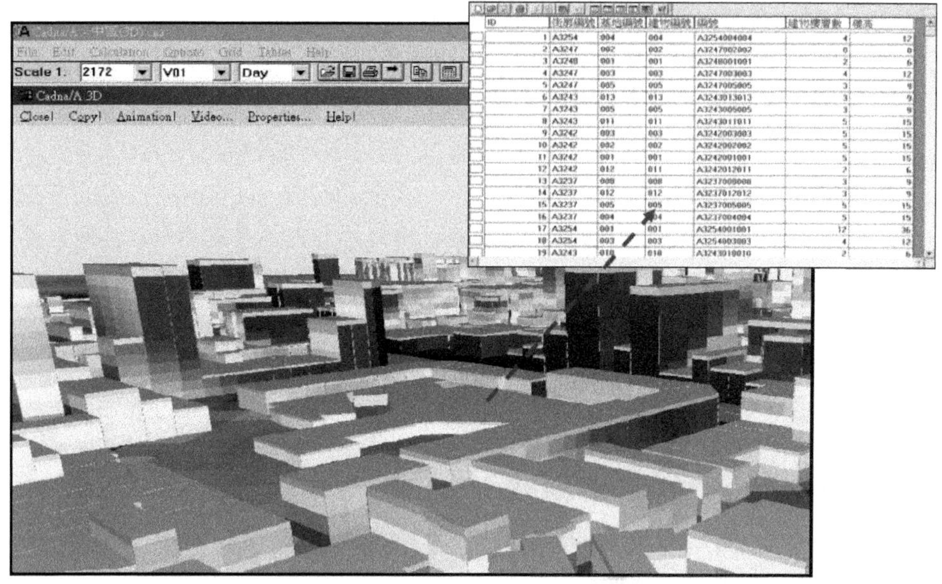

图 4-33　3D 图形构建模式

图 4-34　台中 3D 噪声地图

4.6　生态学评价方法在规划环境影响评价中的应用

4.6.1　规划环境影响评价与生态学方法概述

规划环境影响评价工作中，一项重要的任务就是确定环境容量来指导规划区的后期建设，通过环境现状评价，摸清规划区的现状，为预测评价做好基础。在项目环评中，由于评价范围小或者受项目性质限制，生态评价开展得比较少，但是进行规划环境影响评价时，必须通过生态学方法对一定范围内生态环境现状进行调查，预测规划可能带来的生态环境影响，才能为区域的可持续发展提供切实可行的对策。因此，在进行规划环评中使用生态学评价方法显得非常重要。由于生态系统环境是一个复杂而庞大的系统，生态环境影响评价从不同的角度出发，所评价的对象和方向各不相同，其理论和方法正处于不断地完善之中。

生态环境影响评价作为规划环评中一个很重要的部分，目前应用较多的方法是生态敏感性分析和生态适宜性评价，二者的评价过程与方法基本相同。其他主要采用的评价方法还有生态系统健康评价、生态服务功能价值评估、生态足迹法、景观生态学评价和生态功能分区评价等。生态系统健康评价是针对自然、经济和社会组成的复杂而庞大的复合生态系统进行评价，其目的是分析构成当前生态系统健康中不利因素的根本原因，以便提出适当的对策，使得生态系统向健康方向发展。生态服务功能价值评估普遍采用 Costanza 方法，与土地利用相结合，能够得出规划实施和建设带来的生态服务功能的丧失情况。生态足迹分析法可以计算不同尺度、不同对象的生态足迹，对它们的足迹进行纵向的、横向的比较分析。通过引入生态生产性土地的概念，实现对各种自然资源的统一描述，引入等价因子和生产力系数，进一步实现各国各地区各类生态生产性土地的可加性和可比性。景观生态学评价是在分析景观空间结构的基础上，从景观的角度来评价规划可能对生态环境造成的影响。生态功能分区评价是依据区域生态环境敏感性、生态服务功能重要性以及生态环境特征的相似性和差异性进行地理空间分区，可更深入地分析规划空间布局的环境合理性，通过协调性分析，发现城市规划中存在的问题。

目前，各种评价方法都在评价过程中采用了 GIS 技术，运用 GIS 技术进行生态环境影响评价已成为一种主要趋势。而且，关于生态功能区划与生态承载力在战略环境影响评价中和规划环评的应用也越来越广泛。

本书接下来根据生态学理论，重点介绍三种生态学评价方法，即生态系统服务功能价值评估、生态适宜性分析以及生态系统健康评价方法在规划环评中的应用及案例研究。

4.6.2 规划环评中主要的生态学评价方法

1. 生态系统服务功能价值评估

1）生态系统服务功能概述

生态系统服务概念在 20 世纪 60 年代第一次被使用。70 年代初，“关键环境问题研究报告”（SCEP）提出了生态系统的服务功能，并列出自然生态系统的“环境服务功能”。Holdren（1974）以及 Ehrlich P R 和 Ehrlich A H（1981）将其拓展为“全球环境服务功能”，随后 Ehrlich(1983) 又提出“全球生态系统公共服务功能”，后来逐渐演化成“自然服务功能”，最后由 Ehrlich 将其确定为“生态系统服务”。

生态系统服务功能是指生态系统与生态过程所形成及维持的人类赖以生存的自然环境条件与效用，其重要性在于能为人类提供食物及其他工农业生产原料，更重要的是支撑与维持了地球的生命支持系统。生态系统服务功能主要包括两大部分：一类是生态系统产品，如食品、原材料、能源等；另一类是对人类生存及生活质量有贡献的生态系统功能，如调节气候及涵养水源、保持土壤、支持生命的自然环境条件等。生态系统服务功能的内涵可以包括有机质的合成与生产、生物多样性的产生与维持、调节气候、营养物质贮存与循环、土壤肥力的更新与维持、环境净化与有害有毒物质的降解、植物花粉的传播与种子的扩散、有害生物的控制、减轻自然灾害等方面。

Costanza 等指出生态系统的服务价值直接或间接地为人类的福利作出巨大贡献，并将全球生态系统类型划分为海洋、森林、草原、湿地、水面、荒漠、农田、城市等 16 大类 26 小类。生态系统服务功能划分为气候调节、水调节、控制水土流失、物质循环、污染净化、娱乐、文化价值等 17 种功能。

2）生态系统服务功能价值评估方法

生态系统服务功能的评价工作始于 20 世纪 60 年代，日本开展了森林功能经济价值评价工作，应用替代成本法对生态系统的服务功能进行了评价。之后，出现了许多具体的评价方法。根据生态经济学、环境经济学和资源经济学的研究成果，目前生态系统服务功能较为常用的评估方法主要分为四类：直接市场法、非市场价值评估法、模拟市场价值法、团体商议法。

直接市场法又称市场价值评估法，它是先定量地评价某种生态服务功能的效果，再根据这些效果的市场价格来估计其经济价值。一般包括费用支出法、市场价值法、机会成本法、恢复和防护费用法、影子工程法、人力资本法等。

非市场价值评估法主要采用替代成本法、旅行费用法等来评估生态系统服务的支付愿望或失去这些服务的补偿意愿。一般包括旅行费用法和享乐价值法。

模拟市场价值法主要用于评估通过假想市场体现的生态系统服务，通过描述不同状况，进行调查问卷，综合所有消费者的支付意愿与净支付意愿，得到环境商品的经济价值。包括条件价值法等。

团体商议法是指通过公平、公正的讨论程序，不同的社会团体聚集一起讨论公共物品的经济价值，讨论结果可以用来指导环境政策的制定。

由于生态系统服务价值评估的方法各有利弊，在进行评价时，需要根据不同的对象来选择，选择时注意时空尺度的转换。

3）生态系统服务功能价值评估在规划环评中的应用

关于生态系统服务的应用，国内外很多学者都进行了研究。在规划环评中，对生态服务功能进行研究评价的技术路线为：首先，从分析基础资料入手，包括规划区域的生态现状，规划中涉及生态的部分；其次，确定规划可能造成的生态影响，同时建立评价指标体系以及相应的评估方法；再次，在此基础上对规划区现有的和规划实施后的生态系统服务功能进行计算；最后，通过对比各项及总的服务功能价值的变化，分析规划所造成的影响，进而提出具体的保护方案和规划的推荐修改方案，在反复的方案修改上最终得出评价结论。

生态系统服务功能价值评估尤其适用于土地利用规划及城市规划、交通规划等环评，通过分析规划前后的区域生态服务功能总价值变化情况，作为对该规划环评的综合性评价结论，并将评价结论反馈至规划并调整规划。从规划的角度来看，规划造成的生态影响主要来源于土地利用的变化，进而造成生态系统总面积、单元构成以及各部分比例的改变。规划环评中应用生态系统服务功能来考察生态影响，应该把重点放在对土地利用改变具有敏感性的服务功能上。

2. 生态适宜性分析

1）土地生态适宜性分析概述

规划环评中所涉及的生态适宜性分析大多是指土地的生态适宜性。土地适宜性(land use suitability)分析由美国宾夕法尼亚大学麦克哈格(I. L. McHarg)教授提出，他认为“土地生态适宜性是指由土地具有的水文、地理、地形、地质、生物、人文等特征所决定的，土地对特定、持续性用途的固有适宜性程度。因此，土地生态适宜性只有与特定用途相联系才具有意义”。规划环评中开展的土地生态适宜性，是指某一特定地块的土地对于某一特定使用方式的适宜程度。土地适宜性分析，就是指确定特定地块对某种特定使用方式适宜性的过程(江中秒，2006)。

土地生态适宜性分析是环评中一个重要部分，是在调查社会和自然环境要素资料并加以分析的基础上，对范围内土地资源规划布局合理性进行的评价。它不仅可以提供区域环境的相对发展潜力和承载能力，指导区域生态环境功能区的划分，而且可建成合理的土地利用结构、适宜的土地利用空间布局以及具有较高土地利用率和最佳综合效益的土地利用模式。

土地利用规划的环评是在规划方案形成的时候参与其中的，从生态环境保护和建设的角度出发，分析规划方案可能引发的积极影响和消极影响，从而改善规划方案。其目的不是在规划实施后从技术角度减缓不利环境影响，而是从源头减少产生不利影响的可能性。将土地生态适宜性分析引入土地利用规划环评的前期研究当中，为规划环评过程中对土地利用方式和空间布局的评价提供了科学依据。

2）土地生态适宜性分析方法

现在适宜性分析的应用方法随着计算机应用技术的提高取得了长足的发展。在土地适宜性分析过程中主要的应用方法包括：AHP 法、专家辅助决策法、基于

GIS 的空间分析方法。

AHP 法是基于系统论中系统的层次性原理建立起来的，它遵循认识事物的规律，有意识地将复杂问题分解成若干层次，逐步分析比较，把人的主观判断用数量形式来表达和处理，是一种比较科学的定性分析与定量分析相结合的多因素评价方法，已广泛应用于土地评价工作，用以提高评价结果的可靠性和科学性。应用 AHP 法计算指标权重系数，实际上是建立在有序递阶指标系统的基础上，通过指标之间的两两比较，对系统中各指标予以优劣评判，并利用这种评判结果来综合计算各指标的权重系数。

专家辅助决策法是依土地利用规划结果和各业对土地资源的要求，借助各个阶层专家的丰富知识和实践经验，制定一系列的规则，在地理信息系统的支持下按照土地适宜性分层次进行规则匹配的一种方法。首先满足用地要求较高的，直至达到优化值,然后进行下一项,依此类推，将规划结果通过规则匹配，一一落实到地块上,从而实现土地资源的空间布局。

一般在评价过程中，都是将以上两种方法与基于 GIS 的空间分析相结合，进而得出生态适宜性综合评价值。

3）土地生态适宜性分析的过程

原国家环境保护总局于 2003 年 8 月 1 日颁布实施的《开发区区域环境影响评价技术导则》（HJ/T131—2003）明确指出，在开发区域环评中，生态适宜度评价采用三级指标体系，但是导则中没有给出标准的指标体系。我们可以利用 GIS 支持下的叠加图法进行环境影响识别，确定评价指标，进行指标加权和单项指标分级评分，在此基础上进行各种土地利用方式的综合评价。

土地适宜性分析与评价的主要步骤包括：规划区域内生态资源的调研与登记；选择影响特定土地利用的生态因子，建立评价集；单因子分级评分，绘制单因子图；利用层次分析法确定各因子所占权重，求取评价结果；确定生态适宜度分级标准；编制生态适宜度图；评析分析结果，确定土地开发、生态保护和建设的适宜方向。生态适宜性分析是在生态敏感性分析的基础上进行的，对生态敏感性分析中不适合纳入城市建设用地的生态敏感区，将不计入生态适宜度评价的区域范围，具体步骤如下：

（1）生态资源调研是土地适宜性分析的基础，目的是收集与规划有关的自然、社会、经济等要素信息。影响土地适宜性的因素有很多，由于很难完全收集，而且其中一些要素对土地适宜性的影响很小，需要在相关专家的指导下选取一些主导因子，选取的主导因子应该对土地适宜性的影响较大，并且能准确反映土地质量的内在差异。

在具体的规划中可以根据用地现状、开发目标、开发性质等进行因子选择。选择因子的原则是从生态资源调研目的、内容及规划的功能要求出发，从调查前期获得的要素基础资料中，依据对土地利用方式的影响显著性及资料的可利用性筛选。这一步所做的是根据空间分析目标的要求，选择空间分析要素的工作。选择生态因子进行评价时，可以采用层级法，即由基础因子组合成层级结构分类选择。还可以采用代表法，即在每一类因子中选择最具代表性、最能反映生态资源情况的因子。确定所选择的层级因子结构或各类代表因子后，建立因子评价集。

(2) 选择的因子中，各因子对土地利用和自然资源的影响程度不尽相同，因此，应该根据影响程度赋予不同的权值，影响大的因子赋予较大的权值。这一过程可采用层次分析法确定各因子的权重。

(3) 在标准和权重确定的前提下，求取生态适宜性综合评价值，然后根据区域空间分析的目的，对结果进行再处理、聚类，划分出若干类具有不同适宜度的用地。等级的划分和命名没有统一的标准，经研究发现，国家相关规定一般将其划分为四个等级，如 2003 年实施的《开发区区域环境影响评价技术导则》将区域的生态适宜性划分为很适宜、适宜、基本适宜、不适宜开发四个级别；2006 年“十一五”规划也提出将国土空间划分为优化开发、重点开发、限制开发和禁止开发四个级别。

然而，在实践中一般可划分为五类，即最适宜生态用地、较适宜生态用地、基本适宜生态用地、较不适宜生态用地、不适宜。每类用地的具体含义为：①最适宜生态用地。表示该地区最适宜自然生境生长，为不应或不可建设区域。②较适宜生态用地。表示该地区比较适宜自然生境生长，为不适宜建设区域。③基本适宜生态用地。表示该地区基本适宜自然生境生长，为基本适宜建设区域。④较不适宜生态用地。表示该地区较不适宜自然生境生长，为较适宜建设区域。⑤不适宜生态用地。表示该地区不适宜自然生境生长，为最适宜建设区域。

(4) 最后，根据 GIS 的计算结果，生成综合生态适宜图，将计算结果直观地反映在图形中，同时根据图形的数据属性建立规划区域土地的生态适宜度模型。土地生态分析的结果显示出土地分为不同的生态区域，可以为土地的合理配置和有序开发提供科学依据。

3. 生态系统健康评价

1) 生态系统健康评价概述

生态系统健康是以符合适宜的目标为标准来定义的一个生态系统的状态、条件或表现，包含两方面内涵：满足人类社会合理要求的能力和生态系统本身自我维持与更新的能力。

国外对生态系统健康的评价一般从以下四个方面入手：生物学范畴、社会经济范畴、人类健康范畴和社会公共政策范畴。这四方面结合在一起构成一个完整的体系(梁喜波，2008)。

(1) 从生物学角度评价生态系统健康，主要包括物质循环、能量流动、生物多样性、有毒物质的循环与隔离、生物栖息地的多样性等方面。其中很有意义的是有关初级生产力下降、生物多样性减少及疾病爆发率上升等生态系统失调症状的研究。

(2) 从社会经济角度来看，生态系统的健康直接关系经济发展，影响人类社会的福利，而且可以体现全球的经济价值，而社会经济指标集中反映了生态系统满足人类生存与社会经济可持续发展对环境质量的要求。

(3) 健康的生态系统能够维持人类的健康，可以为人类提供清洁的空气，分解、吸收废弃物等。没有健康的环境就不可能有真正的人类健康，近年由于环境恶化，人类健康已经受到威胁。

(4) 公共政策是处理自然系统与人类关系的中介，健康的生态系统必须有一套能够有效协调人类与自然关系的政策体系，由于生态系统的服务功能不能完全市场化，因此，在制定政策时，往往不能得到足够地重视。现在，许多国家和地区已经意识到生态系统健康的重要，在制定一系列环境政策时，已考虑如何体现对生态系统健康的保护与管理。

2) 城市生态系统健康评价模型

目前，规划环评中涉及的生态系统健康评价，大多是指城市生态系统健康评价。有关生态系统健康评价的方法很多，但是考虑到城市生态系统是一个综合性很强的系统，且城市生态系统健康状况的好坏是相对于标准值而言的，生态系统健康与否只是一个相对概念，可以作为一个模糊问题来处理。模糊数学方法的基本思想是应用模糊关系合成的原理，根据被评价对象本身存在的性态或隶属上的亦此亦彼性，从数量上对其所属成分给以刻画和描述。采用模糊数学方法拟定的生态系统健康评价模型为

$$H=W\cdot R$$

式中，H 为城市生态系统健康诊断结果；W 为 5 个健康评价要素(活力、组织结构、恢复力、服务功能、人群健康)对总体健康程度的权矩阵，$W=\left(w_1,w_2,\cdots,w_5\right)$；$R$ 为各生态系统健康评价要素对各级健康标准的隶属度矩阵。

$$R=\begin{pmatrix} R_{11} & R_{12} & R_{13} & R_{14} & R_{15} \\ R_{21} & R_{22} & R_{23} & R_{24} & R_{25} \\ R_{31} & R_{32} & R_{33} & R_{34} & R_{35} \\ R_{41} & R_{42} & R_{43} & R_{44} & R_{45} \\ R_{51} & R_{52} & R_{53} & R_{54} & R_{55} \end{pmatrix}$$，R_{ij} 为第 i 个要素对第 j 级标准的隶属度；

$$R_{ij} = \begin{pmatrix} w_{i1} & w_{i2} & \cdots & w_{ik} \end{pmatrix} \begin{pmatrix} r_{1j} \\ r_{2j} \\ \vdots \\ r_{kj} \end{pmatrix}$$，k 为各评价要素所包含的指标个数。

设 $w' = (w_{i1},\ w_{i2},\ \cdots,\ w_{ik})$，$w_{ik}$ 为第 i 要素中第 k 个指标对本要素的权重。

目前确定权重的方法大致可分为两类：一类是主观赋权法，如层次分析法和德尔菲法等，多是采用综合咨询评分的定性方法；另一类是客观赋权法，即根据各指标间的相关关系或各指标的变异程度来确定权重，避免人为因素带来的偏差，如主成分分析法和因子分析法等。w 与 w'的权重分别采用主观赋权法和主成分分析法确定。

r_{kj} 为第 k 个指标对第 j 级标准的相对隶属度，相对隶属度的计算是模糊数学方法的关键，其计算公式对正向指标(指标值越大，健康程度越高)和负向指标(指标值越小，健康程度越高)有所不同。对正向指标而言，其计算公式如下(以第 i 项指标 x_i 为例，s_{ij} 为第 i 项指标的第 j 级健康标准)：

(1) 当第 i 项指标 x_i 的实际值小于其对应的第 1 级标准值(很不健康)时，它对“很不健康”的隶属度为 1，而对其他健康级别的隶属度为 0，即

当 $x_i < s_{i,1}$ 时，$r_{i1} = 1$，$r_{i2} = r_{i3} = r_{i4} = r_{i5} = 0$。

(2) 当第 i 项指标 x_i 的实际值小于其对应的第 j 级和第 $(j+1)$ 级健康程度标准值之间时，它对第 $j+1$ 级健康程度的隶属度为 $r_{i,j+1} = \dfrac{x_i - s_{i,j}}{s_{i,j+1} - s_{i,j}}$，对第 j 级健康程度的隶属度为 $1 - \dfrac{x_i - s_{i,j}}{s_{i,j+1} - s_{i,j}}$，而对其他健康程度的隶属度为 0，即

当 $s_{i,j} \leqslant x_i \leqslant s_{i,j+1}$ 时，$r_{i,j+1} = 1 - \dfrac{x_i - s_{i,j}}{s_{i,j+1} - s_{i,j}}$，$r_{i,j} = 1 - r_{i,j+1}$，$j$=1，2，3，4。

(3) 当第 i 项指标 x_i 的实际值大于其对应的第 5 级健康级别标准值(很健康)时，它对“很健康”的隶属度为 1，而对其他健康程度的隶属度为 0，即

当 $x_i > s_{i,5}$ 时，$r_{i5} = 1$，$r_{i1} = r_{i2} = r_{i3} = r_{i4} = 0$。

对负向指标隶属度的计算方法与此类似，其计算公式如下(以第 i 项指标 x_i 为例，$s_{i,j}$ 为第 i 项指标的第 j 级健康级别标准)：

(1) 当 $x_i > s_{i,1}$ 时，$r_{i1} = 1$，$r_{i2} = r_{i3} = r_{i4} = r_{i5} = 0$。

(2) 当 $s_{i,j} \geqslant x_i \geqslant s_{i,j+1}$ 时，$r_{i,j+1} = \dfrac{x_i - s_{i,j}}{s_{i,j+1} - s_{i,j}}$，$r_{i,j} = 1 - r_{i,j+1}$，$j$=1，2，3，4。

(3) 当 $x_i < s_{i,5}$ 时，$r_{i5} = 1$，$r_{i1} = r_{i2} = r_{i3} = r_{i4} = 0$。

经过计算，得出生态系统健康评价值，可根据评价值分为几种健康状态：疾病、亚病态、亚健康、健康、很健康。得出其健康状态后，分析规划实施的经济活动是否适宜开展，或者提出减缓规划实施导致生态系统向不健康状态发展的调整建议及措施。

3）城市生态系统健康评价指标体系

生态系统健康评价首先也是要建立评价指标体系，大多从生态系统的活力、组织结构、恢复力、生态系统服务功能、人类健康状况及教育水平等五个要素出发，也有按照其他分类方法来设置指标体系的。结合评价区域的实际情况，对每一评价要素采用最具代表性的指标，采用专家咨询法和层次分析法等确定指标的权重，构成评价区生态系统健康评价的指标体系。由于生态系统具有多变量的特性，而且每个城市具有各自的生态特征，因此衡量生态系统健康的指标和标准也应具有动态性。指标体系建立之后，确定各指标的分级标准及各标准的区间范围，之后，选用合适的评价模型来计算健康评价结果。

参考国内外公认的健康城市、生态城市、国际化大都市标准,以及国内的园林城市、环保模范城市的建议值作为很健康的标准值(宋永昌等，1999；鲁敏和李英杰，2005；胡廷兰等，2005)，以全国最低值为病态的限定值,在前者基础上向下浮动 20%作为健康和亚健康的划分标准值，在后者基础上向上浮动 20%作为不健康和亚健康的划分标准值,前后两次确定的亚健康标准值相互调整得到最终值(曾勇等，2005)。根据以上所述指标体系和评价标准如表 4-36 所示。

表 4-36　城市生态系统健康评价指标体系及评价标准

指标层	分目标	评价指标	病态	不健康	亚健康	较健康	很健康
结构功能	活力	人均 GDP/万元	<3	3~5	5~10	10~20	>20
		万元 GDP 能耗/(吨/标准煤)	>1.75	1.7~1.25	1.2~0.85	0.85~0.5	<0.5
		人口自然增长率/%	>11.2	11.2~9.6	9.6~8	8~5	<5
	结构	第三产业占 GDP 比例/%	<40	40~50	50~60	60~80	>80
		高新技术产业占 GDP 比例/%	<15	15~25	25~30	30~35	>35
		自然保护区覆盖率/%	<8	8~12	12~15	15~20	>20
		森林覆盖率/%	<20	20~30	30~40	40~50	>50
		建成区绿地覆盖率/%	<20	20~30	30~45	45~50	>50
	功能	万人拥有公交车辆/台	<10	10~16	16~22	22~30	>30
		万人拥有医生人数/人	<20	20~30	30~40	40~50	>50
		百人拥有电话数/部	<60	60~100	100~150	150~180	>180

续表

指标层	分目标	评价指标	病态	不健康	亚健康	较健康	很健康
可持续利用能力	环境	工业废水达标率/%	<70	70~75	75~85	85~95	95~100
		工业固废综合利用率/%	<30	30~50	50~70	70~90	90~100
		饮用水源水质达标率/%	<50	50~65	65~85	85~95	95~100
		区域环境噪声平均值/dB	>75	75~60	60~50	50~45	<45
		城市道路交通噪声平均值/dB	>90	90~75	75~60	60~55	<55
	经济	总资产贡献率/%	<10	10~15	15~20	20~30	>30
		环保投入占 GDP 比例/%	<1.5	1.5~2	2.0~3.0	3.0~5.0	>5.0
		科教经费占 GDP 比例/%	<3	3~5	5~7	7~10	>10
	社会	城市人口失业率/%	>4.2	4.2~3.6	3.6~3.0	3.0~1.2	<1.2
		城市用水普及率/%	<65	65~75	75~85	85~95	95~100
		城市燃气普及率/%	<65	65~75	75~80	80~90	90~100
动态变化	人类活动	每平方公里城市人口密度/万人	>0.25	0.25~0.2	0.2~0.15	0.15~0.11	<0.11
		居民人均住房面积/m^2	<20	20~28	28~35	35~40	>40
		建成区人均公共绿地面积/m^2	<7	7~10	10~16	16~20	>20
		人均道路面积/km^2	<10	10~15	15~20	20~28	>28
		人均生活日用水量/L	<120	120~180	180~240	240~300	>300
		恩格尔系数/%	>40	40~35	35~30	30~25	<25
	人群健康	婴儿死亡率/%	>15	15~12	12~10	10~8	<8
		人均期望寿命/岁	<68	68~73	73~78	78~80	>80
		人口平均受教育年限/年	<7	7~9	9~14	14~16	>16
		万人拥有高等学历人数/人	<360	360~580	580~1000	1000~1500	>1500

4.6.3　案例分析——生态学方法在规划环境评价中的应用

1. 生态系统服务功能价值评估——以天津滨海新区土地利用总体规划环评为例

规划区天津滨海新区位于华北平原北部，山东半岛与辽东半岛交汇点上、海河流域下游、天津中心区的东面，渤海湾顶端，濒临渤海，北与河北丰南为邻，南与河北黄骅为界。紧紧依托北京、天津两大直辖市，拥有中国最大的人工港、最具潜力的消费市场和最完善的城市配套设施。滨海新区自然资源丰富，有大量开发成本低廉的荒地和滩涂，有丰富的石油、天然气、原盐、地势、海洋资源等，同时拥有雄厚的工业基础，是国内外公认的发展现代化工业的理想区域。

滨海新区拥有海岸线 153km，陆域面积 2270km^2，海域面积 3000km^2。规划

面积 $2270km^2$，包括：①三个功能区，即天津港、开发区、保税区全部；②三个行政区，即塘沽区、汉沽区、大港区城区部分；③海河下游冶金工业区，即东丽区无瑕街、津南区葛沽镇。

案例中土地利用现状及规划数据均收集自天津滨海新区土地利用总体规划(2005~2020 年)文本。

1）土地利用变化情况

案例中首先引进了土地利用类型动态度(K)来描述规划区内各类型土地的变化情况，即研究区一定时间范围内某种土地利用类型数量的变化情况，应用的公式为

$$K=\frac{U_a-U_b}{U_a}\times\frac{1}{T}\times 100\%$$

式中，U_a、U_b 分别为研究初期及研究末期某一种土地利用类型的数量；T 为研究时段；当 T 的时段设定为年时，K 值就是该研究区域某种土地利用类型年变化率。

由表 4-37 可知 2004~2020 年规划区的各类型土地利用变化情况。土地利用变化的总体趋势是：农田面积、湿地、耕地、水体面积减少，建筑用地面积、未利用地面积和林地面积增加。

表 4-37　规划区各类土地利用变化表

土地利用类型	2004 年面积/hm^2	2020 年面积/hm^2	期间面积净增减/hm^2	动态度/%
农用地	23 148	14 400	−8 748	2.362
建筑用地	121 110	136 740	15 630	−0.806 6
未利用地	33 160	50 440	17 280	−3.256 9
湿地	30 827	23 400	−7 427	1.505 8
林地	470	3 170	2 700	−35.904 3
耕地	30 910	14 900	−16 010	3.237 2
水体	19 720	15 750	−3 970	1.258 2

2）生态系统服务价值系数

利用区域卫星航片资料或者统计资料对区域生态系统进行分类，并分别计算其面积。单位面积生态系统服务价值的估算方法国际上的做法是，综合不同地区的研究，统计归纳出主要生态系统单位面积的服务价值。本案例是在分析本地生态系统状况的基础上，选取 Costanza 和谢高地等给出的单位生态系统价值参数中适合本地的参数。

计算模式如下：

$$\mathrm{ESV}=\sum_{i=1}^{n}(P_i\times A_i)$$

$$P_i = \sum_{j=1}^{k} F_{ij}$$

式中，ESV 为区域生态系统服务总价值(元)；P_i 为第 i 类生态系统的单位面积生态系统服务功能价值(元/hm^2)，i=1–n；A_i 为第 i 类生态系统的分布面积(hm^2)，i=1–n；F_{ij} 为第 i 类生态系统中第 j 类生态系统服务功能的单位面积价值，根据 Costanza 等的分类，j 取 1~17，根据谢高地等的分类，j 取 1~9。

参数选取见表 4-38。

表 4-38　中国不同态系统单位面积生态服务价值　(单位：元/hm^2)

服务功能	农田	森林	湿地	草地	水体	荒漠
气体调节	442.4	3 097.0	1 592.7	707.9	0.0	0.0
气候调节	787.5	2 389.1	15 130.9	796.4	407.0	0.0
水源涵养	530.9	2 831.5	13 715.2	707.9	18 033.2	26.5
土壤形成与保护	1 291.9	3 450.9	1 513.1	1 725.5	8.8	17.7
废物处理	1 451.2	1 159.2	16 086.6	1 159.2	16 086.6	8.8
生物多样性保护	628.2	2 884.6	2 212.2	964.5	2 203.3	300.8
食物生产	884.9	88.5	265.5	265.5	88.5	8.8
原材料	88.5	2 300.6	61.9	44.2	8.8	0.0
娱乐文化	8.8	1 132.6	4 910.9	35.4	3 840.2	8.8

对表 4-38 中不同土地利用类型各项功能的服务价值进行加和，得到我国平均状态下一级生态系统服务价值系数，如表 4-39 所示。

表 4-39　生态系统服务价值系数　(单位：元/hm^2)

土地覆盖类型	农田	森林	湿地	草地	水体	荒漠	城市工矿
生态价值系数	6 114.3	19 334	55 489	6 406.5	40 676.4	371.4	0

注：城市工矿的价值系数采用的是 Costanza 等的系数

3）规划区生态系统价值变化

通过上面计算，2004~2020 年规划区生态系统价值变化见表 4-40，规划实施后区域总生态价值比 2004 年减少了 57 488.32 万元，说明规划从生态系统价值理论角度还存在一定问题，需要进一步修订。生态建设中对于生态区化的策略，符合各个地区自然概况及生态系统特征。

造成生态系统价值减少的主要原因是建成区(包括建筑、交通、居民地等社会用地)对农用地、湿地、水体、耕地的占用。虽然林地面积有所增加，但是不足以提高总的生态价值，随着经济的增长，建成区面积的增长有一定的必然性，但是太多地占用农用地和耕地等，会对生态系统造成不可逆转的负面影响，应该在规划中提出减缓措施。

表 4-40　2004~2020 年规划区土地生态系统服务价值变化

土地利用类型	农业用地	建筑用地	湿地	林地	水体	合计
单位面积价值/(元/hm^2)	6 114.3	0	55 489	19 344	40 676.4	
2004 年面积/hm^2	23 148	121 110	30 827	470	19 720	
2004 年生态价值/万元	14 153.38	0	171 055.94	908.70	80 213.86	
2020 年面积/hm^2	14 400	136 740	23 400	3 170	15 750	
2020 年生态价值/万元	8 804.59	0	129 844.26	6 128.88	64 065.33	
增减面积/hm^2	−8 748	15 630	−7 427	2 700	−3 970	
生态价值增减量/万元	−5 348.79	0	−41 211.68	5 220.18	−16 148.53	−5 7488.32

规划中指出的“调整现有自然保护区核心区内的耕地和建设用地，逐步实施还林、还草，控制自然保护区控制区、实验区内土地的过度开发利用”有利于生态环境的恢复，提高总体生态系统价值。

林地是规划文本中所说的原有林地保留量及新增防护林，另外规划中提到的农用地和谢高地所指的农田也存在一定的差别，因此计算结果难免会有一些误差。

2. 生态适宜性分析——以北京市昌平区战略环评为例

1）分析方法

昌平区土地利用生态适宜性采用的是基于 ArcGIS 空间分析功能的加权因子叠加评价法，评价过程包括构建指标体系、确定因子权重、生态类型赋值、栅格叠加计算和综合评价等步骤。

(1) 建立评价指标体系。

在充分调查了解昌平区用地现状和自然生态环境特点的基础上，咨询相关专家的建议，分析了影响城市发展的主要因素，并参考 McHarg 对土地生态适宜性的定义和国内外已有的研究成果，选取区域内的工程地质条件、地形地貌特点、水文河流分布、自然生态保护和人类人为影响等因素作为一级生态因子(准则层)，然后结合评价区域的实际情况，细化分析出二级因子(指标层)，构建了符合层次结构模型的生态适宜性指标体系，如图 4-35 所示。

(2) 分析影响因子。

影响因子的分析主要包括对各因子进行等级划分，确定因子权重。为了较好地反映土地生态环境类型与土地生态适宜性的关系，便于定量计算，根据各生态类型的土地建设适宜性程度，将生态类型信息等级化、数量化。根据单因子评价结论对生态因子进行赋值，生态类型越适宜于建设，其得分越高。经过广泛的专家咨询和实际调研，本次战略环评将分值取为 0~4。

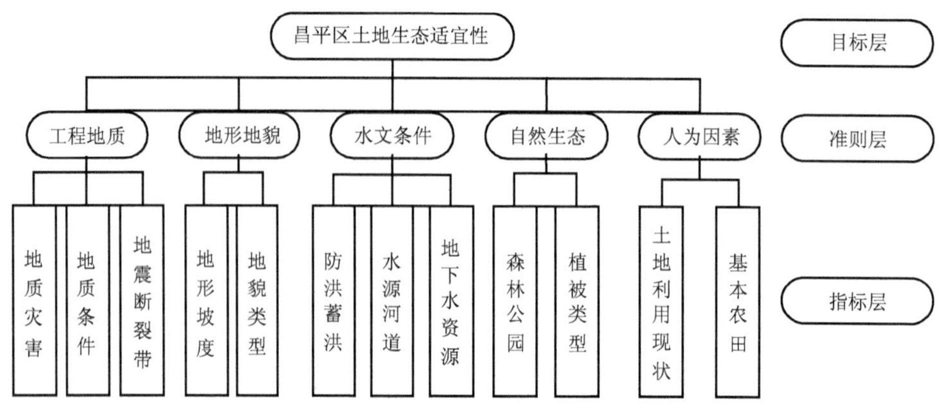

图 4-35　昌平区土地利用生态适宜性评价指标体系

结合昌平区的实际情况，运用层次分析法构造判断矩阵，对各评价因子重要性进行两两比较，根据排序原理确定各个评价因子的权重。

(3) 评价土地利用生态适宜性。

确定了各项因子的等级和权重后，将各因子图层在 GIS 中按照相应权重进行叠加处理，得到最小图斑作为评价单元，每个评价单元得分值即为其综合适宜性分值。

在实际的适宜性分析工作中，由于计价指标中的各因子是相互独立的，在 GIS 下进行图形空间叠加时，某些评价单元的生态指标适宜性分值为 0，即为禁止建设区，但是其他评价指标(如区位条件较好，土地利用程度较大)均适宜，适宜性分值较高，其最终得到的评价结果便为非禁止建设区。这样的结果与生态环境保护的要求是相违背的。为避免出现这样的结论，在 GIS 下经过图形空间叠加而得到最小评价单元后，对该单元的各分项得分进行加权求和时，只要该单元的某一单项得分为 0，则该单元的综合生态适宜性得分即为 0，不再进行加权求和计算。只有当该评价单元的所有单项得分均不为 0 时，该单元方可进行加权求和计算。这样，综合生态适宜性分值计算公式即为

$$\begin{cases} S = 0, & V_k = 0 \\ S = \sum_{k=1}^{n} W_k \times V_k, & V_k \neq 0 \end{cases}$$

式中，S 为评定单元综合评价分值(建设适宜性值)；n 为评价因子数；W_k 为第 k

个评价因子的权重；V_k 为第 k 个评价因子的量化分值。

2）技术路线

昌平区土地利用的生态适宜性分析技术路线如图 4-36 所示。

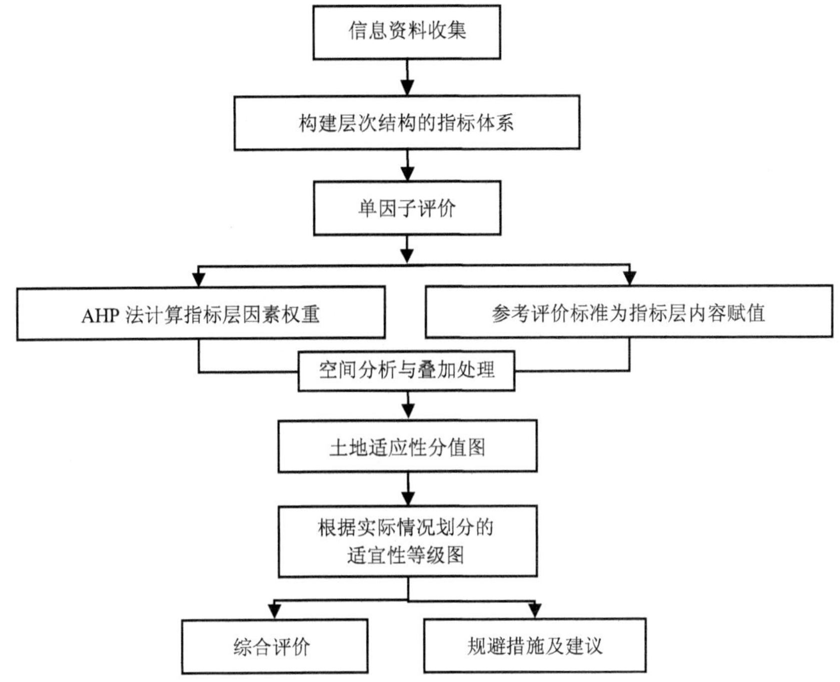

图 4-36　昌平区土地利用生态适宜性评价技术路线

3）指标因子分析

通过分析，得出昌平区土地利用生态适宜性单因子评价情况，见表 4-41。

表 4-41　昌平区土地利用生态适宜性单因子评价表

评价因子	指标	评价因子情况
工程地质	地质灾害、水土流失、工程地质条件和断裂带分布	应尽量选择水土流失较微弱，泥石流等地质灾害发生可能性较小的地区，尽量避开活动断裂带进行城市建设
地形地貌	地貌类型和地形坡度等	通常平缓地形有利于城市建设和发展，既节约建设投资，又有利于布局，而山地地区的开发建设则需要更大的经济投资和工程措施，城镇形态和发展方向也受到限制
水文条件	防洪泄洪区、地表水保护区、地下水保护区和水源河道等	地表水域有利于改善城市空间景观环境、调节城市温度湿度,同时也是城市易被污染的环境因子。土地的建设和开发对附近的水域生态环境有很大影响。原则上,开发用地应尽可能远离水域,以免造成对水域生态系统的破坏和水体的污染。防洪泄洪区担负着地区发生水火等灾害时的排洪泄洪功能，应尽量避开在调蓄区及其附近范围进行建设项目的开发

续表

评价因子	指标	评价因子情况
自然生态	森林公园及植被类型分布区等	森林公园保护区不仅具有景观功能，还可发挥多种正面生态效应。对自然保护区的核心区应严格保护，禁止开发建设，缓冲区应禁止进行科学研究以外的活动。不同的植被类型具有不同的生态敏感性，应区别对待进行开发
基本农田	基本农田分布	我国制定了严格的基本农田保护制度，禁止除国家能源、交通、水利和军事设施等重点建设项目以外的建设活动

4）土地利用生态适宜性分析结果

根据上述的单因子分析结果，对其进行加权计算，得出区域每一地块的生态适宜性分值，见图 4-37。将综合计算结果运用 Natural Breaks (Jenks) 分类方法，咨询专家意见，充分考虑昌平区的实际建设情况和长期规划，取 2.21、2.78、3.50 作为划分适宜性级别的分类阈值，将昌平区土地利用的生态适宜性分为 4 个等级：

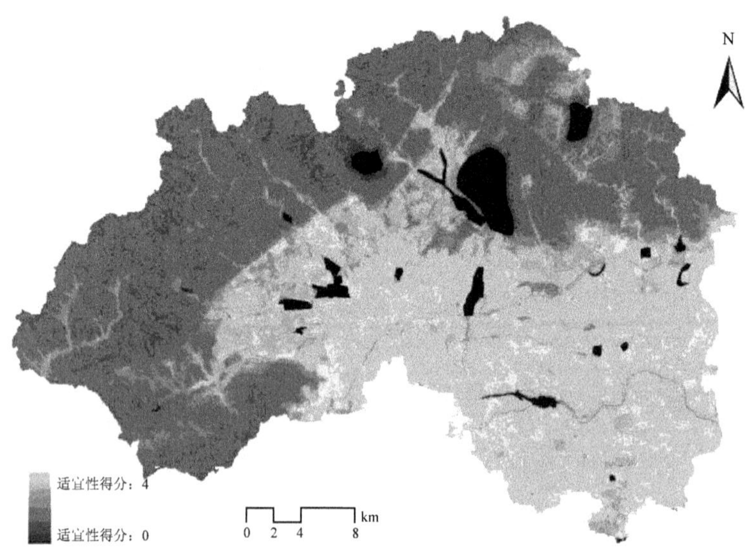

图 4-37　昌平区土地利用生态适宜性分值

（1）适宜建设区域：3.50~4.00。

（2）较适宜建设区域：2.78~3.50。

（3）较不适宜建设区域：2.21~2.78。

（4）不适宜建设区域：0~2.21。

应用 ArcGIS 软件进行用地分析，将零碎的地块归类到邻近类别中，得到土地利用的生态适宜性综合评价结果，见图 4-38。

5）分析结论

由图 4-38 的生态适宜性分区图可以看出，昌平区超过一半的土地适宜性较差，主要分布在西部和北部坡度较陡、海拔较高的山区，也包括东南平原地区的河道、水库、森林公园保护区及其周边地区。其中，不适宜开发的土地面积约占昌平区总面积的 53.63%，较不适宜开发的土地面积占 6.53%。上述区域内不应进行大规模开发建设，在区域内应加强保护生态环境，控制城市开发建设。较适宜开发的地区主要分布在山地外围坡度稍缓的地区和东南部平原上，面积约占总面积的 11.66%，可在这些区域进行适度开发建设，并根据限制因素制定相应的防护措施。其余地区为适宜建设用地，是城市开发的优先考虑地区，建设成本相对较低，受生态环境因素的制约相对较少。

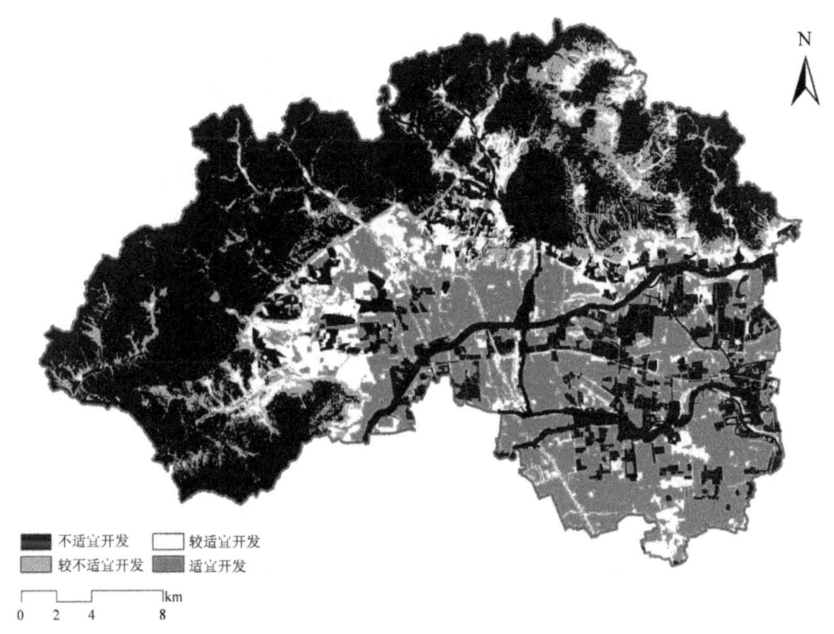

图 4-38　昌平区土地利用生态适宜性分区

对于较不适宜的建设用地以及单因子中适宜性较差的土地，针对不同的限制条件，采取相应的规避措施，如表 4-42 所示。

表 4-42　较不适宜建设土地可采取的规避措施

限制因子	规避措施
断裂带	两侧预留 100m 避让距离，或提高建筑物的抗震标准
地貌	200m 高程以上土地加强绿化工作，避免大规模建设
坡度	坡度 15°以上地区避免开发建设，加强绿化，增强固土防冲能力，减少水土流失
水源河道、水库	周边预留一定范围的缓冲带，建设绿化带，禁止污水直排

续表

限制因子	规避措施
蓄滞洪区	洪水淹没区域避免城镇开发建设，根据相关防洪标准建设防洪堤
森林公园	区域内部禁止进行科学研究以外的活动，外部缓冲区建设活动须执行相应环境标准
基本农田	禁止除国家重点建设项目以外的建设活动，当占用基本农田时，应根据相关规定置换

4.6.4 结论与展望

(1) 生态系统服务功能价值作为规划环评中的一项量化指标，适合于空间特点的规划，对土地利用变化的生态环境影响进行综合分析。生态系统服务功能价值核算方法的引进，对土地利用规划环境影响评价技术方法体系发展、完善具有重要的理论意义和应用价值。生态系统服务价值方法的优点在于简单实用，资料易于获得，其计算结果既能反映环境影响的现状，又能体现评价环境影响的变化趋势。缺点在于计算结果往往反映的是生态服务价值的理想值，没有考虑人类社会经济活动的改变对生态服务功能产生的重大影响，计算结果与实际的吻合性尚不理想。为了提高生态服务价值方法在土地利用规划环境影响评价中的实用性，应该结合实际将由于外界的干扰和破坏带来的生态服务价值损失考虑在内，进行适当的修正后使用，也可以和绿色 GDP 核算体系联合使用。同时，在生态系统服务功能价值评估的过程中，必须认真分析生态系统各项服务功能之间的关系，在分析的基础上找到价值评价的有效结点进行计算并终止，只有这样才能避免计算过程中的重复或者遗漏计算。生态系统服务功能价值评估中有效结点的确定、如何消除重复计算和遗漏计算，将是今后一个重要研究内容。

(2) 生态适宜性分析在规划环境影响评价中的应用相对成熟，使用比较多。将土地生态适宜性评价引入土地利用规划环评的前期研究中，可以为规划环评过程中对土地利用方式和空间布局的评价提供科学的生态适宜性依据，从而指导土地利用规划环评，进一步协调土地利用与生态环境建设的关系，在土地利用规划环境影响评价过程中具有非常的指导意义。但是适宜性分析过程中等级的划分仍然缺乏更有力的依据，取得适宜性评价结果后，如何更科学地指导下一步的规划工作，也有待更深入的研究。同时，生态适宜性分析方法、生态功能分区和生态敏感性分析方法在进行评价时可能会有重复，建议进一步具体规范，同时对适宜性分析的指标体系进一步规范，在选取和量化上进行地理、农林、生态、统计等学科的综合分析，必要时借助强大的 GIS 技术使其更加合理和完善。

(3) 生态系统结构和功能的复杂性，使得生态系统健康评价很难选取合适且容易测定的具体指标，导致现有的生态系统健康评价指标体系比较庞大，应该考虑是否概括为一些简单的指标来为决策制定者提供参考；同时，在进行评价时，应该注重人在生态系统中的位置，从不同角度进行评价，以表现生态系统的完整性。上文提出的指标体系，是在一定的数学基础上进行计算比较的，虽然能说明一些问题，但是如果能与其他生态学理论进行结合，应用遥感、地理信息系统、景观生态学原理来全面研究检测生态系统健康，会使之更具有科学性和权威性。

(4) 由于生态系统研究涉及面很广，有待研究的问题也很多，会受到多种因素的影响，表现出一定的复杂性和不确定性。因此，要开展生态环境的综合评价，不仅要注重每种方法理论和技术的完善与规范，也要注重各种方法的交叉综合应用，同时要引导生态学评价方法向制度化、规范化、法制化的方向发展，达到更好的预测和评价结果。

因此，应该深入开展基于动态的生态环境评价模型的研究以及综合评价研究，如城市生态系统健康评价与景观生态学原理结合研究等。同时，如何科学地确定适合的生态学评价方法和评价标准并进行细化和规范化，将是需要研究的重要领域。

4.7　循环经济分析方法在规划环境影响评价中的应用

发展循环经济是提高资源利用效率，缓解我国经济快速发展带来的不利环境影响，实现可持续发展的有效途径，同时也是规划环境影响评价中的重要内容。《规划环境影响评价技术导则(试行)》(HJT130—2003)中，对规划环评开展循环经济分析做出了直接或间接的规定。2008 年颁布的《中华人民共和国循环经济促进法》明确提出“各级政府在制定产业政策、环境保护规划、社会经济发展规划等各种规划时，应当包括发展循环经济的内容”，对这些规划进行环境影响评价时，循环经济分析必然成为重要的内容，规划环评中的循环经济分析有了法律上的要求。但不管是在规划环评的技术导则中，还是具体实践中，对于规划环评中循环经济分析的重点、技术程序和方法并无明确的规定，目前也尚无较为成熟的经验和做法，亟待研究和完善。

4.7.1　规划环评中循环经济分析的目的和意义

规划环评是环境保护参与综合决策的主渠道，是从源头防止环境污染和生态破坏的根本途径，是实现可持续发展的重要制度保障。通过将循环经济理念纳入发展规划的环境影响评价，可以从循环经济角度进一步完善产业链、提高资源的综合利用率，减少污染物的排放。同时，规划环评在我国推行不久，技术方法还有待进一步完善，但规划往往涉及众多项目，已具备实施循环经济的较好条件，将循环经济理念纳入规划环评，可以拓展其评价思路，完善其评价内容，加强环境影响评价在资源管理中的作用，增强环境影响评价介入综合决策的能力，提高环境影响评价的效力。总体而言，规划环评是一种制度和手段，而循环经济则是一种理念和方法，二者可以互相补充与促进。

4.7.2 规划环评中循环经济分析的主要内容

规划环评中的循环经济分析主要是针对产业系统，分析产业系统在生态效率和废物资源化利用方面与其他区域的差距及与本区域环境保护、节能减排要求的差距，评价产业系统循环经济产业链的完整性和合理性，从而最终为规划环评中产业规划方案的优化调整及规划实施的环境管理提供建议。因此，规划环评中的循环经济分析应以循环经济产业链、产业生态化水平、生态效率与资源生产力分析为重点研究内容。

1. 生态产业链的稳定性评价

循环经济的实现依托于产业链，而产业链的稳定在于核心企业。在对生态产业链的稳定性进行评价时，首先应对核心产业(企业)进行稳定性评价，主要包括该行业发展前景、企业发展潜力以及废物(下游企业的原料)产生量、成分和性质的稳定性等。其次，对产业链链节的抗干扰能力进行分析，分析时要充分考虑在上游企业出现波动时，下游企业的生存能力，就企业之间如何达到“规模和质量”的动态匹配进行分析和设计，提出相应的对策。

2. 潜在产业链的挖掘和可行性评价

抓住建立产业链，跨越单个企业或行业，使企业产生的废物重新成为原料和资源，从而达到“减量化、再利用、再循环”的目的。将循环经济理念纳入规划环境影响评价后，规划环境影响评价应采取交叉(行业交叉、企业交叉)评价的方法，评价产业链是否可行、是否稳定，并从技术可行、经济可行和环境可行三方面进行充分论证。

3. 规划产业生态化水平分析

结合环境现状调查和经济发展与环境保护相关数据的搜集，采用环境库兹涅茨曲线(Kuznets curve)分析当前经济增长对环境质量的影响。根据发展规划和评价目标，分析产业的空间布局及区域开发、发展战略的环境影响，通过共享信息和公共基础设施以及区域范围内企业、社会和自然界之间的物质交换和能量利用，建立高效、低耗的可持续工业生态系统，以废物减量化、资源化、无害化为主线，在资源和能源上形成循环经济的系统，进而促进整个产业区工业生态系统的形成。

4. 生态效率与资源生产力分析

生态效率是对经济绩效和环境绩效的有机整合，对企业可持续发展起到了重要的推动作用。由于它能反映经济和环境“双赢”的目标，逐渐被应用于区域和国家层面。目前，生态效率已被许多政府和企业所接受，并成为政策制定者的重要参考指标。资源生产力衡量的是单位生产和消费对环境产生的影响，主要体现了经济增长与资源环境压力之间的关系。区域生态效率和资源生产力分析，通过采用物质流分析方法研究经济活动中的资源代谢，利用进入经济系统的物质流作为环境压力和可持续发展程度的示踪指标，可以解决“定量评价循环经济发展水平”的难题。

4.7.3　规划环评中循环经济分析的技术程序

基于循环经济理论模型提出规划环评中循环经济分析技术程序(图 4-39)。主要包括规划方案分析、现状调查与评价、环境影响识别与指标体系建立、循环经济综合分析评价、循环经济发展措施建议、循环经济监测与跟踪评价等六个部分，分别可以融入以下过程中去：规划环评中的规划方案分析过程，环境现状调查、环境影响识别与评价指标确定过程，环境影响预测、分析与评价过程，环保对策

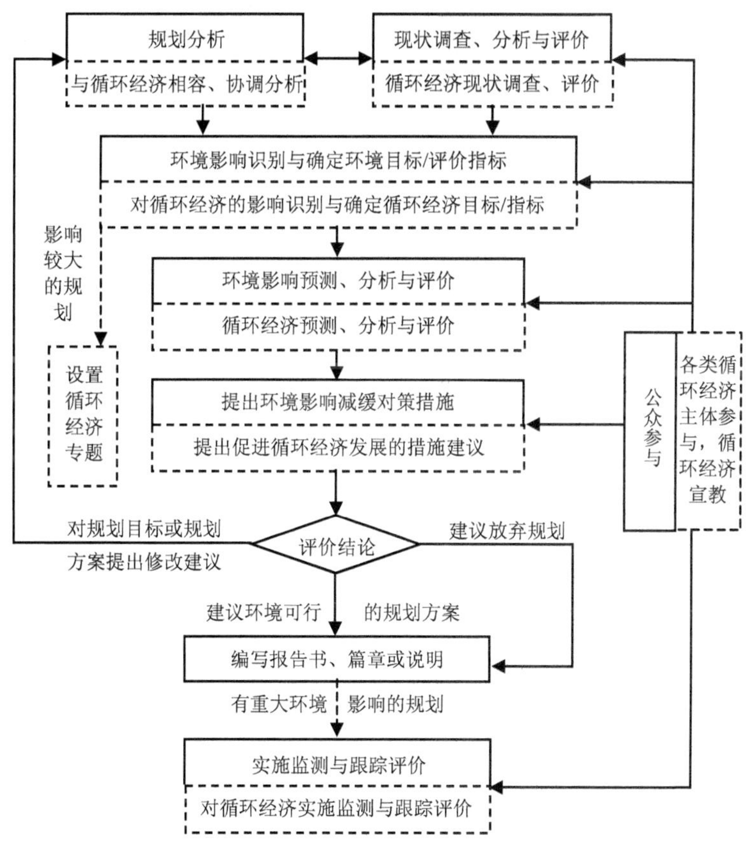

图 4-39　规划环评中循环经济分析技术程序

与减缓措施拟定，公众参与，实施监测与跟踪评价过程，从而在规划环境影响评价全过程中体现和落实循环经济理念。

在区域规划环境影响评价中，一般建议设置循环经济分析与评价专题，注重对潜在产业链的挖掘和可行性评价，突出生态产业链的稳定性评价，在区域发展循环经济“优势、劣势、机会、威胁”分析(SWOT 分析)的基础上，提出该区域发展循环经济的战略选择与对策。

4.7.4　规划环评中循环经济分析的主要方法

围绕循环经济分析的目标，主要进行基于循环经济理念的指标分析及循环经济的 SWOT 分析。主要采用的方法如下。

1. DPSIR 模型分析方法

评价指标体系是整个规划环境影响评价工作的关键环节，直接影响评价的内容和深度，也是规划环境影响评价落实循环经济理念最直接、最有效的切入点。指标的建立应以资源、经济耦合关系进行分析，在区域人均 GDP 与能源消耗强度、水资源消耗强度、固体废物产生强度、废气产生强度的关联关系研究基础上确定，确保指标体系能够体现区域循环经济的发展水平，从总体上衡量循环经济各方面发展的成果。通常，该指标体系包括环境和资源两个准则，环境指标主要体现传统环境影响评价末端控制的特点，如污染物排放综合达标率，污染物处理率等指标；而资源指标主要体现循环经济的“废物减量化、资源化、无害化”原则，充分反映资源的合理利用，如用直接物质投入量(DMI)和单位资源的 GDP 产值反映“减量化”原则；用废物循环利用率反映“再循环”原则；用物质平均使用年限反映“再利用”原则。

指标体系建立的主要方法是，以 PSR 模型或者 DPSIR 模型为基本工具，以循环经济理念为指导，确定模型中各类指标的内涵。图 4-40 为 DPSIR 模型的使用框架，在具体应用中，可直接依据相关模型及各类指标的内涵，从所评价的具体规划实际情况出发设定具体指标。

2. SWOT 分析方法

SWOT 分析法是哈佛大学商学院的企业战略决策教授安德鲁斯(K. Andrens)在 20 世纪 60 年代提出的战略管理理论。SWOT 分析即对研究客体面临的优势(strengths)、劣势(weaknesses)、机会(opportunities)、威胁(threats)的分析。其分析的基本原理是通过对组织、个人、产业或区域等研究对象内部条件和外部环境作系统分析，了解研究对象内部所具有的优势和存在的劣势，分析影响研究对象的外部机会和威胁，并在此基础上选择最优行动战略，以最大限度地调动资源和优势，利用机会，规避风险，获得可持续发展的可能性。其概念性模型见图 4-41。

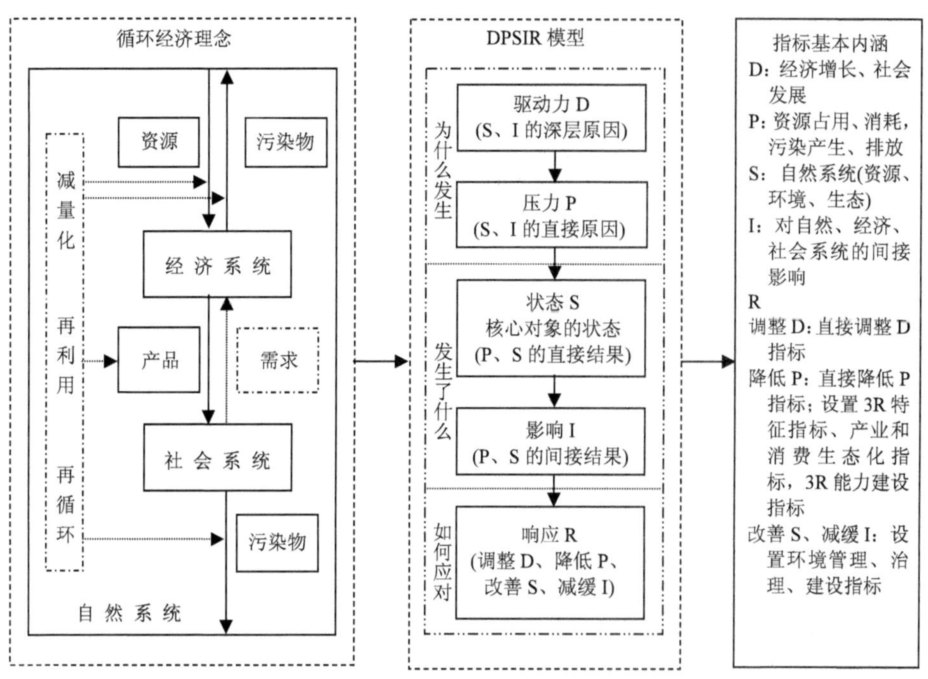

图 4-40　指标体系建立框架

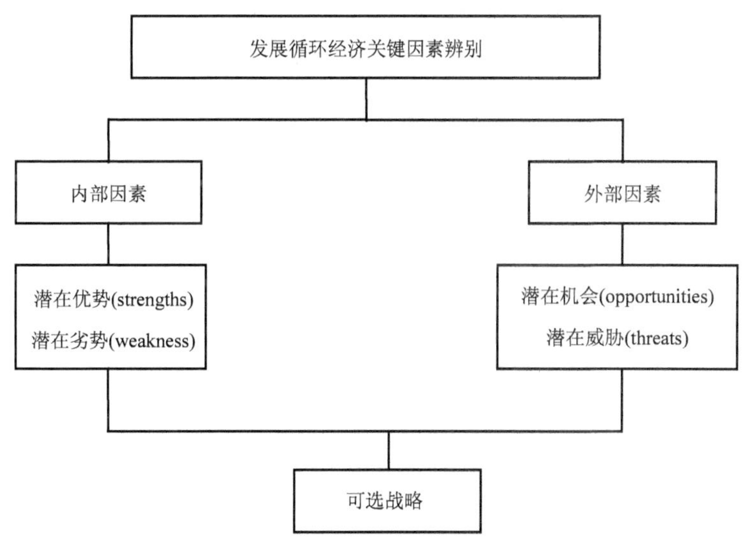

图 4-41　SWOT 分析概念模型

SWOT 分析法是目前战略管理和区域发展规划领域中广泛使用的分析工具。对区域发展循环经济进行 SWOT 分析，可以明确主、客观条件，更好地发挥优点，避开不利因素，抓住当前机遇。

从整体上看，SWOT 可以分为两部分：第一部分为 SW，主要用来分析内部条件；第二部分为 OT，主要用来分析外部条件。另外，每一个单项如 S 又可以分为外部因素和内部因素。

4.7.5　应用案例——武汉“十一五”规划环境影响评价循环经济分析

1. 案例背景

本节以《武汉市国民经济和社会发展第十一个五年规划纲要(草案)》(以下简称《武汉“十一五”规划》)环境影响评价为例，探讨循环经济分析方法在规划环境影响评价中的应用。

《武汉“十一五”规划》规划环评从落实科学发展观的原则出发，评价规划中城市建设与产业发展的相关内容。针对武汉资源开发利用和环境保护中存在的主要问题，通过对武汉国民经济和社会发展规划的全面分析，综合评价武汉资源环境对“十一五”期间经济社会发展的支撑能力，分析预测规划可能产生的环境影响，并提出完善规划的对策与建议，为促进武汉生产力的合理布局、资源的优化配置，建设资源节约型、环境友好型社会奠定科学基础。

2. 循环经济分析方法

1）基于循环经济理念的规划指标分析

本案例采用经济合作与发展组织(OECD)的 PSR 模型，建立指标体系逻辑框架(图 4-42)。

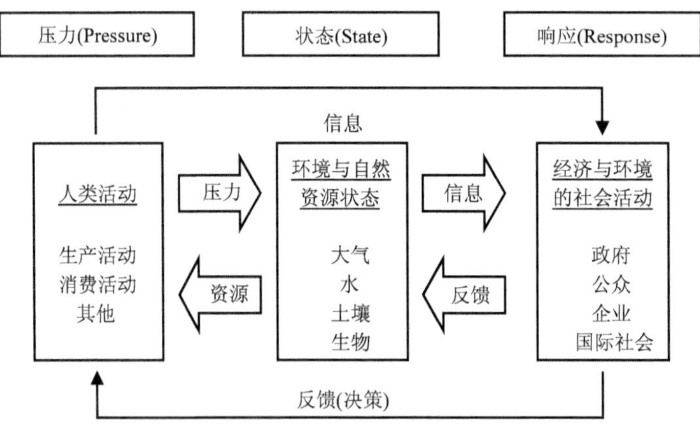

图 4-42　OECD 的 PSR 模型

由于循环经济主要解决资源环境对社会经济发展的瓶颈约束问题，协调生态系统与生产系统的良性运行。对于评价对象要考虑以下三个方面。

(1) 资源循环利用与能源梯级利用。循环经济首先要以“减量化、再利用、资源化”原则来解决资源与能源的可持续利用问题，提高生产和再生产活动的生态效率，以最少的资源能源消耗，取得最大的经济产出和最低的污染排放。

(2) 输入端、过程中和输出端三个环节。要形成效率较高的物质循环模式，必须进行输入端、过程中和输出端三个环节的全过程管理，实现“减量化、再利用、资源化”的有机结合。

(3) 生产领域与消费领域。生产领域是发展循环经济的主体内容，消费领域是发展循环经济的“助推器”，是重要的战略环节。评价循环经济的发展水平必须对这两个领域进行全面考察。

根据循环经济的三个方面的评价对象，对 PSR 模型进行修正。如图 4-43 所示，循环经济的生产、消费活动通过输入端、过程中和输出端三个环节对资源、能源进行合理利用，对环境与自然资源产生压力，一般来说为正压力，即对资源环境产生良性影响。决策者对这些影响所导致的资源环境状态变化作出响应，通过行政手段和市场手段相结合，激励循环经济相关技术研发应用，鼓励重点行业和企业积极主动改变生产方式，促进粗放型经济增长方式向集约型、环境友好型经济增长方式转变，进一步推动循环经济的良性发展。

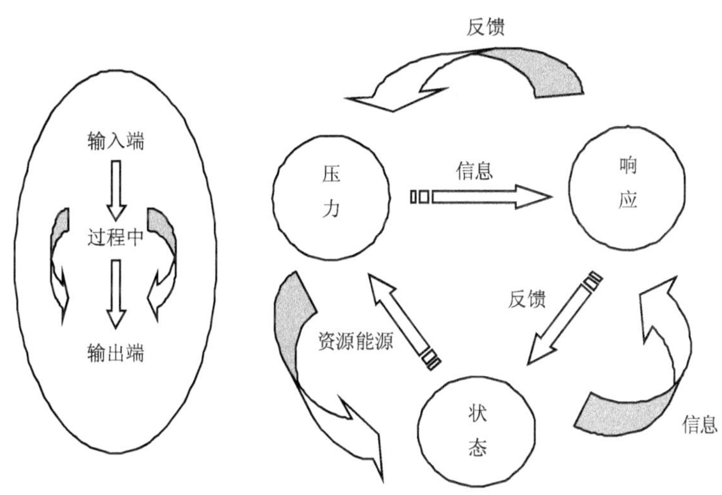

图 4-43　基于循环经济评价的 PSR 模型

根据该模型构建循环经济评价指标体系结构框架(表 4-43)，包括以下三个指标层面。

(1) 压力指标。即社会经济评价指标，分别从输入端、过程中和输出端三个环节考察生产与消费两大领域的循环经济活动。

表 4-43　循环经济评价指标体系结构框架

压力指标			
领域	输入端	过程中	输出端
生产领域	国民生产总值资源总量	国民生产总值资源消耗总量	国民生产总值废物排放总量
消费领域	人均资源可利用量	人均资源消耗量	人均废物排放量
状态指标			
领域	输入端	过程中	输出端
资源利用	资源生产率	资源循环利用率	污染物最终处理率
能源利用	能源结构指标	能源利用效率	空气污染物排放指标
响应指标			
社会支撑体系指标		产业支撑体系指标	

(2) 状态指标。即环境与自然资源评价指标，用以反映循环经济对环境与自然资源所造成的状态改变，主要从三个环节考察对资源与能源利用的可持续性。

(3) 响应指标。即制度指标，用以反映政府或企业对环境与自然资源状态变化所做出的决策回馈，主要体现在社会支撑体系和产业支撑体系的建设方面。

采用基于 PSR 模型的循环经济评价指标体系逻辑框架，对照规划草案中循环经济相关指标，分析这些指标的构成和设置是否以循环经济理念为指导原则，是否对武汉“十一五”期间发展循环经济具有导向性作用。

武汉“十一五”循环经济的发展目标为形成低投入、低消耗、低排放和高效率的节约型增长方式，建设资源节约型、环境友好型城市，与循环经济相关的指标有单位 GDP 水耗、万元生产总值能耗和工业用水重复利用率等 10 项指标，将这些指标纳入循环经济评价指标体系结构框架当中。其中，单位 GDP 水耗、万元生产总值能耗属于输入端生产领域的压力指标。工业用水重复利用率、工业固体废物综合利用率、污水处理回用率这三个指标属于过程中资源利用状态指标。工业废水排放达标率、工业废气排放达标率、工业固体废物处置利用率、城市污水集中处理率、生活垃圾无害化处理率均属于输出端资源利用状态指标。

2）发展循环经济 SWOT 分析

本部分运用 SWOT 方法，通过识别武汉发展循环经济的优势、劣势以及“十一五”期间武汉面临的机会与威胁，分析武汉“十一五”期间循环经济相关措施是否有利于武汉实现节约型社会和环境友好型社会的建设目标，并给出相应的对策建议。

(1) 发展循环经济的潜在优势(strengths)。

S-1 承东连西、贯通南北的枢纽作用十分突出，发展壮大废物资源化再生中心有得天独厚的优势。

S-2 强大的科教与人力资源优势，为武汉通过技术创新、制度创新、机制创新，发展特色循环经济提供了支持。

S-3 武汉的环保产业发展迅速，已成为武汉环保工业生产结构乃至整个环保及相关产业结构最主要的部分，为构建虚拟产业链条积累了宝贵经验，奠定了良好基础。

S-4 武汉已经初步开展发展循环经济的实践工作。

(2) 发展循环经济的潜在机会(opportunities)。

O-1 国家实施促进中部崛起战略的重大机遇，有利于提升武汉在全国经济发展格局中的战略地位和作用，争取循环经济相关项目布点、政策支持和资金支持。

O-2 全省大力推进武汉城市圈建设的机遇，有利于循环经济相关产业的兴起与发展壮大。

O-3 国务院明确提出必须大力发展循环经济，建设资源节约型和环境友好型社会，为武汉发展循环经济指明了方向和途径。

O-4 我国循环经济的实践已经取得积极进展，对武汉全面发展循环经济提供宝贵的借鉴经验。

(3) 发展循环经济的潜在劣势(weaknesses)。

W-1 传统工业所占比例较大，资源能源消耗率偏高。

W-2 循环经济实践经验不足。

W-3 经济环境困难。

W-4 缺乏促进循环经济发展的制度环境和管理机制。

(4) 发展循环经济的潜在威胁(threats)。

T-1 各地区发展循环经济竞争激烈。

T-2 生产企业和公众对发展循环经济的目的和重要意义认识不足。

将以上四个方面识别的主要信息进行组合因素分析，可以得到 SO、ST、WO、WT 的组合分析结果，即武汉发展循环经济的措施，这些措施与《武汉“十一五”规划》对循环经济工作的部署进行对比，如表 4-44 所示。

表 4-44　SWOT 分析结果与《武汉“十一五”规划》主要措施对比

主要方面	SWOT 分析结果	《武汉“十一五”规划》的主要措施
企业内部的小循环	在钢铁、电力、化工、建材等行业内，引入生态产业链接技术，开展物流的回用和能流的梯级利用，进一步推动中小型企业的开展清洁生产工作	全面推广清洁生产，在钢铁、电力、化工、建材等行业内形成一批循环经济企业
企业间的中循环	借国家试点的机会加快国家级循环经济工业园区规划建设。促进稳定、高效、柔性的虚拟产业链条的形成，同时避免废物处理造成的二次污染	开展循环经济试点，加快循环经济工业园区规划建设，建设生态工业园区

续表

主要方面	SWOT 分析结果	《武汉“十一五”规划》的主要措施
生产和消费领域的大循环	推进全社会节约能源，大力倡导建筑节能与交通节能；强回收网络的建设，提高末端回收利用水平	完善再生资源回收体系，推进工业废物综合利用和再生资源回收利用，推进绿色消费
辐射中部的地区性循环共赢体系	在区域层面上进行综合型的整合，建立起物质和能量间的闭路循环，形成规模经济，发展静脉产业	
保障措施	进一步完善循环经济政策支撑体系，形成促进循环经济健康发展的良好制度环境	完善发展循环经济的政策体系，实施有利于资源节约的价格和财税等相关政策

对比武汉提出的发展循环经济的具体措施，给出结论与建议，如武汉生态工业园区的规划建设要避免工业园区刚性发展，建议引导虚拟型生态工业模式的发展，进一步完善循环经济政策支撑体系。

4.7.6　结论

科学发展离不开规划环境影响评价，生态文明建设必须建立在循环经济的基础上。将循环经济理念和方法纳入区域规划环境影响评价，既能丰富环境影响评价的内容并能提高其实用性，又可为循环经济的推广提供有效途径，两者的结合有巨大的潜在价值。

目前，我国环境影响评价工作已经开始对循环经济的问题进行分析和探讨，并且循环经济已经成为规划环境影响评价文件的重要内容且被广大环境影响评价工作者所接受，并进行了大胆尝试。然而，将循环经济纳入区域规划环境影响评价是一新生事物，尚无国外成功经验参考，缺乏统一的规范和指导，环境影响评价文件中循环经济部分的内容还存在较多问题，仅仅一少部分能抓住产业链或物质循环链进行分析，而不能对发展循环经济提出建设性的意见和对策。应当积极吸取清洁生产纳入项目环境影响评价的实践经验，加快建立适合循环经济发展要求的区域规划环境影响评价技术方法、评价指标体系和评价标准，把资源的合理利用放在环境影响评价的主要地位，用循环经济的理念指导规划环境影响评价工作的全过程。

通过区域生态产业链的设计与规划，减少生产过程的资源和能源消耗，实现废物再利用。随着规划环境影响评价的进一步推广及研究的进一步深入，循环经济与区域规划环境影响评价的结合将日臻完善。

4.8　费用效益分析方法在规划环境影响评价中的应用

4.8.1　环境费用效益分析概述

1. 环境费用效益分析概述

环境费用效益分析，也叫“环境影响的经济评价”、“环境影响的经济损益分析”，是环境影响评价中重要的技术方法。环境影响是指人类的社会经济活动，包括政策和开发项目等对环境及自然资源配置造成的任何有益的或有害的变化，而且这种变化通常可以通过剂量反应关系进行量化。对于任何评估这些影响的范围，确定是否颁布和执行某项政策，是否开发和建设某个项目，都需要量化环境影响。环境费用效益分析就是通过对环境影响进行价值评估，从而把人们对环境的关注纳入项目或者规划的可行性研究中，它是评估环境影响的主要评价技术，也是鉴别和量度一个项目或规划的经济效益和费用的系统方法。

2. 环境费用效益分析的理论基础

环境费用效益分析以古典经济学理论为基础，强调个人和社会的福利及改进，该理论认为：“个人所满足的程度和经济的福利水平，可以用人们为消费商品和劳务而愿意支付的价格来表示和度量。”在很多情况下，个人消费的物品和劳务实际上并未支付，但是个人意愿支付的货币原则上可以从行为观察、调查资料或者其他方式得到，该理论还设想用个人货币支付累加值作为社会福利的度量。费用效益分析方法的作用主要表现在两个方面：一是判断政策或者环境项目经济的可行性和经济效益，二是对多个替代方案排序，识别最经济的替代方案。因此，费用效益分析是福利经济学的一种应用，以帕累托准则作为费用效益分析的基础。

在环境费用效益分析中，帕累托准则是一个重要概念，该准则认为，一个人得到好处而不造成对其他人损失时的资源分配，在经济上是最有效率的。根据这个效率准则，社会净福利和净效益最大时，也就是总效益与总费用之差最大时，社会的资源利用效率最高。因此，实际中帕累托不能够真正的实现，只是要求总效益大于总损失。

4.8.2　环境费用效益分析主要方法

费用效益分析多从估算支付意愿或接受赔偿意愿入手，主要方法有三种：一是从直接受到影响的物品的相关市场信息中获得，即市场评价法。二是从其他事物中所蕴含的有关信息中获得，即揭示偏好法。三是通过调查个人的支付意愿或者接受赔偿意愿获得，即陈述偏好法。

1. 市场评价法

1）医疗费用法和人力资本法

医疗费用法(medical expenditure approach)计算由疾病引起的所有成本。人力资本法(human capital approach)计算由污染引起的过早死亡的成本，该方法用收入的损失估计过早死亡的成本。这两种方法是用于估算环境变化造成的健康损失成本的主要方法，或者说是通过评价反映在人体健康上的环境价值的方法。

(1) 步骤与方法。

• 识别环境中可致病的特征因素(致病动因)，即识别环境中包含哪些可导致疾病或死亡的物质，如 PM_{10}、SO_2 等。

• 确定致病动因与疾病发生率和过早死亡率之间的关系。

• 评价处于风险之中的人口规模。

• 估算由于疾病导致缺勤所引起的收入损失和医疗费用，对疾病所消耗的时间与资源赋予经济价值

$$I_{\mathrm{c}} = \sum_{i=1}^{k} L_i + M_i$$

式中，I_{c} 为由于环境质量变化所导致的疾病损失成本；L_i 为 i 类人由于生病不能工作所带来的平均工资损失；M_i 为 i 类人的医疗费用(包括门诊费、医药费、治疗费等)。

• 估算由于过早死亡所带来的影响。利用人力资本法来计算由于过早死亡所带来的损失，则年龄为 t 的人，由于环境变化而过早死亡的经济损失等于他在余下正常寿命期间的收入损失的现值

$$\text{Value} = \sum_{i=1}^{T-t} \frac{\pi_{t+i} \cdot E_{t+i}}{(1+r)^i}$$

式中，π_{t+i} 为年龄为 t 的人活到 $t+i$ 年的概率；E_{t+i} 为在年龄为 $t+i$ 时的预期收入；r 为贴现率；T 为从劳动力市场上退休的年龄。

(2) 所需数据与信息。

• 致病动因的水平(F)；

• 可致病的环境质量阈值(S)；

• 超过阈值的强度(X)；

• 与强度相对应的持续时间(Y)；

• 与上述因素相对应的发病率(N，每百万人口 n 例)

• 暴露人群的评估：分布规律、敏感人群统计等；

- 剂量–反应关系为：$N=N(F), F=(S, X, Y, \cdots)$；
- 与上述发病率对应的工时损失数和医疗费用耗费；
- 单位工时工资、医生工资、设备折旧、药品价格等。

2）重置成本法

重置成本法(restoration or replacement cost approach)是估算环境被破坏后将其恢复原状所要支出的费用，重置成本是按在现行市场条件下，重新构建一项全新环境资产所支付的全部货币总额。重置成本与原始成本的内容构成是相同的，但两者反映的物价水平是不相同的，前者反映的是环境资产评估日期市场物价水平，后者反映的是当初构建环境资产时的物价水平。在其他条件既定的情况下，环境资产的重置成本越高，经济价值就越大。

(1) 适用范围与条件。

- 空气污染，水污染，噪声污染；
- 土壤侵蚀，滑坡以及洪水风险；
- 土壤肥力降低，土地退化；
- 海洋和沿海海岸的污染和侵蚀。

(2) 应满足条件。

- 人们能够了解和理解来自于环境的威胁；
- 人们能够采取措施保护他们自己免受影响；
- 能够估算并支付这些保护措施的费用。

(3) 影子工程法(shadow project approach)。

影子工程法是重置成本法的一种特殊形式。当环境产品或服务由于某一开发项目的建设而损失或减少时，环境产品或服务的经济成本可以通过考察一个假想的、可以提供替代品的项目的成本来近似地加以衡量。“影子工程”只是一个概念，并非实实在在的工程，通常用来评估水污染造成的损失、森林生态功能价值等。用复制具有相似环境功能工程的费用来表示该环境的价值，是重置费用法的特性。如果这种复制行为确会发生，则该费用一定小于该环境的价值，只能作为该价值的最低估计值。如果这种行为可能不会发生，则该费用可能大于或小于环境价值。

3）生产力损失法

生产力损失法(loss of productivity approach)属于直接市场评价法，该方法根据生产力的变动情况来评估环境质量变动所带来的影响。它把环境质量看作一个生产要素，环境质量变化导致生产率和生产成本变化，进而导致产品价格和产出水平的变化，价格和产出的变化是可观察且可测量的。该法是利用市场价格赋予环境损坏价值(环境成本)或评价环境改善所带来的效益。这种方法认为，环境变化可以通过生产过程影响生产者的产量、成本和利润，或是通过消费品的供给与价格变动影响消费者福利。

(1) 步骤与方法。

• 估计环境变化对受者(财产、机器设备或者人等)造成影响的物理效果和范围。例如，森林砍伐所造成的后果之一是导致土壤损失 3%，受影响的区域有 100 亩。

• 估计该影响对成本或产出造成的影响。例如，土壤减少 3%会导致玉米产量减少 2%，假设未受影响前，每亩地的产量为 500kg，则每亩地的产量损失为 10kg。

• 估计产出或者成本变化的市场价值

$$E=\left(\sum_{i=1}^{k}p_iq_i-\sum_{j=1}^{k}c_jq_j\right)_x-\left(\sum_{i=1}^{k}p_iq_i-\sum_{j=1}^{k}c_jq_j\right)_y$$

式中，p 为产品的价格；c 为产品的成本；q 为产品的数量。

根据上面的假设，每亩地玉米的收成将因为森林砍伐减少 10kg，受影响的区域有 100 亩，假设玉米的市场价格为 1.0 元/kg，则因森林砍伐造成的该类损失为 10×100×1.0=1000 元。

(2) 所需的数据与信息。

• 生产或消费活动对可交易物品的环境影响证据；

• 有关所分析物品的市场价格的数据；

• 在价格可能受到影响的地方(时候)，对生产与消费反应的预测；

• 如果该物品是非市场交易品，则需要与其最相近的市场交易品(替代品)的信息；

• 对可能的或已经实施的行为调整进行识别和评价。

综上所述，旅行费用法、替代市场评价法、意愿调查价值评估法和成果参照法等方法都有完善的理论基础，都是对环境价值(支付意愿)的正确度量，可以称为标准的价值评估方法，该组方法已广泛应用于对非市场物品的价值评估。美国内政部、商务部在各自起草的自然资源损害评估原则条例中，都把这些方法作为适用的评估方法，世界银行等国际发展机构在环境评估中也都应用这些方法。

医疗费用法、人力资本法、生产力损失法、恢复或重置费用法、防护费用法等评估方法，都是基于费用或价格的方法。它们虽然不等于价值，但据此得到的评估结果，通常可作为环境影响价值的低限值。

4) 机会成本法

所谓机会成本，就是做出某一决策而不做出另一决策时所放弃的收益，它是一种非货币成本，不体现在会计账目中。通常用机会成本来衡量决策的后果。在评估无价格的自然资源方面，运用机会成本法估算无价格的自然资源的机会成本(如保护自然保护区)，可以用该资源作为其他用途(如农业开发、林业)可能获得的收益来表征。机会成本法常用于那些资源使用的社会净收益不能直接评估的项目，尤其适用于对具有唯一性特征的环境资源进行开发的项目评估，其开发方案与环境系统的延续性是有矛盾的，其后果是不可逆的。项目开发可能使一个地区发生巨大变化，以至于破坏原有的环境系统，并且使这个环境系统不能重新建立和恢复。项目开发的机会成本是在未来一段时间内保护环境系统得到净效益的现值，保护环境的机会成本是失去的开发效益的现值。

2. 揭示偏好法

1）旅行费用法

旅行费用法是通过交通费、门票费和花费的时间成本等旅行费用来确定旅游者对环境商品或服务的支付意愿，并以此估算环境物品或环境服务价值的一种方法。旅行费用法是一种比较成熟的方法，常常用来评价那些没有市场价格的自然景点或者环境资源的价值。

（1）步骤与方法。

• 定义和划分旅游者的出发地区：以评价场所为圆心，把场所四周的地区按距离远近分成若干个区域，距离的不断增大意味着旅行费用的不断增加。

• 在评价地点对旅游者进行抽样调查，例如，站在评价地点的入口处，询问每个旅游者的出发地点，收集相关信息，以便确定用户的出发地区、旅游率、旅行费用和被调查者的社会经济特征。

• 计算每一区域内到此地点旅游的人次(旅游率)。

• 求出旅行费用对旅游率的影响

$$Q_i=f(C_{Ti},\ X_1,\ X_2,\ \cdots,\ X_n)$$

$$Q_i=\alpha_0+\alpha_1 C_{Ti}+\alpha_2 X_i$$

式中，Q_i 为旅游率，$Q_i=V_i/P_i$；α_0、α_1、α_2 为经验系数；C_{Ti} 为从 i 区域到评价地点的旅行费用；X_i 为包括 i 区域旅游者的收入、受教育水平和其他有关的一系列社会经济变量，$X_i=(X_1,\ \cdots,\ X_n)$。

• 确定对该场所的实际需求曲线：根据第一步的信息，对每一个出发地区第一阶段的需求函数进行校正，求出每个区域旅游率与旅行费用的关系。

$$C_{Ti}=\beta_{0i}+\beta_{1i}V_i$$

$$\beta_{0i}=-\frac{\alpha_0+\alpha_2 X_i}{\alpha_1},\quad \beta_{1i}=\frac{1}{\alpha_1 P_i}$$

式中，V_i 为根据抽样调查的结果推算出的 i 区域中到评价地点的总旅游人数；P_i 为 i 区域的人口总数；α_0、α_1、α_2 为经验系数。

• 计算每个区域的消费者剩余。

• 将每个区域的旅游费用及消费者剩余加总，得出总的支付愿望，即是评价景点的价值。

(2) 该方法适用范围。

• 休闲娱乐场地；

• 自然保护区、国家公园、用于娱乐的森林和湿地；

• 水库、大坝、森林等兼有休闲娱乐及其他用途的地方等。

(3) 该方法需要满足的条件。

• 这些地点是可以到达的，至少在一定的时间范围内可以到达；

• 所涉及的场所没有直接的门票及其他费用，或者收费很低；

• 人们到达这样的地点，要花费大量的时间或者其他开销。

2) 防护费用法

当某种经济活动有可能导致环境污染时，人们采用相应的措施来预防或治理环境污染的费用，就是防护支出法来评价环境资源价值。防护费用的负担可以有不同的形式，可以采取“谁污染、谁治理”，由污染者购买和安装环保设备自行消除污染的方式；可以采取“谁污染、谁付费”，建立专门的污染物处理企业集中处理污染物的方式；也可以采取受害者自行购买相应设备，而由污染者给予相应补偿的方式。

面对环境变化，人们可能会采取以下防护行为：一是采取防护措施，如采取防止土壤侵蚀的措施、安装水净化和过滤设施等，采取这些保护措施而发生的费用，就是防护费用；二是购买环境替代品，如为了避免当水源地受到污染而使公共供水系统受到影响，人们可能会购买瓶装水，购买这些替代品的费用可被视为一种防护支出；三是搬迁，对环境变化反应较强烈的人会迁出受污染区域，这种迁移所发生的费用也可以看做防护支出。

(1) 步骤与方法。

• 识别环境危害，如城市交通的增长会带来噪声等级的增强和空气污染的增加，水的供应可能会出现水质下降和供应短缺相交加的状况；

• 界定受影响的人群；

• 获得人们反应措施的信息和数据；

• 直接观察为保护免遭环境损害影响的实际支出(例如，为防止土壤侵蚀而修梯田，减少噪声而装双层窗)；

• 对所有受到危害的人进行广泛地调查；

• 对感兴趣的人抽样调查，主要选择对空气和水环境质量下降及噪声采取个别措施的家庭；

• 专家意见，预防和保护措施的费用、对损害进行恢复或者采用替代环境资产所需的费用、或者购买环境替代品所需的成本，都可以采用征询专家意见的方法。

（2）适用范围与条件。

- 空气污染，水污染，噪声污染；
- 土壤侵蚀，滑坡及洪水风险；
- 土壤肥力降低，土地退化；
- 海洋和沿海海岸的污染和侵蚀。

（3）应满足条件。

- 人们能够了解和理解来自环境的威胁；
- 人们能够采取措施保护他们自己免受影响；
- 能够估算并支付这些保护措施的费用。

3. 陈述偏好法

意愿调查价值评估法是陈述偏好法的主要应用方法，是以调查问卷为工具来评价对缺乏市场的物品或服务赋予价值的方法，它通过询问人们对于环境质量改善的支付意愿(WTP)，或忍受环境损失的受偿意愿(WTA)来推导出环境物品的价值。

（1）步骤与方法。

- 识别环境危害，如城市交通的增长会带来噪声等级的增强和空气污染的增加，水的供应可能会出现水质下降和供应短缺相交加的状况；
- 界定受影响的人群；
- 获取信息和数据；
- 直接观察保护免遭环境损害影响的实际支出(例如，为防止土壤侵蚀而修梯田，减少噪声而装双层窗)；
- 对所有受到危害的人进行广泛调查；
- 对感兴趣的人抽样调查，主要选择对空气和水环境质量下降及噪声采取个别措施的家庭；
- 专家意见，预防和保护措施的费用、对损害进行恢复或者采用替代环境资产所需的费用或者购买环境替代品所需的成本，都可以采用征询专家意见的方法。

（2）适用范围与条件。

- 空气污染，水污染，噪声污染；
- 土壤侵蚀，滑坡及洪水风险；
- 土壤肥力降低，土地退化；
- 海洋和沿海海岸的污染和侵蚀。

(3) 应满足条件。

- 人们能够了解和理解来自于环境的威胁；
- 人们能够采取措施保护他们自己免受影响；
- 能够估算并支付这些保护措施的费用；

(4) 局限性。

- 各种偏差的存在，如信息偏差、支付方式偏差、起点偏差、假想偏差、部分-整体偏差、策略性偏差；
- 支付意愿与接受赔偿意愿的不一致性；
- 抽样结果的汇总问题。

4.8.3 环境费用效益的应用

1. 规划环评与环境费用效益分析

环境影响评价作为我国一项基本的环境管理制度，在协调经济发展和环境保护方面发挥了重要作用。我国的发展经验一般以经济效益为主要目标，没有具体考虑环境影响所产生的费用和效益的评价模式，不可避免地存在诸多弊端。因此将有关经济学理论方法(如费用效益分析)融入传统的环境影响评价之中是很必要的。

我国相关的法律法规中规定要对建设项目进行“环境影响的经济损益分析”，对于在规划环境影响评价中是否应该进行环境影响经济评价没有明确规定，相应的理论研究较少。国内不少环境费用效益分析的实践涉及的都是宏观环境问题，在研究尺度和内容方面接近规划环境影响评价。费用效益分析在项目环境评价中得到了广泛应用，同样，在规划环境评价中它仍然会发挥重要作用。规划环境影响评价的核心工作是为规划方案的优化决策提供环境依据，并提出环境影响的减缓措施，而方案优选的基础工作之一就是进行环境影响的经济分析，通过对规划(战略)层次上的费用效益分析，更能有机结合“环境”和“发展”，便于决策者有效决策。

规划需要考虑经济、社会以及生态方面的问题，有必要在决策的过程中，尽早考虑系统内部的成本和效益。这就需要一个能够给决策者提供必要信息的工具，使决策者在批准意向规划、计划方案前，认识到其决定带来的总体效果。规划环评是将环境影响评价引入规划阶段，以期在规划过程开始就关注环境问题，避免规划完成后对环境造成重大的、不可挽回的影响。所以，规划环评引入环境经济分析，目标就是对规划方案的环境影响用经济价值予以表征，以便更完整地分析整体规划的费用效益，为最终决策提供服务和支持。同时，环境经济分析能更直观的向专家和公众表达环境影响的严重程度，有利于公众参与的开展。所以，从费用效益分析的完整性角度来讲，环境经济分析是规划环评中非常重要的一个环节。

费用效益分析法既应用于规划环评的预测阶段，还应用于评价的减缓措施与环境管理阶段：①将环境影响的经济评价结果纳入规划的费用效益当中，从而影响规划或为规划的某些方面提供参考；②在具体规划过程方案比选时，发挥重要的依据作用，帮助决策者制定出符合费用有效原则的决策；③在是否采用某些重大环保措施时，将环保措施的费用、可能避免的环境损失或可能创造的环境效益进行比较，衡量环保措施的经济可行性，实现有效的环境管理。

规划环境影响评价要求环境费用效益分析在宏观上提供决策的依据和参考，要求具有很强的可操作性和实用性，所以，规划环境影响评价的费用效益分析应该满足以下条件：精确度不必太高，但方法要求有很强的操作性和实用性；不必面面俱到地进行分析，而是需要分析筛选，抓主要问题，把握大方向；进行环境经济分析的前提是验证该项目的合法性，如是否有可能违反土地法、自然保护区等相关法令，并且要满足重大生态环境因素的制约，如是否穿越重大生态敏感区域，破坏重要动植物物种等。

2. 环境费用效益分析的技术程序

项目环境影响评价中开展费用效益分析方法的研究较多，由于规划层面涉及的规划种类较多，应用费用效益分析的结构也不同，一般而言，规划环境影响评价中开展费用效益分析的主要内容包括以下几个方面。

(1) 环境影响的筛选，确定规划目标和研究范围。费用效益分析的任务是评价解决某一环境问题各方案的费用和效益，通过比较选择净效益最大的方案，辅助决策的制定。因此，首先应确定规划目标、研究范围及为解决这一环境问题的各种方案和该方案跨越的时间范围。在进行环境费用效益分析时，环境影响筛选遵循的原则有：一是环境影响是外部影响；二是环境影响是重大的、已经确定的影响；三是环境影响易于被量化和货币化。

(2) 环境功能分析。环境问题带来的经济损益，是由于环境资源的功能遭到破坏，反过来影响经济活动造成的，环境资源的功能是多方面的，环境问题带来的损失也是多方面的，因此要分析研究对象的功能，进而计算环境问题带来的经济损失。

(3) 确定环境破坏程度与环境功能危害的关系。二者之间的定量关系是费用效益分析的关键，通常通过科学实验和统计调查而得到。

(4) 备选方案的环境影响分析。备选方案改善环境功能的效益取决于方案改善环境的程度，分析阐述不同方案的影响。

(5) 计算备选方案的环境保护费用与效益，并进行对比分析。费用包括投资和运转费用，计算各备选方案可以获得的直接经济利益，从费用中扣除。最后根据各自的形成时间，计算费用和效益的现值，进而用现值进行费用与效益的比较，得出净效益的现值，综合对比后，根据环境经济净现值或环境费用效益比评判环境经济可行性。

规划环境影响评价中费用效益分析的步骤见图 4-44。

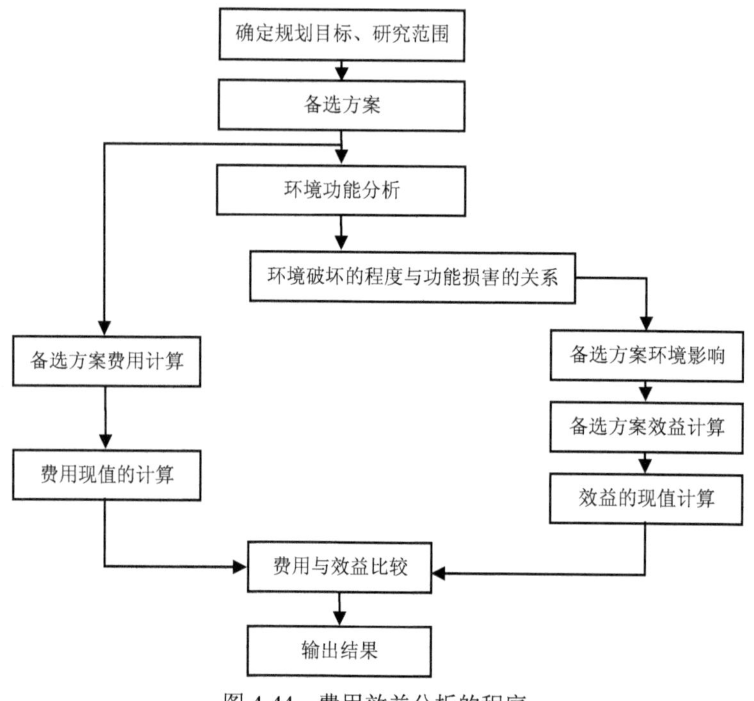

图 4-44　费用效益分析的程序

3. 案例分析——经济技术开发区土地利用的环境影响经济评价

本次研究对开发区土地利用中的工业、房地产、商业、农业、基础设施、水面积及总面积等七项内容进行了调查。这是一个区域环境影响的实例，属于规划环境影响评价的范畴。

研究在对该经济技术开发区的土地利用情况和环境污染状况进行调查后，以 1992 年和 1995 年的工业利税为代表(从土地占有看，1992 年工业用地占产业用地的 70%，1995 年占 87%)，分析了土地利用的经济收益情况。

(1) 1992 年工业利税为 1.46 亿元，开发区内工业用地 500 亩，亩均工业利税 29 万元，由于占用土地后，其环境损益值包括以下几项：

农作物产值：1400 元×509 亩=71.26 万元。

产氧功能损失值：8600 元×509 亩=437.74 万元。

废气造成损失值：5 元×2800 t(煤)=1.40 万元。

废水损害值：0.15 元×34 500 t≈0.52 万元。

废渣损害值：3.10 元×840 t≈0.26 万元。

环境损益值共 511.18 万元，其中农业经济和制氧损益值为 509.00 万元，占总损益值的 99%，而工业环境污染损益值仅占 1%，损益值与工业税收收益相比为 0.03。

(2) 1995 年工业利税为 4.86 亿元，工业用地 3428 亩，亩均工业利税为 14.00 万元。环境损益如下：

农作物产值：2000 元×3428 亩=685.60 万元。

产氧功能损益值：8600 元×3428 亩=2948.08 万元。

废气损害值：5.00 元×1200 t(煤)=6.00 万元。

废水损害值：0.15 元×1.50 万 t=2.25 万元。

废渣损害值：3.1 元×2.89 万≈8.96 万元。

环境损益值共 3650.89 万元，其中农业经济和生态损益值 3633.68 万元，占总损益值的 99%，工业环境污染损益值也占 1%，而损益值与收益比为 0.08。

最后对比 1992 年和 1995 年的环境损益和经济效益情况，认为 1995 年的经济收益和经济效益两项指标均低于 1992 年，是亩均收益减少和工业用地、环境污染增加等原因所造成。作者应用货币化技术很好地表征了开发区土地利用中环境效益和经济效益间的关系。

4. 环境费用效益分析结果的不确定性

在环境费用效益分析当中，各种研究方法均包含了一定程度的估算成分，对环境影响的货币价值的估算和贴现率的选择均有主观判断的因素，所以其评价结果只是真实价值的近似值，其中包括省略、偏差和不确定性因素。省略、偏差和不确定性是一些没有被量化的环境影响，或者是出于其他原因被省略的环境影响。例如，计算空气污染物的发病率和死亡率时就有很大的不确定性。所以，在一定程度上，评估的结果都是不确定的，不确定性的类别和来源决定必须对其进行充分的认识。

规划环评中环境费用效益分析涉及关键性的省略、偏差和不确定性，如果对评价结论产生影响，需要在分析报告中列出，其可能影响应以“+”、“-”和“不确定性”的等级来表现，以使决策者能够理解这些环境影响将如何改变所估算的现值或者收益率，表示出其对环境影响的收益、成本的影响趋势。此外，应该试着用一些简单的、单一的敏感性分析，专门考察高度不确定的假设条件，并改变这些假定，看他们对规划的经济分析结果有什么影响。

为此，需要在结论中清楚地说明诸多影响因素产生及处理后可能出现的结果。报告需将每一部分评价成果，按照先后顺序，用高度概括的逻辑语言表达确定或否定的结论。

4.8.4　结论

我国的环境影响评价制度中，早就明确了要对环境影响进行经济评价，但到目前为止还没有明确规定环境费用效益分析的概念、范围、方法和程序，也没有对其所需的资料提出相应的要求。因此需制定环境费用效益分析的相关导则，对环境费用效益分析的一些具体内容予以规范。

环境费用效益分析建立在环境影响评价的基础上，但很多分析方法都是针对受体进行，特别是直接市场法，致使环境影响评价的结果不能完全满足环境费用效益分析的需要。

4.9　低碳分析方法在规划环境影响评价中的应用

环境影响评价实施 30 多年以来，经历了从浓度控制到污染物总量控制、从末端治理到清洁生产、从工厂车间到区域环境、从项目环评到规划环评的发展历程，对于遏制环境污染和生态破坏、协调经济发展与环境保护方面发挥了重要作用。随着社会经济的发展和人类对自然规律认识的不断深入，全球气候异常现象促使人类开始反省自身行为对全球范围环境的影响和作用机制，环境管理的视角随之逐步由工厂和区域的常规污染治理转向全球尺度的温室气体总量控制，低碳理念首次从全球尺度来考量人类的经济活动与环境保护的关系。在这个最前沿的研究领域中，规划环评需要紧跟国家战略调整的步伐和环境管理的发展，在关注环境问题的范围上主动向全球拓展，在寻求环境问题的根源上积极向战略源头迈进。将低碳分析方法纳入我国的规划环评，从战略高度评价区域的碳排放，保障决策过程充分融入对碳减排目标的考虑。本节将探讨碳排放分析方法在我国规划环评中的应用及其实践。

4.9.1　用于规划环评的碳排放计量方法分析

1. IPCC 碳排放核算模型

规划环评对碳排放的考虑，是从战略层面对拟评规划或区域碳排放的审视和评估，因此，适合采用自上而下的计算方法，即利用国家官方公布的能源统计数据来计算化石燃料燃烧产生的 CO_2 排放量。

目前使用较普遍的估算化石燃料燃烧的碳排放量计算公式为

$$C_{\text{total}} = \sum_i C_i$$

$$C_i = (Q_i \times \beta_i \times \alpha_i - B_i \times \beta_i \times \alpha_i \times \eta_i) \times \gamma_i$$

式中，C_i 为第 i 种化石燃料的碳排放量(t)；Q_i 为第 i 种化石燃料的实物表观消费量(t)；β_i 为第 i 种化石燃料的能源转换系数(标准煤换算系数与标准煤能源转换系数的乘积，TJ/吨标准煤)；α_i 为第 i 种化石燃料的潜在碳排放因子(t/TJ)；B_i 为第 i 种化石燃料用做原料、材料的实物消费量(t)；η_i 为第 i 种化石燃料用做原料、材料时的固碳率；γ_i 为第 i 种化石燃料燃烧过程的碳氧化率。按照我国能源统计年鉴对能源消费的分类，i 值包括原煤、洗精煤、其他洗煤、型煤、焦炭、焦炉煤气、其他煤气、原油、汽油、煤油、柴油、燃料油、液化石油气、炼厂干气、天然气、其他石油制品、其他焦化产品等 17 种燃料。

具体来讲，该模型的计算过程可以表述为以下几个步骤。

1）估算各种化石燃料的消费量 Q_i

用于计算碳排放的化石燃料消费量，理论上是指直接发生在研究区域地理范围内的能源实际消费总量。由于实际消费量很难准确统计，在计算碳排放量过程中，大都使用表观消费量来表征实际消费量。虽然两者有些差异，但表观消费量基本上可以较为真实地反映一个国家一定时期内的能源消费状况。

表观消费量=生产量+进口量–出口量–国际航线加油–库存变化

另外，由于国际航线加油和库存变化数据在某些国家和区域可得性较差，王定武(1999)经过研究认为，国际航线加油和库存变化数据相对很小可以省略，表观消费量可直接简化定义为

表观消费量=生产量+进口量–出口量

根据我国能源统计数据的特点，表观消费量一般可直接采用我国能源统计年鉴中能源平衡表“可供本地区消费的消费量”项的各种能源消费量数据进行计算。

由于 IPCC 提供的碳排放因子单位能源消耗的碳排放量，因此，如果统计数据为实物消费量，还应转换为标准消费量，即将实物能源消费量统一为通用的能源单位，一般为 TJ：

燃料标准消费量=燃料实物消费量×标准煤折算系数×能量转换系数

2）估算燃料的含碳量

燃料含碳量由燃料表观消费量与潜在碳排放因子的乘积而得，潜在碳排放因子是指燃料的单位热值含碳量。由于我国没有权威的燃料潜在碳排放因子，已有研究大都采用 IPCC 推荐的国际通用参数。

3）估计用做原料、材料的燃料碳储藏量

用做原料、材料的能源消费是指石化能源产品没有作为能源使用(即不作为燃料、动力使用)，其消费实质是作为生产其他产品(一般是非能源产品)的原料或作

为辅助材料。因为没有发生燃烧过程，所以其使用过程的碳排放与能源的燃烧消费方式不同，不是单纯的碳原子经过氧化反应而生成CO_2的过程，其内部的碳不会像燃料燃烧一样基本以CO_2的形式排入空气中。例如，石油化学工业、化肥工业等行业生产乙烯、化纤单体、合成氨、合成橡胶等产品所消费的石油、天然气、原煤和焦炭等，这些能源作为原料投入生产过程，通过一系列化学反应逐步生成新的物质，构成新产品的实体。能源用做原材料与用做加工、转换有着本质的不同。用做加工、转换的过程，投入的是能源，产出的主要产品还是能源，或属于加工、转换过程中产生的不作能源使用的其他副产品和联产品。而用做原材料时，投入的是能源，产出的主要产品却是能源范畴以外的产品，包括产出的某种产品在广义上可以用做能源(如可以燃烧以提供热量)，但通常意义上不作能源使用(能源加工转换产出的不作能源使用的其他副产品和联产品除外)的产品。由于它只是化石燃料消费的一种趋向，它的值一定比化石燃料的表观消费量要小，其数据来源一般与表观消费量相同。我国的能源统计体系专门单列了工业终端能源消费中用做原料、材料的能源消费量。因此，在估算化石燃料燃烧的碳排放时，需要扣除这部分能源使用后的碳储藏量。

各种能源作为原料、材料使用后的碳储藏量不同，实际监测的工作量繁重，一般采用固碳率来估算固碳量。

固碳量=用做原料、材料的燃料消耗量×含碳量×固碳率

固碳率就是固定在产品中的碳占原料中总碳量的百分数。

4）估算碳排放量

将燃料总的含碳量减去保留在产品中的碳储藏量，理论上就是燃料燃烧产生的碳排放量。IPCC 推荐的碳氧化率缺省值为 1，即假定燃料完全燃烧、内部的碳完全氧化成CO_2的理想情况。我国目前很多研究也采用碳氧化率为 1 的默认值。实际上，限于当前的科技水平和人为因素，燃料燃烧过程不可能为完全燃烧，碳排放率很难达到 1。不同的燃料，其燃烧过程的碳氧化率也不同。通常情况下，气体的碳氧化率高于液体的碳氧化率，而液体的碳氧化率则高于固体的碳氧化率。

碳排放量=(燃料总的含碳量–固碳量)×燃料燃烧过程中的碳氧化率

2. IPCC 碳排放核算模型的缺陷

国家作为一个行政整体，根据系统的物质守恒原理，各类能源的总投入量等于终端能源的消费量加上加工转换和输送过程的损失量。因为表观消费量已经考虑了能源的进出口量和库存变化，因此以国家为尺度进行能源消费的碳排放统计，不存在进出口之外的其他超出国家边界的能源流动途径，用表观消费量可以既方便又完整的计算一个国家的能源燃烧碳排放量。但是对于省域等区域范围的碳排

放计量而言，这些方法则存在较大的缺陷，主要表现在没有科学考虑电力等区域间流动能源消费引起的间接碳排放的责任分担问题。

区域间的流动能源，主要是指经过能源加工行业生产的、可以在不同区域流动调配的二次能源，包括发电、供热、炼焦、炼油、制气和煤制品加工等行业生产的电力、热力、洗精煤、焦炭和成品油等产品能源。这些能源的生产过程直接消费了大量的原煤、原油等一次能源，这些数据相对容易统计且已纳入我国的统计体系。但是此过程的“消费”并非全部是燃烧直接排放二氧化碳的过程。实际上，除了火力发电和供热等生产方式外，相当一部分“消费”仅仅是“转化”过程，将原煤、原油等一次能源加工转化为更方便人类利用的洗精煤、焦炭、汽油和柴油等二次能源。这些二次能源的终端消费才是碳排放的主要途径，“转化”过程的能源消费相对很小，在数据缺乏的情况下甚至可以忽略不计。

通过对流动能源的分析可知，有些能源的实际消费过程和碳排放过程在空间上是分离的(如火力发电)，有些能源的表观消费统计量并非是直接发生碳排放的能源消费量(比如原煤的表观消费统计量就包括了转化为洗精煤、焦炭等的消费量)。从系统整体的角度可知，这对国家层次碳排放计算的影响是不大的，因为电力、洗精煤和焦炭等二次能源基本上是在国家范围内流动调配并消费的，既可以用能源的表观消费量计算，也可以用终端消费量计算。但是，对于国家层次以下的不同区域的流动调配，直接表观消费量计算碳排放，可能会由于责任分担不公平而造成发展空间的不平等问题。在研究区域的碳排放计量时，由于表观消费量仅仅是研究区域内的煤炭、油品、天然气等实物能源的消费，计算出的是在研究区域内部消费的能源利用的直接碳排放。从表面上看，这种计算方法准确地表征了该区域地理范围上的碳排放，所有区域排放量的总和也等于全国的碳排放总量，然而这种计量过程却忽略了电力等流动能源消费所引起的间接碳排放。在当前还没有征收碳税而要评价碳排放责任的时候，正是由于碳排放的外部成本没有体现在商品价格上，即消费者没有承担这种成本。参照以往的污染物生产者责任原则，人们往往从生产排放的角度来衡量碳排放，而忽略了 CO_2 的污染属性(影响范围和时效等)与以往的污染物不同。在当前低碳技术尚不成熟的时候，不能简单的服从“谁排放谁负责”的原则，而应该是“谁受益谁负责”(刘红光等，2010)。从规划环评的角度来讲，更应关注消费者的碳排放，从而促进低碳发展。对于电力生产者的低碳化转型，本文认为从行业评价角度去进行更为有效合理。

1) 电力

随着我国经济社会的发展和产业结构的升级，我国发电量增加迅速，从 1990 年的 621.32TW·h 发展到 2009 年的 3714.7TW·h，发电量增加了将近 6 倍，同时电力消费在我国终端能源消费中的比例也日益增加。从电源结构上看，火力发电是我国电力生产的最主要来源，近 20 年来一直保持在 80%左右的比例。火力发电消耗大量的碳基能源，一直是各个国家和地区碳排放的主要来源之一。从生命周期的角度看，规划环评不应忽略电力消费所引起的间接碳排放，否则不利于低碳理念在全社会的普及。并且，由于电力消费的特殊性，本区域生产的电力未必是在本区域消费，本区域消费的电力也无法区分是高排放的火电，还是相对低排放的水电、核电和风电等，因此在现有的技术水平和统计体系下，往往无法直接计算本区域电力消费的实际碳排放。

我国电力生产的区域差异性较大。2008 年火力发电量最大的江苏达到 2631.34 亿 kW·h，而青海的火力发电才 103.23 亿 kW·h，并且随着区域经济发展的不平衡，这种差异性将日益加大。区域间的电力调配规模较大，而且火电相对于水电、核电、风电等清洁电力生产方式的碳排放系数也较高，这样会造成拥有较高的火力发电比例的区域碳排放量也将偏高，而电力消费则发生在其他区域。火力发电行业的地理空间分布现状有其历史原因，也有区域的资源禀赋原因，在短期内很难得到改变。简单地将电力消费引起的间接碳排放责任归咎于电力生产部门，这样计量方法有失偏颇。因此，区域的碳排放计量应科学考虑电力消费引起的间接碳排放。

2）热力

一般情况下，我国的热力生产主要供应于本地消费，本地热力消费的间接碳排放可以直接由本地热力生产所消耗的各项化石燃料总量进行计算。

3）洗精煤、汽油等二次能源

由于资源禀赋和产业结构等原因，二次能源在我国区域间的调入调出量很大，由此造成表观消费量与能源的终端消费量差异巨大，即本地生产的二次能源未必在本地消费，却反映在表观消费统计数据中。直接用表观消费量进行计算，会将其他区域消费的能源排放量归于能源加工区域，从而造成以能源加工为主的区域碳排放偏高。与电力消费的间接碳排放不同，二次能源构成复杂，流通途径难以有效统计。考虑到其消费过程是碳排放的主要途径，因此，使用研究区域的能源终端消费量进行碳排放计算更为合适。

3. 适用于环评的碳排放核算模型

基于以上分析可知，在计算区域碳排放时，直接使用表观消费量的计量方法有失偏颇，也会造成不同区域的发展空间不公平。若用这种方法进行碳排放计量和决策评价，会产生错误的产业发展导向。因此，本文基于对上述问题的分析和我国能源消费统计的特点，提出一种适用于规划环评的、面向区域公平发展的碳排放计量改进模型。考虑到电力生产的高排放，将碳排放量区分为本地非电力生产的直接排放量和电力间接排放量。

基于发展公平的能源消费碳排放计量公式如下：

$$C_{\text{total}}=C_{\text{直接}}+C_{\text{电力}}$$

$$C_{\text{直接}}=\sum_i[(Q_{\text{终端}i}+Q_{\text{供热}i}+Q_{\text{损失}i})\times\beta_i\times\alpha_i-B_i\times\beta_i\times\alpha_i\times\eta_i]\times\gamma_i$$

$$C_{\text{电力}}=(E+\varepsilon)\times\sigma$$

$$\sigma=\text{TC}/\text{TE}$$

$$\text{TC}=\sum_i\text{TQ}_i\times\beta_i\times\alpha_i\times\gamma_i$$

式中，C_{total}为区域的碳排放总量(t)；$C_{\text{电力}}$为本地电力消费的间接碳排放量(t)；$C_{\text{直接}}$为本地非电力生产的能源消费直接碳排放量(t)；$Q_{\text{终端}}$为第 i 种化石燃料的终端消费量(t)；$Q_{\text{供热}}$为用于本地供热的第 i 种化石燃料消费量(t)；$Q_{\text{损失}}$为第 i 种化石燃料的损失量；β_i为第 i 种化石燃料的能源转换系数(标准煤换算系数与标准煤能源转换系数的乘积，TJ/吨标准煤)；α_i为第 i 种化石燃料的潜在碳排放因子(t/TJ)；B_i为第 i 种化石燃料用做原料、材料的实物消费量(t)；η_i为第 i 种化石燃料用作原料、材料时的固碳率；γ_i为第 i 种化石燃料燃烧过程的碳氧化率；E 为区域的电力终端消费量(kW·h)；ε 为区域的电力损失量(kW·h)；σ 为全国电力消费平均等效排放因子[t/(kW·h)]；TC 为全国电力生产的碳排放总量(t)；TE 为全国电力生产总量(kW·h)；TQ_i为用于全国电力生产的第 i 种化石燃料消费量(t)。i 值包括原煤、天然气、其他石油制品等 17 种燃料。

这样的计量模型，将电力生产过程中的碳排放责任由电力消费区域承担，符合环境经济学的“消费者责任”原理，既保证了资源禀赋不同的区域拥有相同的发展空间，也促使全国所有区域重视电力消费的间接碳排放，有利于全国碳排放总量的削减和低碳理念的全面落实。

我国的电力生产主要由火电、水电、风电和核电构成。其中，火力发电是依靠大量燃烧煤炭等化石燃料来提供发电动力，而水电、核电和风电则是依靠水利势能、核能和风能等清洁能源，其生产过程基本属于零碳排放。从生命周期的角度评价，水电、核电和风电在发电设备的生产、运行等过程也消耗了原料和能源，也间接排放有 CO_2 等温室气体。本文认为，发电设备的生产、运行等过程的碳排放已经在工业生产过程的终端消费时进行了计算，不应在电力生产过程进行重复计算，因此可以认为，水电、核电和风电在电力生产过程中的碳排放系数近似为零，电力生产的碳排放近似于火电发电的碳排放。在计算全国电力生产的碳排放总量 TC 时，只要计算全国火力发电的能源消费碳排放即可。

4.9.2　规划环评中的碳排放分析

我国不同地区的碳排放，由于其经济发展水平、自然资源禀赋和技术水平等因素的差异，当前的低碳发展处于不同的阶段，有着不同的发展特征。为了保证区域间的均衡发展和行业间的合理发展空间，在制定区域的低碳发展目标和碳排放目标的过程中，有必要基于区域的低碳发展阶段特征来制定既适合自身特点又保证全国碳排放目标的低碳发展方式。不同区域的规划环评关注的重点也有所不同，因此有必要在低碳发展潜力分析的基础上，对拟议战略规划所处区域的低碳发展阶段进行科学评价。

基于全国 30 个省市碳排放面板数据的相关性分析和回归分析，碳排放强度、资源禀赋指数、高耗能产业比例和人均 GDP 等四个指标被认为是判定我国不同区域低碳发展阶段的表征因素。实际上，碳排放强度代表的是碳排放水平，资源禀赋指数代表着资源禀赋的自然条件，高耗能产业比例代表工业内部结构和技术进步水平，人均 GDP 则是经济发展水平的标志。规划环评在进行碳排放评价因子选取时，可根据拟评区域的实际情况和数据可得性，酌情选择最能反映区域碳排放水平、自然条件、工业结构和技术水平以及经济发展程度的量化指标。

在选定量化指标之后，绘制各项指标值与当年全国平均水平比值构成的区域低碳发展雷达图。根据雷达图的形状，充分咨询专家和相关部门的意见，最终确定区域的低碳发展类型。对于经济发达型的低碳发展区域，规划环评要关注进一步优化能源结构和产业结构，提高技术密集型产业的比例，重点考虑能源结构和工业产业结构等指标的设置及战略规划的发展目标合理性。对于能源资源丰富的高碳发展区域，规划环评一方面要重视经济发展衡量指标，促进该地区经济的快速发展；另一方面要通过构建过程性指标，定量考虑区域碳强度的削减绩效。而对于我国大部分地区，目前处于经济快速发展的高碳发展水平，规划环评要全面分析地区低碳发展的基础条件和机遇优势，从发展阶段、产业结构、能源利用、技术水平及制度建设等多方面构建评价指标。

4.9.3　案例分析——天津滨海新区发展规划环评中的低碳分析内容

滨海新区发展规划环评是对滨海新区发展战略进行评价，不同于一般规划环境影响评价以单一的规划作为评价对象，而是以从指导滨海新区未来发展的多个规划中提炼、总结出未来的总体发展战略作为评价对象。经过初步的现状调查和规划分析表明，滨海新区正值工业化、城市化的快速发展阶段，新区发展不仅关系到天津的发展，还关系到环渤海地区的发展。低碳作为一种以“低消耗、低排放、高产出”为特征的经济发展模式，有利于滨海新区在积极应对气候变化的同时，加快转变经济发展方式，进一步优化能源结构、促进产业结构调整，因此，有必要开展滨海新区未来发展的碳排放水平分析及低碳发展潜力评估。

1. 低碳发展现状分析

1）碳排放水平

碳排放水平是衡量区域低碳发展的首要因素，可以用碳排放总量、人均碳排放、单位 GDP 碳排放等因素来表征。鉴于我国提出的碳排放目标是基于单位 GDP 的 CO_2 排放量指标，因此本评价选取碳强度来分析滨海新区的碳排放水平。

基于改进的碳排放核算模型，估算出滨海新区的碳排放量。其中，评价基准年 2007 年滨海新区 CO_2 排放总量约为 5978.69 万 t（表 4-45），单位 GDP CO_2 排放强度约为 2.42t/万元，第一、二、三产业 CO_2 排放量分别为 12.45 万 t、5104.54 万 t、655.17 万 t，生活能源消费排放的 CO_2 约为 206.53 万 t，其中工业部门碳排放量所占比例最大，约为滨海新区总量的 84%。

表 4-45　2007 年滨海新区 CO_2 排放量估算

类别	CO_2 排放量/万 t	占 CO_2 排放总量的比例/%
第一产业	12.45	0.2
第二产业	5 104.54	85.4
其中：工业	5 037.83	84.3
其中：建筑业	66.70	1.1
第三产业	655.17	11.0
生活消费	206.53	3.5
合计	5 978.69	100

对历史碳排放数据进行分析，滨海新区的 CO_2 排放总量增加较快，从 2000 年的 2794 万 t 上升到 2008 年的 6645 万 t，平均年增长率达到 15%。2005~2008 年滨海新区的万元 GDP CO_2 排放量由 3.14t/a 下降到 1.98t/a，高于当年的全国平均水平 1.95~1.73t/a（图 4-45）。这说明滨海新区经济发展的碳生产力较低，低碳发展水平有待进一步提高。但是 2005~2008 年滨海新区的碳强度下降幅度很大，平均年下降率达到 14.2%，远高于同一时期全国平均 3.9%的下降率。通过产业结构调整和能源效率提高，滨海新区经济发展的低碳化转型效果明显，碳减排绩效高于全国水平。

2）自然资源禀赋

资源禀赋是指区域的自然资源和人力资源的产出能力，实质上也可以理解为区域资源产出对本地区经济发展的支撑能力。由于滨海新区的流动人口量较大，用人均能源生产量的指标不能准确反映滨海新区的资源禀赋特征，为了方便表征滨海新区资源禀赋水平对低碳发展的影响，本评价用一次能源生产量和地区生产总值的比值(定义为资源禀赋指数)来分析。滨海新区的资源禀赋水平如图 4-46 所示。

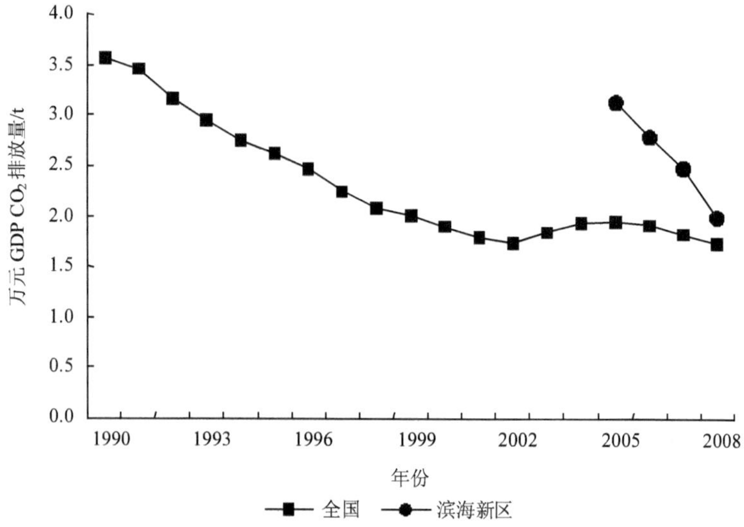

图 4-45　滨海新区的碳排放强度水平

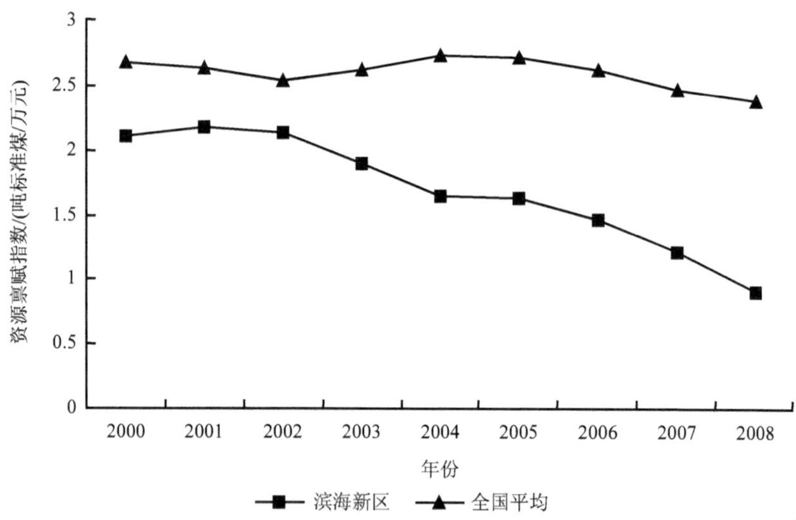

图 4-46　滨海新区资源禀赋指数与全国平均水平的比较

从能源种类来看，滨海新区的一次能源生产主要是原油和少量的天然气，没有原煤生产。并且滨海新区的资源禀赋指数一直远远低于全国的平均水平，2008 年只有全国平均水平的 37.9% (图 4-46)。这说明滨海新区是在较低的资源禀赋条件下取得了较高的经济产出。

3）经济发展阶段

经济发展水平在很大程度上影响着能源消费强度与规模，被认为是影响碳排放的首要因素，因此也是判断区域低碳发展阶段的重要指标之一。本文基于不同经济学家对经济发展阶段的划分，综合讨论滨海新区当前所处的经济发展阶段。

（1）人均 GDP 指标。

通过计算，2005 年滨海新区人均 GDP 为 12 090 美元，远高于浦东新区 8274 美元的水平。2007 年人均 GDP 达到了 14 234 美元，比 2005 年增长了 18%，按 2000 年美元价格计算，2005 年滨海新区已达到后工业化初级水平。滨海新区与国内主要发达经济区域人均 GDP 指标对比见表 4-46。

表 4-46　滨海新区与国内主要发达经济区域人均 GDP 指标对比　（单位：美元/人）

年份	滨海新区	天津	上海	浦东	深圳	苏州
2000	6 578	2 053	3 584	4 629	3 768	3 219
2005	12 090	3 794	5 679	8 274	6 800	6 305
2006	13 298	4 214	6 295	9 182		7 178
2007	14 234	4 681	7 040	9 815		8 215

（2）产业结构发展指标。

自 2000 年开始，滨海新区第二产业比例不断上升，2005 年出现下降现象。然而 2005 年后，第二产业再次攀升，2007 年已经达到 71.7%，第一产业的比例下降到 10%以下。“十一五”以来，滨海新区的第二产业发展速度明显高于第一产业和第三产业，并有加速发展的趋势。因此，根据工业化进程中产业结构变化规律，滨海新区已达到了工业化中期的初级阶段，工业部门正成为拉动地区经济增长的重要引擎。

（3）城市化水平指标。

2005 年，滨海新区的城市化率达到了 76.2%，略高于德国的城市化水平，说明了滨海新区城市化水平发展很快，在人均 GDP 远低于日本、美国等发达国家的同时，城市化水平已经与之相当。但在国内进行横向对比来看，滨海新区仍然低于浦东新区 92.1%的水平。从这一角度分析，与浦东新区相比，滨海新区城市化发展要滞后于工业化发展水平。

综上分析，由于滨海新区流动人数较多，用户籍人口衡量的人均 GDP 要略显偏高，因此，滨海新区人均 GDP 虽然已经达到后工业化水平，但滨海新区现阶段经济结构偏重，经济发展比较依赖资本和资源密集型产业的投资带动，资源环境与经济发展耦合特征明显，根据各项指标综合判断，天津滨海新区总体上处于工业化中期的初级阶段。

4）产业技术水平

技术水平对碳排放的影响主要通过提高能源效率和优化工业内部结构等途

径，因此本评价选取万元 GDP 能耗指标和高耗能行业指标来分析滨海新区的产业技术水平。

(1) 万元 GDP 能耗指标。

总体来看，2005~2007 年滨海新区万元 GDP 能耗水平处在全国中上游，但是与国内经济发展水平较高的几个城市对比，滨海新区的能耗水平差距较大。2005 年，北京、上海和深圳的万元 GDP 能耗分别为滨海新区的 71%、79%和 53%。到 2007 年，差距虽有所减小，但与能耗水平接近的上海仍有 13%的差距，即便是人均 GDP 水平最低的青岛，其万元 GDP 能耗也比滨海新区低 0.088 吨标准煤。2005 年滨海新区与欧盟、印度等国家和经济体能源效率对比见图 4-47。

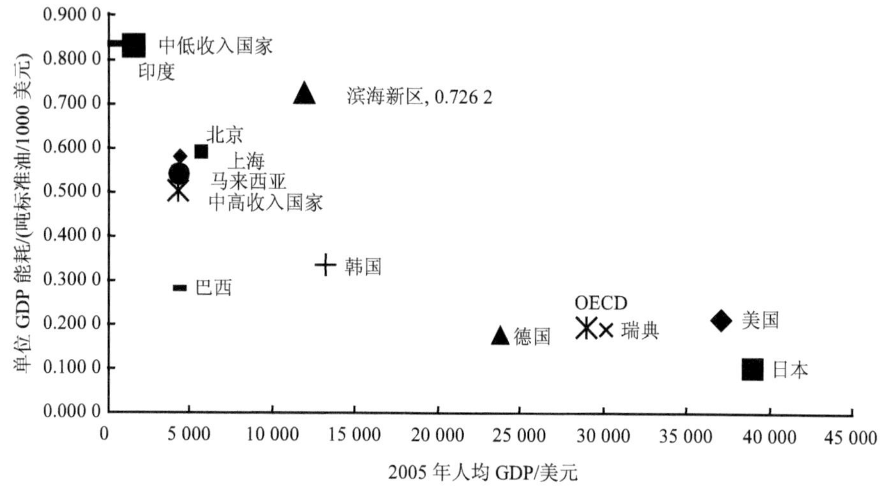

图 4-47　2005 年滨海新区与世界主要国家和经济体能源效率对比

通过与国际上主要国家和地区及经济体进行对比，滨海新区能源效率差距体现得更加突出。2005 年，滨海新区每千美元(2000 年美元价格)的能源消耗是同时期日本的 6.8 倍，是德国的 4.1 倍、美国的 3.4 倍、巴西的 2.6 倍，并且在发展中国家和地区中，仅仅低于印度和中低收入国家的能耗强度。研究显示，人均 GDP 水平与能源消耗强度成反比例关系，如图 4-47 所示。2005 年滨海新区人均 GDP 达到 11 894 美元，韩国为 13 240 美元，两者水平较为接近，但是滨海新区的能耗强度却达到了韩国的 2.2 倍，这充分说明能源利用水平与经济发展水平不相适应，能源利用效率亟待提高。

(2) 高耗能行业分析。

2005 年，滨海新区钢铁、石化、有色等基础原材料工业占制造业比例为 26.5%，装备制造、生物医药等技术密集型行业的比例为 62.2%。2006 年，基础原材料行业比例下降到 25.3%，技术密集型行业上升到 64.5%，这一变化趋势符合发达国家工业化普遍规律。但到 2007 年，基础原材料行业比例却大幅增长了 4.1 百分点，达到 29.4%，技术密集型行业比例反而下降 5.5 百分点。并且根据最新统计资料显示，2008 年滨海新区钢铁行业工业产值增长率达到 42.4%，不仅高于工业平均增长率的 29.4%，还远高于电子信息、交通运输设备等技术密集型行业的增长幅度，工业内部结构出现再度重化发展的趋势(图 4-48)。对比分析上海浦东新区工业内部结构的变化历程，自 1993 年开始，浦东新区基础原材料行业占制造业比例不断下降，2007 年下降到 17.9%，远低于滨海新区 29.4%，技术密集型行业比例由 1993 年的 32%上升到 68.4%，高于滨海新区 59%的水平。结合浦东新区 2000~2007 年霍夫曼系数变化趋势分析，浦东新区制造业内部结构优化升级的进程正循序渐进地进行，技术密集型行业已经取代资本密集型的传统重工业行业，成为工业发展的支柱，工业化真正进入后期阶段。

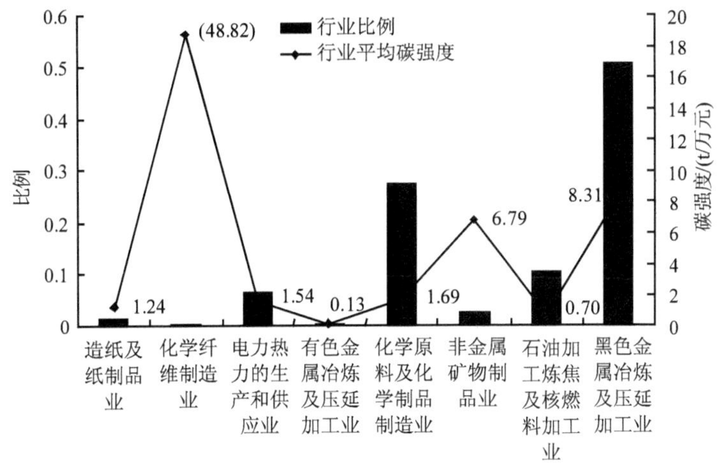

图 4-48　2008 年滨海新区高耗能行业比例

基于滨海新区与浦东新区的对比综合分析，2008 年滨海新区霍夫曼系数已经达到 0.197，根据霍夫曼对工业化阶段的划分标准，滨海新区工业化水平已处于后工业化阶段，但如果结合更具典型意义的制造业内部结构指标来看，滨海新区仍然处在以原材料工业为重心的重化工业化阶段向以重加工工业为重心的高加工度化阶段的转变过程中。

5）低碳发展水平

在对碳排放水平、资源禀赋、经济发展水平和产业技术水平分析的基础上，可以构造滨海新区低碳发展的雷达图(图 4-49)，其中万元 GDP 碳排放强度 0.54t，约为全国平均水平的 0.71 倍；人均 GDP 达到 10.82 万元，是全国水平的 4.92 倍；资源禀赋指数为 0.91 吨标准煤/万元，略低于全国平均水平，而高耗能产业占滨海新区工业的比例为 27.2%，低于全国的 32.6%，滨海新区属于较典型的经济发达型低碳发展地区。

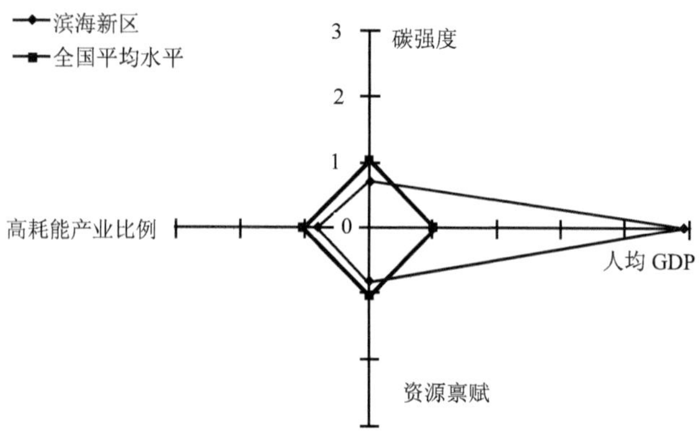

图 4-49　滨海新区低碳发展雷达图

2. 碳排放预测分析

根据基准情景及高端情景下滨海新区各部门的能源需求量，测算滨海新区规划期间的碳排放量及排放强度。

若不考虑能源结构调整、低碳技术进步、生活方式变化对碳排放量的削减，在基准情境下，2015 年及 2020 年滨海新区基于能源消耗的碳排放总量分别将达到约 4200 万 t 和 8190 万 t；高端情境下，2015 年及 2020 年滨海新区基于能源消耗的碳排放总量分别将达到约 430 万 t 和 5830 万 t。2020 年，基准情境及高端情境下，单位 GDP 碳排放强度分别为 0.55t/万元和 0.39t/万元，单位 GDP 碳排放强度分别较现状下降 27.2%和 48.2%。基准情境下 2015 年的 CO_2 排放强度大于 1.76t/万元的评价指标值，而在经济快速发展的高端情景下可以实现既定的碳减排目标。不考虑能源结构调整的情况下，碳排放总量及排放强度见表 4-47。

表 4-47　不考虑能源结构调整情况下碳排放总量及排放强度

项目	年份	碳排放量/万 t	GDP/亿元	碳排放强度/(t/万元)	CO_2 排放强度/(t/万元)
基准情景	2015	4 200	8 000	0.53	1.94
	2020	8 190	15 000	0.55	2.02
高端情景	2015	3 430	7 900	0.43	1.58
	2020	5 830	15 000	0.39	1.43

《天津市能源发展“十一五”规划》提出了天津要进一步控制煤炭需求总量，以石油、天然气等较清洁的能源替代煤炭。根据产业规划，滨海新区石油化工行业将快速发展，石油在能源消耗总量中的比例呈上升趋势。同等热量的原油、天

然气燃烧排放的碳是原煤的 50%、60%，因此，能源结构的变化将很大程度上影响碳的排放量。《天津市能源发展“十一五”规划》同时提出，要充分利用地热资源，采用先进的热泵技术对井回灌，实现地热资源梯级利用、循环开发，使地热资源得到科学、合理地利用；充分利用风力资源，开展风力发电；推进生活垃圾、秸秆等生物质能发电。《天津市资源综合利用“十一五”规划》提出在农村推广太阳能热水器，在城市楼宇和工业厂房推广建材化太阳能集热设备，在滨海新区建设 10 万 kW 风力发电场，利用太阳能、风能发电实现替代和少用电能。各项能源结构调整、再生能源推广措施在“十二五”期间及以后继续深入推行，能源结构的优化将使碳排放强度进一步降低。优化后的终端能源消费结构见表 4-48。

表 4-48 各规划年主要燃料在总能耗中所占比例 （单位：%）

年份	煤炭	焦炭	天然气	油品	热力	电力	其他
2015	25.6	12.6	6.5	14.5	2.1	32.3	6.4
2020	22.7	10.5	6.9	20.6	2.1	30.5	6.7

在考虑能源结构调整的情况下（表 4-49），滨海新区基准情景的 2015 年及 2020 年石化燃料燃烧产生的碳排放总量分别约为 3420 万 t 和 6850 万 t；高端情景下，分别约为 2950 万 t 和 5380 万 t。2020 年，基准情境及高端情境下，单位 GDP 碳排放强度分别为 0.46t/万元和 0.36t/万元，单位 GDP 碳排放强度分别较现状下降 39.1%和 52.2%，基本达到国家提出的碳减排战略目标。两个情景下的 2015 年 CO_2 排放强度也都顺利达标，充分论证了规划环评提出的低碳发展目标的可达性，但是这种可达性需要建立在滨海新区未来注重能源结构调整、大力发展可再生能源的基础上。

表 4-49 能源结构调整的情况下 CO_2 排放总量及排放强度

项目	年份	碳排放总量/万 t	GDP/亿元	碳排放强度/(t/万元)	CO_2 排放强度/(t/万元)
基准情景	2015	3 420	8 000	0.43	1.58
	2020	6 850	15 000	0.46	1.69
高端情景	2015	2 950	7 900	0.37	1.36
	2020	5 380	15 000	0.36	1.32

4.9.4 结论

在规划环评中引入低碳分析方法，其根本任务是在规划编制阶段，通过对低碳发展水平和目标可达性的分析，预测和评估拟评规划的发展目标、指标和规划方案的实施可能对碳排放产生的影响，并对产业、能源、交通、建筑以及生活消费和管理制度等领域提出低碳化措施和建议的过程。我国规划环评应以实现碳强度减排目标为刚性约束条件，以保证社会经济又快又好发展为前提，以转变社会经济发展方式为最终目的，围绕这个约束条件和最终目的开展现状调查、问题识别和预测分析，并通过完善战略规划建议而促进产业低碳化、能源低碳化、交通建筑和消费低碳化以及碳汇体系的构建和发展。同时，由于我国的“一地、三域、十个专项”规划差别极大，对低碳发展和碳排放的影响也大为不同。本节仅从总体上分析了碳排放分析方法在区域规划环评中的应用框架，探讨的是较为通用的问题，而未能对不同类型战略规划环评中的低碳评价特点和具体方法进行展开讨论，这也是未来规划环评所面临的技术难点。

第5章　规划环境影响评价技术方法应用案例

——以天津市滨海新区规划环境影响评价为例

2009年8月，我国通过的《规划环境影响评价条例》规定：“国务院有关部门、设区的市级以上地方人民政府及其有关部门，对其组织编制的土地利用的有关规划和区域、流域、海域的建设、开发利用规划(综合性规划)，以及工业、农业、畜牧业、林业、能源、水利、交通、城市建设、旅游、自然资源开发的有关专项规划(专项规划)，应当进行环境影响评价。”基于此，我国各领域都开展了战略环境影响评价。从近年的实践看，开展工作较多的是土地、区域、流域、交通、煤矿区等规划的环境影响评价研究。研究规划环境影响评价案例，对我国发展规划环境影响评价方法，指导规划环境影响评价工作，促进可持续发展具有重要意义。本部分针对天津市滨海新区战略环境评价案例进行介绍。

“十一五”中期，天津市滨海新区战略环境影响评价以《天津市滨海新区国民经济和社会发展第十一个五年规划纲要》、《天津市滨海新区城市总体规划(2005~2020年)》中指导滨海新区发展的重要规划以及《天津市滨海新区城市总体规划(2009~2020年)(阶段稿)》中提出的新的发展战略为评价对象。同时，参考《天津市滨海新区空间发展战略研究(2008~2020年)》，对天津市滨海新区规划发展作出系统的评价分析。

5.1　评价技术路线

本次评价主要分为四个阶段(图5-1)。

第一阶段，在环境现状调查与回顾分析的基础上，辨识滨海新区的环境优势和主要环境问题，进行滨海新区发展战略的分析和环境影响识别与筛选，并结合环境现状分析的结果，确定评价内容及评价指标体系。

第二阶段，分析滨海新区的土地资源、水资源、能源对滨海新区未来社会经济发展的支撑能力，预测评价未来滨海新区环境空气质量、水环境质量、生态环境、近岸海域等环境要素的发展变化趋势，并对滨海新区未来发展战略开展环境风险评价、循环经济评价、低碳发展分析。

第三阶段，综合分析滨海新区发展目标、规模、空间布局、产业结构和交通发展等的环境合理性，对保障滨海新区协调发展的环境管理体系进行分析与完善。

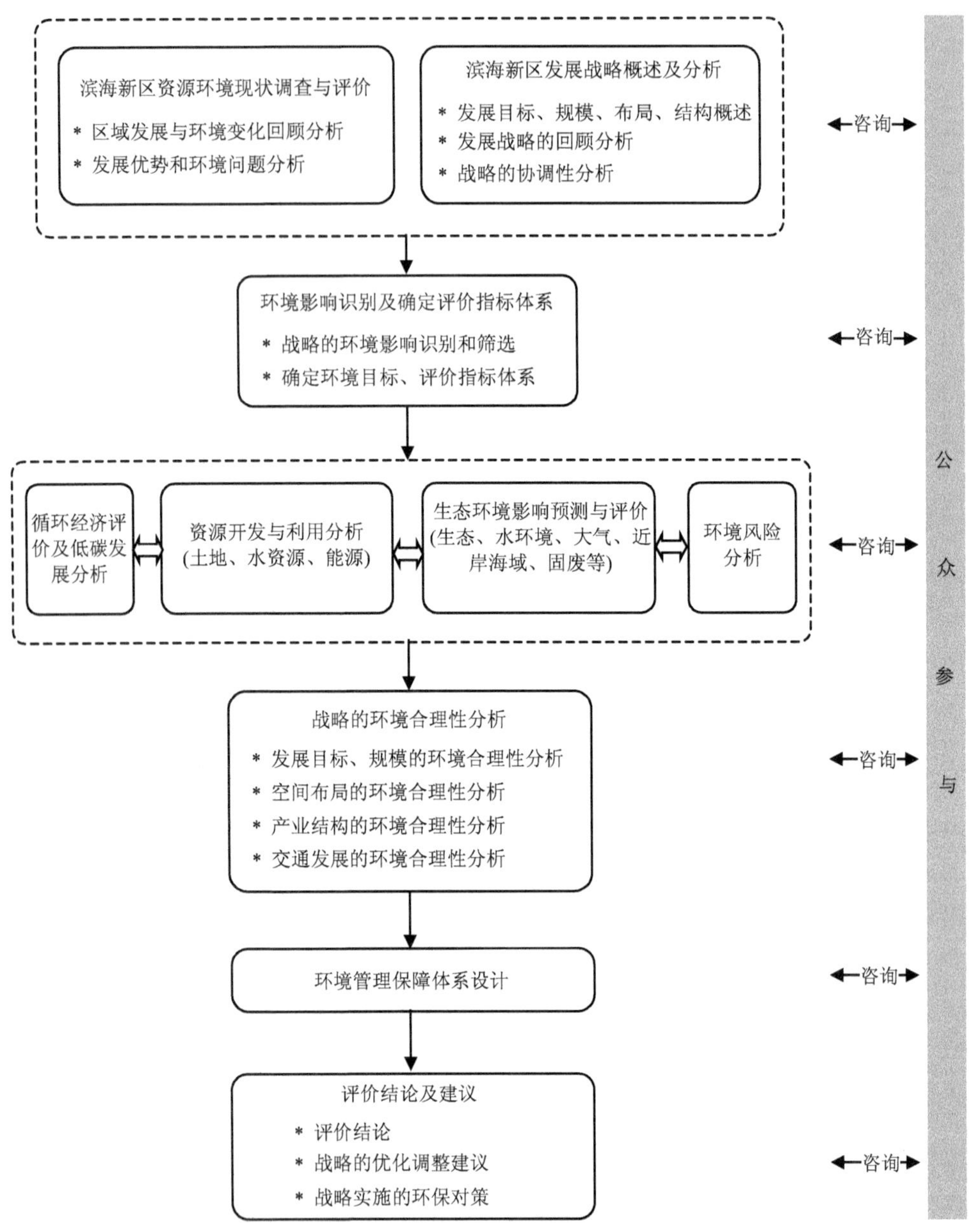

图 5-1　滨海新区发展战略环境影响评价技术路线

第四阶段，综合上述第二、三阶段预测和分析的结果，给出本次评价的结论，并提出滨海新区发展战略的优化调整建议和环境保护对策。

5.2　评价内容和思路

评价内容和思路如表 5-1 所示。

表 5-1　报告书章节设置

章	节
第一章　总论	1.1　评价背景 1.2　评价指导思想和原则 1.3　评价依据 1.4　评价标准 1.5　评价对象 1.6　评价范围 1.7　评价技术路线 1.8　评价方法
第二章　滨海新区发展战略概述与分析	2.1　滨海新区主要规划的背景分析 2.2　滨海新区主要规划的变化分析 2.3　发展战略要点概述 2.4　发展战略与相关规划的协调性
第三章　滨海新区发展优势及环境问题	3.1　自然与社会经济概况 3.2　资源利用及环境变化回顾性分析及现状评价 3.3　区域发展优势和主要环境问题
第四章　环境影响识别与评级指标体系	4.1　环境影响识别 4.2　环境影响筛选 4.3　评价目标 4.4　评价指标体系
第五章　资源开发与利用分析	5.1　水资源供需平衡分析 5.2　能源消费预测及节能指标分析 5.3　土地资源利用分析
第六章　生态影响分析与评价	6.1　湿地生态系统格局变化分析 6.2　生态网络的合理性与科学性分析 6.3　生态完整性评价 6.4　生态影响减缓对策与建议
第七章　环境影响预测与评价	7.1　大气环境影响预测与评价 7.2　水环境影响预测与分析 7.3　近岸海域环境影响预测与分析 7.4　固体废物环境影响预测与评价 7.5　交通发展的环境影响预测与评价
第八章　环境风险分析与评价	8.1　环境风险识别与分析 8.2　典型事故环境风险预测评价 8.3　环境风险时空分布趋势分析 8.4　环境风险管理
第九章　循环经济分析与评价	9.1　循环经济现状及规划存在的问题 9.2　循环经济体系建设建议
第十章　发展战略的环境合理性分析	10.1　定位、目标的环境合理性分析 10.2　发展规模的环境合理性分析 10.3　空间布局及产业布局的环境合理性分析

续表

章	节
第十章　发展战略的环境合理性分析	10.4　产业结构的环境合理性分析 10.5　交通发展的环境合理性分析
第十一章　公众参与	11.1　公众参与的目的 11.2　公众参与方式 11.3　与规划编制部门互动 11.4　公众参与的作用 11.5　公众参与主要成果
第十二章　环境管理体系建设与创新	12.1　滨海新区环境管理体系的现状及问题诊断 12.2　区域环境管理理念 12.3　区域环境管理体制 12.4　区域环境管理手段
第十三章　评价结论及对策建议	13.1　评价结论 13.2　战略的优化调整建议 13.3　战略实施的环保对策

在环境影响识别的基础上，根据环境目标，统筹考虑国家生态省、生态市建设指标，结合滨海新区的特点、经济发展情况以及环境保护现状，确定本次评价的指标体系。指标体系以资源和环境指标为主，包括水环境质量、大气环境质量、固体废物、生态环境、资源利用指标(表 5-2)。

表 5-2　评价指标体系

环境要素	指标名称	单位	2007 年现状值	评价目标
水环境	城市水环境功能区水质达标率	%	22	100
	城镇污水集中处理率	%	60	≥98
	万元 GDP 的 COD 排放强度	kg	1.22	≤0.9
大气环境	全年空气质量达到或优于Ⅱ良好水平的天数比率	%	<85	≥85
	万元 GDP 的 SO_2 排放强度	kg	4.60	≤2.79
固体废物	工业固体废物处置利用率	%	96.8	100
	危险废物处置率	%	100	100
	生活垃圾无害化处理率	%	100	100
生态环境	受保护区域占国土面积比例	%	14	≥25
	建成区绿化覆盖率	%	19	≥39
	城镇人均公共绿地面积	m^2	29	≥22
	湿地覆盖率	%	16	≥22
资源利用	单位 GDP 耗水量	t/万元	13.5*	≤12
	单位工业增加值耗水量	t/万元	10.7*	≤7

续表

环境要素	指标名称	单位	2007 年现状值	评价目标
资源利用	农业灌溉有效利用系数	—	0.6	≥0.8
	单位 GDP 能耗	吨标准煤/万元	0.96	≤0.72
	可再生能源占能源消耗总量的比例	%	0.3	≥4
	再生水回用率	%	3	≥60
	单位建设用地的 GDP 产出	亿元/km^2	6.3	≥12

*为 2006 年数据

5.3　主要评价方法应用

本次评价综合运用情景分析法、数值模拟、景观指数分析法、地理信息系统、环境风险综合区划法、DPSIR 模型、专家咨询法等方法进行分析与评估。

情景分析法：以滨海新区发展趋势和相关规划为依据，充分考虑发展过程中的不确定因素，构建区域未来发展的情景，并对各情景下滨海新区的资源利用、产业节能、环境影响进行预测和评价。

数值模拟：通过建立环境质量模拟模型，预测能源消费、水资源利用、大气环境质量等，为区域节能减排分析提供定量的依据。

景观指数分析法：应用 FRAGSTS 软件得出众多的景观指数，选择具有明确生态学意义的景观指数，主要包括非空间的组分指数(如斑块类型总面积 CA、斑块密度 PD、边界密度 ED、多样性指数 SHDI、均匀性指数 SHEI)和空间的配置指数(欧氏最近邻体距离 ENN 和连接度 CONNECT)，对生态网络结构要素的破碎化程度进行分析。

地理信息系统：利用 ERDAS、ArcGIS 等软件，进行生态环境现状和土地利用/覆被的现状调查、回顾调查、生态环境现状评价和生态网络构建等。

环境风险综合区划法：将风险严重度区划图与受体脆弱性区划图叠加，得到反映不同受体受损害大小的环境风险综合区划图，以反映突发性环境污染事件的风险分布及风险水平。

DPSIR 模型：基于 DPSIR 模型原理，采用自上而下、逐层分解的方法，建立滨海新区环境风险变化趋势评价的指标体系。

专家咨询法：用于环境现状评价、环境影响识别、评价目标和指标体系建立、资源开发与利用分析、环境影响预测和综合评价等过程。

5.3.1　环境影响识别的方法

本评价利用矩阵法和专家咨询法识别滨海新区发展战略对资源、环境等方面产生的影响，判别影响程度及其是否为跨区域环境问题。根据滨海新区发展战略，将战略内容整理归类为功能定位与主要职能、城市规模、空间布局、产业结构及布局、基础设施建设、资源环境保护和其他七个方面，将发展战略作为环境影响识别矩阵中的行，将受影响的环境要素作为矩阵中的列，识别矩阵见表 5-3。

表 5-3　滨海新区发展战略环境影响识别矩阵

滨海新区发展战略内容				大气环境	水环境	土壤环境	声环境	固体废物	陆地生态	近岸海域生态	环境风险	土地资源	水资源	能源
功能定位与主要职能				−1	−2	−1		−2	−1	−1			−1	−1
城市规模	经济规模增加			−2	−2	−1		−3		−1		−2	−3	−3
	人口规模增加			−2		−1	−2	−3	−2	−1		−2	−2	−2
	用地规模	城镇建设用地增加		−1	−1		−1	−1	−3			−3		
		围海造陆			−1				−3	−3	−3	±2		
空间布局：一城三片双港九区									±2	−1				
产业结构及布局	产业结构调整			−1	−1								−1	−1
	产业布局及发展	中心商务区		−1			−1	−1				−1	−1	−1
		临空产业区		−1	−1		−3		−1			−1		
		滨海高新区		−2	−2			−2			−1		−1	
		先进制造业产业区		−2	−2			−3			−2	−2		−1
		中新天津生态城		±1	±1	±2	−2	±2	±2			−3	−1	−1
		海滨旅游区						−1	−2	−3r				
		海港物流区		−2			−2					−1		
		临港工业区		−1			−1	−1	−2	−3r	−2			
		南港工业区		−3	−3	−1		−2	±1		−3	−2	−3	−3
基础设施建设	交通	空港（机场）建设		−1			−3		−1			−1		
		港口建设	北港区	−1			−1		−2	−3r	−2			
			南港区	−3	−3	−1		−2	±1		−3	-2	−3	−3
		公路建设		−2	−1		−2		−2			−2		
		铁路建设					−1		−2			−1		
		城市道路系统建设		−1			−2		−2			−1		
		公共交通系统	地面快速公共交通建设	+3								+3		+2
			轨道交通建设	+2			−2		−2			+2		+2

续表

滨海新区发展战略内容			大气环境	水环境	土壤环境	声环境	固体废物	陆地生态	近岸海域生态	环境风险	土地资源	水资源	能源
基础设施建设	能源	电厂建设	−3				−2	−1		−2		−2	+2
		新建扩建变电站			−1			−1					+2
		发展热电联产	+2										+2
		发展清洁和可再生能源	+3	+1									+3
	给排水	水厂及再生水厂建设										+3	
		发展海水淡化							−2			+3	−3
		实行雨污分流		+2									
	防灾减灾工程建设									+2			
资源环境保护	岸线利用		−2	−2	−1	−1	−1	±2	±2	−2			
	绿地系统建设		+2					+3					
	生态工业区建设		+1	+1			+2					+1	+1
	循环经济产业链建设						+3				+1	+3	+3
	生态廊道、生态组团建设		+2					+3				−2	
	污水处理厂建设		−2	+3			−2						−1
	垃圾处理厂的新建、改造、扩建						+3			−1	±1		
其他	城乡统筹与新城镇建设		±2	±2		−1		−2			−2	−2	−2
	城乡居民收入提高					−1	−2		−1			−1	−1

注：“+”表示有利影响；“-”表示不利影响；“1”表示轻微影响；“2”表示中等影响；“3”表示重大影响；“r”表示跨区域影响

1. 资源开发与利用分析方法

本部分主要包括水资源供需平衡分析、能源消费预测及节能指标分析、土地资源利用分析内容。用到的评价方法有情景分析法、数值模拟法、地理信息系统、专家咨询法等。

1）情景分析法

在水资源供需平衡分析中，设置了基准情景和高端情景两种情景，并在这两种情境下对滨海新区生活需水量、第一产业需水量、第二产业需水量、第三产业需水量、生态需水量进行预测。然后，根据基准情景和高端情景下滨海新区需水量预测结果和滨海新区可供水量预测成果，确定滨海新区水资源供需差额。

在能源消费预测及节能指标分析中，设置了基准情景和高端情景两种：基准情景是指滨海新区经济总量、人口快速增长，装备技术水平得以提升，能源利用效率有所提高，但产业结构未明显优化；高端情景的设计原则是在 2020 年的经济总量及年均增长速度与基准情景基本一致的前提下，更加强调产业、工业内部以及产品结构的优化。然后，分别在这两种情景下预测 2015 年和 2020 年滨海新区能源消费情况结果和能源部门需求结构。最后，评价两种情景下节能的驱动因素和能源消费减物质化水平。

在土地资源利用分析中，将土地开发分为基准情景、低端情景和高端情景三种：基准情景是指滨海新区的土地利用模式按照原有趋势发展；低端情景是指滨海新区比较注重近期的经济效益，而导致的粗放开发；高端情景是指滨海新区坚持按照科学发展观的指导，加快了制造业结构的调整升级，实现集约利用。

2）数值模拟法

（1）万元增加值需水定额法。

在水资源供需平衡分析中，对第二产业、第三产需水量采用万元增加值需水定额法预测。

由于影响万元工业增加值用水量的主要因素为社会经济的发展水平，人均 GDP 是表征社会经济发展水平的重要指标，因此，通过对历史数据的回归分析，建立工业万元增加值用水量与人均 GDP 之间的回归方程如下：

$$Y_2=\exp(1.79+44580/X),\quad R^2=0.946$$

式中，Y_2 为万元工业增加值需水量(m^3)；X 为人均 GDP(元)。

采用天津市统计数据建立第三产业万元增加值需水量与人均 GDP 之间的回归方程如下：

$$Y_3=\exp(0.766+46444/X),\quad R^2=0.91$$

式中，Y_3 为第三产业万元增加值需水量(m^3)；X 为人均 GDP(元)。

（2）碳排放量及排放强度。

滨海新区的碳排放强度的预测，是根据《2006 年 IPCC 国家温室气体清单指南》，基于基准情景及高端情景下滨海新区各部门能源需求量预测，利用以下公式测算滨海新区规划期间的碳排放量及排放强度。

$$E=\sum_i\sum_m A_{i,m}\times \mathrm{NCV}\times C_{i,m}\times O_{i,m}$$

式中，E 为能源转换和消费中碳排放量；i 为部门；m 为燃料类型；A 为燃料消耗量(Mt/Mm^3)；NCV 为燃料低位热值[$TJ/Mt(Mm^3)$]；C 为碳排放系数(t C/TJ)；O 为燃烧氧化率(采用默认值 100%)。

3）地理信息系统

地理信息系统主要用于对滨海新区的土地空间格局进行优化，采用基于 ArcGIS 9 空间分析功能的加权因子叠加评价法进行土地利用的生态适宜性评价，建议新区发展战略遵从土地的适宜开发等级，为区域发展的合理规模和适宜的空间布局提供参考建议。评价的基础资料主要来自滨海新区历年 Landsat TM 卫星影像、1：50000 国家基础地理信息库(DEM 图)以及天津市城市规划设计研究院的规划图件和文本数据等，同时，参考了滨海新区规划环境影响评价研究的部分成果。

4）专家咨询法

(1) 在土地利用生态适宜性评价指标体系构建中，使用专家咨询法分析了影响城市发展的主要因素，并参考麦克哈格对土地生态适宜性的定义和国内外已有的研究成果，选取了区域内的工程地质条件、地形地貌特点、水文河流分布、自然生态保护和人类人为影响等因素作为一级生态因子(准则层)，然后结合评价区域的实际情况，细化分析出二级因子(指标层)，构建了符合层次结构模型的生态适宜性指标体系，如图 5-2 所示。

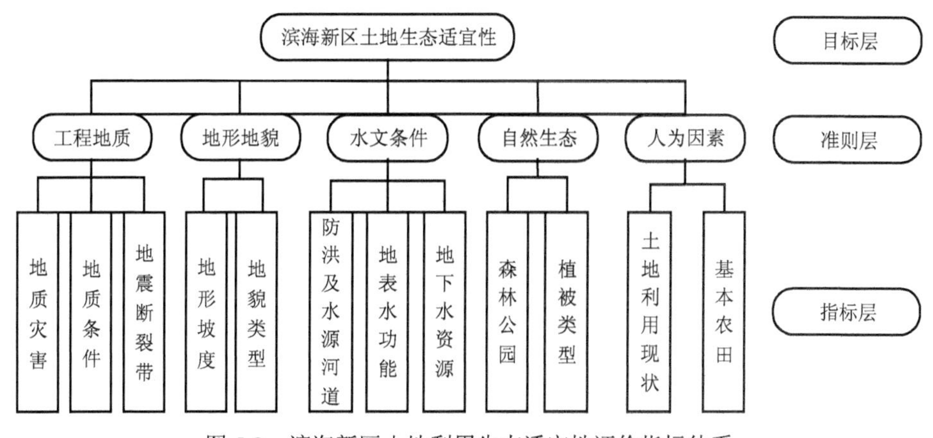

图 5-2　滨海新区土地利用生态适宜性评价指标体系

(2) 在对生态因子进行评价时，充分听取专家意见，结合现状调查分析的结论，得出生态因子的评价结果。如表 5-4 所示。

表 5-4　滨海新区土地利用生态适宜性单因子评价表

评价因子	指标	评价
工程地质	地质灾害、水土流失、工程地质条件和断裂带分布	应尽量选择水土流失较微弱、泥石流等地质灾害发生可能性较小的地区，尽量避开活动断裂带进行城市建设
地形地貌	地貌类型和地形坡度等	通常平缓地形有利于城市建设和发展，既节约建设投资，又有利于布局，而山地地区的开发建设需要更大的经济投资和工程措施，城镇形态和发展方向也受到限制
水文条件	防洪泄洪区、地表水保护区、地下水保护区和水源河道等	地表水域有利于改善城市空间景观环境，调节城市温度湿度，同时也是城市易被污染的环境因子。土地的建设和开发对附近水域的生态环境有很大影响。原则上，开发用地应尽可能远离水域，以免造成对水域生态系统的破坏和水体的污染。防洪泄洪区担负着地区发生水灾等灾害时的排洪泄洪功能，应尽量避开在调蓄区及其附近范围进行建设项目的开发

续表

评价因子	指标	评价
自然生态	森林公园及植被类型分布区等	森林公园保护区不仅具有景观功能，还可发挥多种正面生态效应，必须严格按照对功能区要求进行保护。对自然保护区的核心区应严格保护，禁止开发建设，缓冲区应禁止进行科学研究以外的活动。不同的植被类型具有不同的生态敏感性，应区别对待进行开发
人为影响	土地利用现状和基本农田分布等	现有的土地利用类型对开发建设活动有较大影响，特别是基本农田保护区，我国制定了严格的基本农田保护制度，禁止除国家能源、交通、水利和军事设施等重点建设项目以外的建设活动，当占用基本农田时，应根据相关规定置换

2. 生态影响分析与评价方法

本部分主要对滨海新区的湿地生态系统格局变化、生态网络的合理性与科学性进行分析，对滨海新区生态完整性进行评价，最后提出生态影响减缓对策与建议。本部分用到的方法有地理信息系统、景观指数分析和数值模拟法。

1）地理信息系统

(1) 湿地生态系统格局变化分析中，用地理信息系统软件完成数据的基础处理，利用 ArcGIS 9.2 软件和 ERDAS 9.1 软件对地形图栅格数据并对 TM 遥感图像作预处理，再通过对地形图和 TM 遥感图像的配准来完成。具体的数据处理过程如图 5-3 所示。

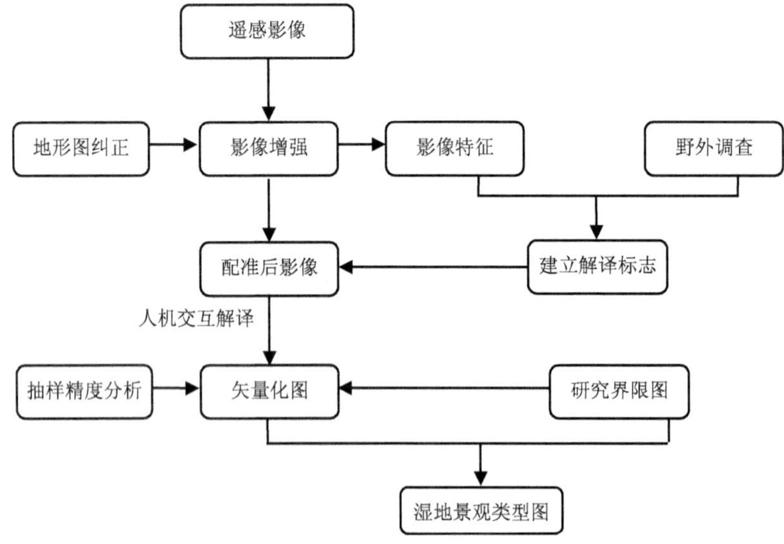

图 5-3 湿地景观类型数据库建立流程

(2) 景观格局指数的计算是以 ArcGIS 9.2 为平台计算的。

(3) 生态完整性评价的指标体系构建时，通过遥感分析获得湿地研究区的土地利用信息，并结合历史数据建立生态完整性的评价指标体系。

2) 景观指数分析

(1) 用于分析湿地景观分布和指数特征，具体方法是基于 ArcGIS 9.2 平台，利用景观格局指数和 2008 年滨海新区湿地景观类型斑块数据，应用 FRAGSTATS 3.3 软件计算得各级景观格局指数。

(2) 景观指数分析还用于分析滨海新区生态网络规划的格局。景观格局特征在斑块类型和景观 3 个层次上分析。应用 FRAGSTS 软件可得出众多的景观指数，此项目参考文献并结合天津滨海新区生态网络的实际情况选择了具有明确生态学意义的景观指数，主要包括非空间的组分指数(如斑块类型总面积 CA、斑块密度 PD、边界密度 ED、多样性指数 SHDI、均匀性指数 SHEI)和空间的配置指数、欧氏最近邻体距离 ENN 和连接度 CONNECT。

3) 数值模拟法

(1) 综合诊断指数计算。

在滨海新区湿地退化诊断中，运用综合诊断指数计算公式计算生态系统退化程度，即

$$P = \sum_{i=1}^{n} w_i P_i$$

式中，P 为被评价对象得到的综合诊断指数；w_i 为第 i 评价指标的权重；P_i 为第 i 指标标准化后的指数；n 为评价指标个数。每个单项评价指标指数按照未退化、临界状态、轻度退化、中度退化和严重退化五个等级分别赋值为 1、0.8、0.6、0.4、0。

(2) 景观生态体系结构指标及度量。

用景观优势度和均匀度来表示景观结构，可以较好地描述斑块的组成和分布特征。景观优势度和均匀度是描述景观多样性和异质性的综合指标。优势度表示一种或几种类型斑块在一个景观中的优势化程度，测度景观多样性对最大多样性的偏离程度；均匀度指数反映各景观斑块类型在空间分布上的不均匀程度。

其中景观优势度计算公式为

$$D=H_{\max}+\sum_{i=1}^{m}(P_i \ln P_i) \tag{5.1}$$

式中，P_i 为第 i 种斑块类型在景观中出现的概率；m 为斑块种类数；对于给定的 m，当 $P_i=1/n$，H 达到最大值[$H_{\max}=\ln(n)$]。通常 D 值为 0~100，优势度为 0 时表示组成景观的景观类型所占比例相等；优势度指数值为 100 时表示景观中只有一种斑块类型。优势度指数越大，则表明偏离程度越大，即组成景观的各类型所占比例差异大，或者说某一种或少数景观类型占优势；优势度小则表明偏离程度小，

即组成景观的各种景观类型所占比例大致相当。景观均匀度计算公式为

$$E = -\sum_{i=1}^{m}(P_i \ln P_i) / \ln(n) \tag{5.2}$$

式中，n 为景观中最大可能的景观斑块类型数。E 越大，景观斑块类型分布的均匀程度越高，多样性越大。

（3）景观生态体系功能指标及度量。

景观生态体系的功能包括生产功能、美学功能和生态功能三方面，不考虑美学功能，将生产功能用初级生产力来衡量，生态功能用景观隔离度来衡量。

生产力测量方法采用气候生产力。植物气候生产力是指某一地区植物群体在土壤肥力等其他条件满足其生长发育的情况下，由当地的光、温、水等气候因子决定的每年单位土地面积上的植物最大生物量，包括地上和地下部分。此处用迈阿密（Miami）模型：

$$\text{NPP}(t) = 30000/[1+\exp(1.315-0.119t)] \tag{5.3}$$

$$\text{NPP}(p) = 30000/[1-\exp(-0.000664p)] \tag{5.4}$$

式中，t 为年平均气温（℃）；p 为年平均降水量（mm）；NPP（t）和 NPP（p）分别为以温度和降水量估算的植物干物质产量[kg/（hm^2·a）]。根据 Liebig 的限制因子定律，选取二者中的最低值作为各计算点的植物气候生产力。

景观隔离度用平均最近距离 ENN_MN（mean nearest neighbor distance）来表示：

$$\text{ENN\_MN} = \frac{\sum_{i=1}^{m}\sum_{j=1}^{n} h_{ij}}{N'} \tag{5.5}$$

式中，h_{ij} 为在景观水平上有斑块与其邻近的距离；N 为景观中具有最近距离的斑块总数。ENN_MN 值较大时说明同类斑块距离较远，即隔离度较高。

（4）景观生态体系稳定性指标及度量。

当景观生态体系受到干扰时，稳定性就表现为系统两种完全不同的特征：一个是恢复，表示系统发生变化后恢复到原来状态的能力，可用系统恢复到原状态所需的时间来度量；另一个是抗性，表示系统抵抗外界变化的能力，可用阻抗值来表示，该值是系统偏离其初始轨迹的偏差量的倒数。对于陆地生态系统来讲，阻抗能力常通过系统内部的异质性表征，而恢复能力一般通过陆地生物量来表征。湿地是一种由陆地向水域过渡的极为脆弱的生态系统，其可恢复性更主要的是依赖水源的稳定性，生物量指标难以作为重要指标来评估湿地的恢复力。

生态体系阻抗稳定性的强弱，直接关系到在多大程度上可以保证生态体系内

部的功能正常运作。阻抗稳定性受生态体系中主要生态组分的种类、数量、时空分布的异质性(异质化程度)所制约。景观等级以上的自然体系需要有高的异质性，因此，生态体系的异质性可以作为阻抗稳定性的度量。对异质性的量化可用多样性指标(H)表示，当生态体系发生变化后，用多样性指标可以直观地显示其异质性的改变情况，从而揭示该生态体系阻抗稳定性的变化结果。

选用 Shannon 多样性指数来进行估算，该指标既考虑了不同景观类型所占景观总面积的大小及分布的均匀程度，又考虑了景观类型的多少。其计算公式如下：

$$E=-\sum_{i=1}^{m}(P_i \ln P_i) \tag{5.6}$$

式中，P_i 为第 i 种斑块类型在景观中出现的概率；m 为斑块种类数。

景观生态体系的恢复稳定性通常使用陆地生物量作为指标，湿地作为一个水陆过渡带，其稳定性主要决定于湿地水量情况。根据不同类型湿地景观的多年平均地表水位，以及平原型湿地特点，其地表蓄水量的计算公式表示如下：

$$W_{总}=S_{湖泊}\times H_{湖泊}+S_{沼泽}\times H_{沼泽}+S_{河流}\times H_{河流}+S_{滨海}\times H_{滨海}+S_{人工}\times H_{人工} \tag{5.7}$$

式中，$W_{总}$为区域内地表水的总量；S 为湿地斑块类型的面积；H 为湿地斑块类型的平均水深。

(5) 生态完整性的综合评价。

生态完整性综合评价的计算公式如下：

$$A=aC_1+bC_2+cC_3+dC_4+eC_5+fC_6 \tag{5.8}$$

式中，A 为生态完整性综合指数；C_1 为景观优势度值；C_2 为景观均匀度指数；C_3 为气候生产力与 1979 年气候生产力的比值；C_4 为景观隔离度与 1979 年景观隔离度的比值；C_5 为 Shannon 多样性指数；C_6 为地表蓄水量与生态需水量的比值；a、b、c、d、e、f 分别为 C_1、C_2、C_3、C_4、C_5、C_6 在生态完整性综合评价中的权重。在本研究中我们分别对 a、b、c、d、e、f 赋值为 1/6。

5.3.2 环境影响预测与评价方法

1. 大气环境影响评价方法

环境影响评价主要选择 SO_2、PM_{10}、氮氧化物作为评价因子，结合滨海新区未来产业发展布局，对大气环境影响进行分析。以 SO_2 为例，讨论主要的技术方法。

1) 滨海新区不同燃煤源对 SO_2 环境浓度的贡献

根据 2007 年滨海新区污染源调查资料，利用环境空气质量模型对 SO_2 现状环境浓度分布进行模拟。按照燃煤的用途不同，将滨海新区内 SO_2 排放源分成电厂燃煤源、供热燃煤源、工业燃煤源及民用燃煤源四类。利用环境空气质量模型模拟上述不同燃煤源对滨海新区采暖季及非采暖季环境空气中 SO_2 平均浓度的贡献，如表 5-5 所示。

表 5-5　各类燃煤源对 SO_2 环境浓度的贡献模拟结果　（单位：μg/m³）

时间	电厂	供热	工业	民用
采暖季	3.8	30.2	21.3	32.5
非采暖季	3.5	0	19.2	4.6

2）滨海新区大气污染重点行业的现状排放绩效分析

对滨海新区主要大气污染行业的现状污染排放绩效进行统计分析，调查收集国内及国际同行业的排放绩效数据，进行对比，分析滨海新区冶金行业、石油及化学工业、电力行业、供热企业等主要污染行业的污染排放水平。表 5-6 以电力行业为例，对滨海新区现状燃煤电厂的 SO_2 排放绩效进行计算。

表 5-6　滨海新区燃煤电厂二氧化硫排放绩效

企业名称	发电量 /(10⁴ kW·h)	供热等效发电量 /(10⁴ kW·h)	SO_2 排放量 /(t/a)	SO_2 排放绩效 /[g/(kW·h)]
天津大沽化工股份有限公司	28 316	67.6	2 551.2	9.0
天津渤海化工集团有限责任公司天津碱厂	53 477	56 050.1	3 871.2	3.5
天津长芦海晶集团有限公司	3 500	0.01	580.3	16.6
天津渤天化工有限责任公司	225 466	34.2	2 609.3	1.2
中石化天津分公司热电部	88 405	8 923.8	21 585	22.2
华北电网有限公司天津大港发电厂	777 300	0.0	22 649.0	2.9
天津滨海能源发展股份有限公司	11 039	0.04	2 750	24.9
国华能源发展（天津）有限公司	4 304	0.02	1 127.2	26.2
单位发电量 SO_2 平均排放水平				4.6

3）SO_2 容量总量控制技术方法

通过各类污染源排放绩效分析，结合空气质量模型，建立 SO_2 允许排放量分配技术方法。滨海新区 SO_2 容量总量控制的技术路线如图 5-4 所示。对 SO_2 排放源进行分类，计算代表各类排放源先进技术水平的绩效标准，确定基准允许排放因子，计算环境综合调节系数，根据各污染源的性质和排放状况设定其初始允许排放量，利用环境空气质量模型进行环境目标可达性分析，对于未达到环境目标总量分配结果的，通过调节各类燃煤源的基准排放因子，循环模拟计算环境浓度，直到达到环境目标为止。

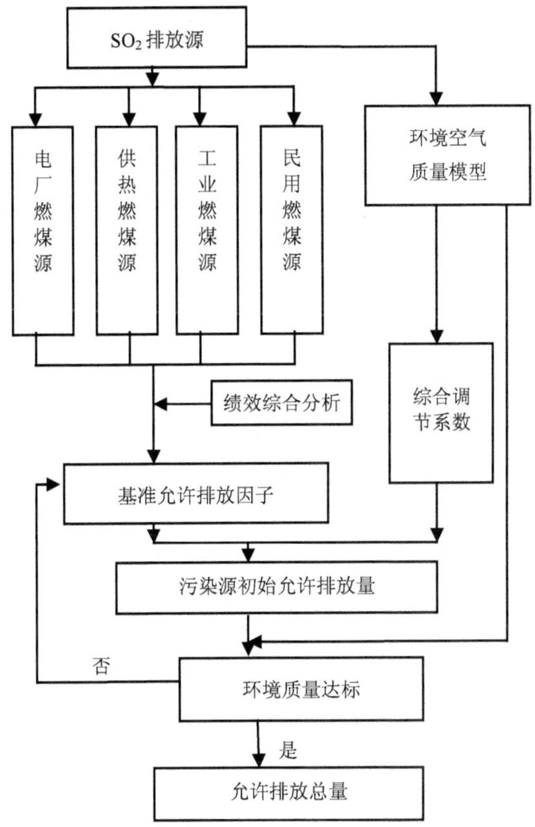

图 5-4　总量控制技术路线图

（1）电厂燃煤源基准排放因子。

环境保护部根据发电机组所在区域和投产时间，确定了不同类型机组的排放绩效值和各省（自治区、直辖市）火电行业 SO_2 排放量指标。根据发电绩效标准确定火电行业 SO_2 基准排放因子，各电厂燃煤源的基准排放因子取相应的排放绩效标准。

$$Q_{dci} = G_i \tag{5.9}$$

式中，Q_{dci} 为第 i 电厂燃煤源的基准排放因子[g/(kW·h)]；G_i 为第 i 电厂燃煤源的 SO_2 排放绩效标准 [g/(kW·h)]，即控制时期内期望达到的排放绩效标准，其值应小于现状排放绩效标准 G_c [g/(kW·h)]。

$$G_i < G_c = \frac{F_c}{D_c} - \frac{\sum_{i=1}^{n} f_{ci}}{\sum_{i=1}^{n} d_{ci}} \tag{5.10}$$

式中，F_c 为总量控制范围内电厂的现状污染物排放量(g)；D_c 为控制范围内电厂的现状发电量(kW·h)；f_{ci} 为 i 电厂现状污染物放量(g)；d_{ci} 为 i 电厂现状发电量(kW·h)。

根据 Q_{dci} 得出各电厂燃煤源的 SO_2 基准排放量 T_{dci} (t)：

$$T_{dci} = Q_{dci} \cdot D_{dci} \times 10^{-6} \tag{5.11}$$

式中，D_{dci} 为控制时段内电厂发电总量估算值(kW·h)。

(2) 工业燃煤源基准排放因子。

选择单位产值 SO_2 排放量分析工业燃煤源的排放绩效。由于不同工业行业的排污系数、清洁生产水平、规模、效益等差别较大，为了公平、公正地比较分析不同行业的绩效水平，需将工业燃煤源按行业类别分类统计绩效值。行业需达到的排放绩效值标准 P_{gyi} 建立在现状普遍生产工艺的排污水平上，须在一定程度上反映本行业先进生产工艺、治理技术的高产低排水平，采用不同类别行业现状绩效值的加权平均值 $E(X)$ 来表征此值。

$$E(X) = \sum_{k=1}^{n} x_k p_k \tag{5.12}$$

式中，将各行业的现状排放绩效值按大小分为 n 个等级；p_k 为绩效值 x 在第 k 等级内出现的频率；x_k 为第 k 等级绩效值的中值。在计算中，可酌情筛除部分生产工艺极为落后的燃煤源，确保所得排放绩效标准能代表行业先进生产水平。各行业基准排放因子的确定按式(5.13)计算。

$$Q_{gyi} = \alpha \cdot P_{gyi} \tag{5.13}$$

式中，Q_{gyi} 为第 i 行业的 SO_2 基准排放因子(kg/万元)；P_{gyi} 为第 i 行业需达到的排放绩效标准(kg/万元)，即 i 行业现状排放绩效的加权平均值；α 为行业的重要程度系数，根据城市(地区)的发展规划、国家和地方的有关产业政策和环境保护政策，分为主导行业、鼓励发展的行业、限制发展的行业、逐步淘汰的行业 4 个层次分别设定 α 值。

工业燃煤源的 SO_2 基准排放量 T_{gyi}(t)，按式(5.14)计算。

$$T_{gyi} = Q_{gyi} \cdot Y_{gyi} \times 10^{-3} \tag{5.14}$$

式中，Y_{gyi} 为工业企业在控制时段内总产值的估算量(万元)。

(3) 供热燃煤源基准排放因子。

选择供热源在采暖期提供单位热量的污染物排放量为指标，同样用 $E(X)$ 来表征供热燃煤源需达到的 SO_2 排放绩效标准。供热燃煤源基准排放因子按式(5.15)计算。

$$Q_{\mathrm{gr}i}=\eta_i\cdot P_{\mathrm{gr}i} \tag{5.15}$$

式中，$Q_{\mathrm{gr}i}$ 为第 i 供热燃煤源的基准排放因子(g/kJ)；η_i 为第 i 供热燃煤源的管道效率；$P_{\mathrm{gr}i}$ 为当地供热燃煤源需达到的排放绩效标准(g/kJ)。

供热燃煤源的 SO_2 基准排放量 $T_{\mathrm{gr}i}$(t)，按式(5.16)计算。

$$T_{\mathrm{gr}i}=Q_{\mathrm{gr}i}\cdot J_{\mathrm{gr}i}\times 10^{-6} \tag{5.16}$$

式中，$J_{\mathrm{gr}i}$ 为供热源在控制时段内的供热量(kJ)。

(4) 民用燃煤源。

虽然民用燃煤源的排放量相对较少，但由于其煤质差，排放高度低且烟气未经净化直接排放，对 SO_2 环境浓度达标的影响不容忽视，所以将其单列一类。利用经济补偿等方式，鼓励没有集中供暖的居民使用电等清洁能源取暖。通过征收燃煤税等手段，限制民用烹饪燃煤的使用，实现民用燃煤源的逐步取代，故未给出其基准排放因子。

(5) 污染源初始允许排放量确定。

第 j 类燃煤源中的第 i 个源的初始允许排放量 T_{ij}' 为基准排放量 T_{ij} 与综合调节系数 β_{ij} 的乘积。

$$T_{ij}'=T_{ij}\cdot\beta_{ij} \tag{5.17}$$

(6) 环境目标可达性分析及最终允许排放量确定。

将确定的排放源初始允许排放量输入环境空气质量模型，进行环境目标可达性分析，对于未达到环境目标的总量分配结果，通过调节各类燃煤源的基准排放因子(采暖季调节重点为效率低的供热源，非采暖季则优先调整部分老旧火电机组和清洁生产工艺落后、对污染物环境浓度贡献较大的工业燃煤源)，循环模拟计算环境浓度，直到达到环境目标为止，此时，各污染源的排放量即为其最终的允许排放量。

2. 水环境影响预测与分析方法

1）情景设计依据

(1) 把滨海新区的水系概化为三个水资源单元，第一单元为北部水系，第二单元为海河干流下游段，第三单元为南部水系。

(2) 水库的蓄水量和水质受引水量和引水水质影响，不进行影响分析。

(3) 根据水资源需求预测及供需平衡分析的预测结果，预计 2020 年滨海新区的点源将产生 9.12 亿 t 污水，其中 6.29 亿 t 污水将进入环境中。非点源污染中的城市径流污染和农业非点源污染不变和非点源污染中的养殖废水排放大量减少(淡水养殖面积减少到 5 万亩)，COD 和氨氮排放达到 V 类水质标准。

(4) 滨海新区各项规划得到落实，其中工业废水排放达标率不低于 98%，城镇污水处理率达到 98%，污水再生回用率达到 60%。

(5) 在情景设计中综合考虑上游入境断面水质是否达到海河流域《天津市水功能区划报告》的水质标准和水环境修复措施的实施情况。

2) 情景设计

情景定量参数设计如表 5-7 所示。

表 5-7　情景定量参数设计

参数	2020 年		
	情景一	情景二	情景三
入境河流水质	上游入境断面水质达到《天津市水功能区划报告》的水质标准	上游入境断面水质达到《天津市水功能区划报告》的水质标准	上游入境断面达不到《天津市水功能区划报告》水质标准或水质保持现状水平
水环境修复措施	二级河道、七里海湿地恢复及西七里海水库建设、北大港水库分库及水生态恢复等	—	二级河道、七里海湿地恢复及西七里海水库建设、北大港水库分库及水生态恢复等

3) 水质预测与分析

依据拟定的评价指标，结合远期上游入境断面水质是否达到海河流域《天津市水功能区划报告》，对各条主要河流所规定的水质标准以及滨海新区水环境修复措施是否实施设定三种情景，对滨海新区主要河流中污染物(COD 和氨氮)浓度进行分析。

3. 海域环境影响预测与分析方法

1) 渤海湾典型污染物海洋环境容量分析

海洋环境容量是指在充分利用海洋的自净能力和不造成污染损害的前提下，某一特定海域所能容纳的污染物质的最大负荷量。容量的大小即为特定海域自净能力强弱的指标。海洋环境容量的概念主要包括自净容量、海洋环境容量和污染源分配容量三个系列。目前，海洋环境容量的计算原理主要有标准自净容量法、水动力交换法、浓度场分担率法和排海通量最优化法。环境容量分析中用到的主要模型包括：三维水动力学模型、三维对流–扩散输运模型、多介质迁移–转化多箱模型以及迁移–转化过程–三维水动力输运耦合模型。

自净容量 SPC：在一定时间范围内，通过某一迁移–转化过程使得特定污染物自目标海域海水中去除的数量。总自净容量为 SPC_T；物理自净容量为 SPC_P；生物自净容量为 SPC_B；化学自净容量为 SPC_C。

$$SPC_T=SPC_P+SPC_B+SPC_C$$

海洋环境容量 EC：在维持特定海洋学和生态学功能所要求的国家海水质量标准条件下，在一定时间范围内，目标海域所能容纳某一污染物的最大数量。

基准海洋环境容量 EC_s：指整个目标海域海水中化学污染物平均浓度符合一定等级国家海水水质标准条件下的海洋环境容量。

极小海洋环境容量 EC_{min}：指整个目标海域最高污染物浓度水团中，化学污染物平均浓度符合一定等级国家海水水质标准条件下的海洋环境容量。

极大海洋环境容量 EC_{max}：指整个目标海域最低污染物浓度水团中，化学污染物平均浓度符合一定等级国家海水水质标准条件下的海洋环境容量。

剩余海洋环境容量 SEC：为达到特定海洋学和生态学功能所要求的国家海水质量标准，需要目标海域海水在容纳“额外”，或自目标海域海水去除污染物的数量。

剩余海洋环境容量与海洋环境容量的关系

$$SEC=EC-(F+M)$$

式中，F 为污染物排海总量；M 为污染物蓄存量。

评价中采用国家海水水质标准如下：

(1) 极小物理迁移环境容量。采用三维对流–扩散输运模型的排海通量最优化法。在国家一至四类海水水质标准条件下，计算得到海河流域的允许排放通量，即渤海湾 COD、DIN、PO_4-P、石油烃极小物理迁移环境容量。

(2) 基准海洋环境容量 EC_s。采用海洋环境中多介质迁移–转化多箱模型的标准自净容量法，在国家一至四类海水水质标准条件下，得到渤海湾 COD、DIN、PO_4-P、石油烃基准海洋环境容量。

(3) 极小海洋环境容量 EC_{min}。基于 COD 主要迁移–转化过程–三维水动力输运耦合模型的排海通量最优化方法，计算得到了渤海湾 COD、DIN、PO_4-P、石油烃污染物的极小海洋环境容量。

2) 滨海新区围海造地的生态环境影响评价

综合考虑围海造地对生态环境的影响面及指标的可获得性，遵照科学性和综合性原则、可行性和代表性原则、层次性和系统性原则，基于层次分析法以及定性与定量相结合的评估方法，选取指标，建立围海造地的环境影响评价指标体系，见表 5-8。

(1) 对生境的影响。围海造地对自然滩涂的破坏导致海域生物多样性受损，生物种类减少，因此，选择该项指标来反映围海造地对生境功能的影响效应。围海造地会破坏原来的海洋滩涂。沿海滩涂湿地是各种鱼类繁衍、海洋生物栖息、海鸟等野生动物觅食的场所。围海造地导致水禽、两栖类、爬行动物以及鱼类的栖息、捕食地和繁殖场所的改变或丧失，导致生物种群数量减少。

表 5-8　围海造地的生态效应评价指标体系

目标层 *A*	效应指标层 *B*	分析指标层 *C*	具体指标要素 *D*
生态环境影响程度	生态效应	对生境的影响	生物种类数
		对渔业环境的影响	代表鱼种数量
	环境效应	对水动力条件的影响	水域面积
		对海洋冲淤条件的影响	岸线长度
		对环境质量的影响	无机氮含量、无机磷含量、COD 浓度

(2) 对渔业资源的影响。渔业是沿海地区最重要的产业之一。围海造地破坏了生态环境，必然会进一步波及渔业，所以选取鱼种数量为代表来衡量这一影响，也是对生态系统生产功能影响的重要表征。

(3) 对水动力条件的影响。海域水动力条件对近海环境质量的影响是比较大的，而海域水动力状况与海域岸形岸线的变化又是密切相关的。不同深度水域面积的变化和岸线长度是反映岸线变化的基础指标。围海造地对岸形变化有必然影响，从而造成水动力环境的改变，所以选择水域面积和岸线长度来表征这方面的影响，其中以滨海湿地面积变化最具代表性。

(4) 对环境质量的影响。围海造地会对海洋纳污能力产生影响，围海造地工程产生的悬浮物、氮、磷、COD、石油烃等物质将会影响相关区域的海水水质，所以需要通过考察海水中无机氮含量、无机磷含量和 COD 浓度变化来研究这种影响。根据影响指标体系和指标可获得情况，考虑滨海新区在围海造地的同时所采取的生态补偿措施，在对所研究的滨海新区区域 1979 年、1989 年、1999 年、2005 年及 2008 年五个时期 8 个指标数据综合评价的基础上，对滨海新区围海造地的生态环境影响进行了评价，以反映影响效应，求得每项指标的区间年变化率，并利用极差标准化公式对数据进行标准化，以消除不同指标的取值范围和单位不同所产生的量纲影响。

对正指标：

$$x_{ij}=\frac{x_{ij}-\min\left\{x_{ij}\right\}}{\max\left\{x_{ij}\right\}-\min\left\{x_{ij}\right\}}$$

对逆指标：

$$x_{ij}=\frac{\max\left\{x_{ij}\right\}-x_{ij}}{\max\left\{x_{ij}\right\}-\min\left\{x_{ij}\right\}}$$

经过这种标准化所得的新数据，各要素的极大值标准化为 1，极小值为 0，其余的数值在 0 和 1 之间。将围海造地的环境影响以程度分为弱、较弱、中等、较强以及强等 5 个等级。

采用 GM(1,1)模型对滨海新区未来 10 年围海造地的生态环境影响进行预测，预测的基础是前期的生态环境影响评价结果，如表 5-9 所示。

表 5-9　不同时期滨海新区围海造地的生态环境影响评价结果

时期	1979~1985年	1985~1989年	1989~1995年	1995~1999年	1999~2005年	2005~2008年	2008~2015年	2015~2020年
生态环境影响程度	较弱	较弱	较弱	较弱	中等	中等	中等	中等

4. 固体废物环境影响预测与评价方法

固体废物的产生情况是一个多维随机的过程，因为影响因素错综复杂，而且有关影响因素的资料难于得到，所以详细预测较为困难。本评价采用时间综合因素替代这些因素，将其作为一维随机过程进行处理，以期获得规划末期固废产生情况统计数据。本文采用灰色预测模型 Grey Model (GM)进行预测。灰色预测模型的基本思想是，把已知的现实和过去的、无明显规律的时间数据列进行加工，通过序列生成寻求现实规律。其特点是建模数据需求少，预测准确性较高，已被广泛应用于农业、环境等各个领域。

本案例以 2004~2007 年滨海新区工业固体废物和工业危险废物产生量为基础资料，分别建立工业固体废物和工业危险废物的 GM 模型，预测规划末年(2020年)的工业固体废物和工业危险废物产生情况。

1）预测模型介绍

GM(1,1)反映一个变量对时间的一阶微分函数，其相应的微分方程为

$$\frac{\mathrm{d}x^{(1)}}{\mathrm{d}t}+ax^{(1)}=u$$

式中，$x^{(1)}$为经过一次累加生成的数列；t 为时间；a、u 为待估参数，分别称为发展灰数和内生控制灰数。

(1) 建立一次累加生成数列。设原始数列为

$$x^{(0)}=\{x^{(0)}(1),x^{(0)}(2),x^{(0)}(3),\cdots,x^{(0)}(n)\},\quad i=1,2,\cdots,n$$

按下述方法做一次累加，得到生成数列（n 为样本空间）

$$x^{(1)}(i)=\sum_{m=1}^{i}x^{(0)}(m),\qquad i=1,2,\cdots,n$$

（2）利用最小二乘法求参数 a、u。设

$$B=\begin{pmatrix}-\frac{1}{2}[x^{(1)}(1)+x^{(1)}(2)] & 1\\ -\frac{1}{2}[x^{(1)}(2)+x^{(1)}(3)] & 1\\ \vdots & \vdots\\ -\frac{1}{2}[x^{(1)}(n-1)+x^{(1)}(n)] & 1\end{pmatrix}$$

$$y_n=[x^{(0)}(2),x^{(0)}(3),\cdots,x^{(0)}(\mathrm{n})]^{\mathrm{T}}$$

参数辨识 a、u：

$$\hat{a}=\begin{pmatrix}a\\ u\end{pmatrix}=(B^{\mathrm{T}}B)^{-1}B^{\mathrm{T}}y_n$$

（3）求出 GM(1,1) 的模型：

$$\hat{x}^{(1)}(i+1)=\left(x^{(0)}(1)-\frac{u}{a}\right)\mathrm{e}^{-ai}+\frac{u}{a},$$

$$\begin{cases}\hat{x}^{(0)}(1)=\hat{x}^{(1)}(1)\\ \hat{x}^{(0)}(i)=\hat{x}^{(1)}(i)-\hat{x}^{(1)}(i-1),\quad i=2,3,\cdots,n\end{cases}$$

（4）对模型精度的检验。检验的方法有残差检验、关联度检验和后验差检验，在本文中采取后验差检验。

首先计算原始数列 $x^{(0)}(i)$ 的均方差 S_0，其定义为

$$S_0=\sqrt{\frac{S_0^2}{n-1}},\quad S_0^2=\sum_{i=1}^{n}[x^{(0)}(i)-\overline{x}^{(0)}]^2,\quad \overline{x}^{(0)}=\frac{1}{n}\sum_{i=1}^{n}x^{(0)}(i)$$

然后计算残差数列 $\varepsilon^{(0)}(i)=x^{(0)}(i)-\hat{x}^{(0)}(i)$ 的均方差 S_1。其定义为

$$S_1=\sqrt{\frac{S_1^2}{n-1}},\quad S_1^2=\sum_{i=1}^{n}[\varepsilon^{(0)}(i)-\overline{\varepsilon}^{(0)}]^2,\quad \overline{\varepsilon}^{(0)}=\frac{1}{n}\sum_{i=1}^{n}\varepsilon^{(0)}(i)$$

由此计算方差比 $C=\dfrac{S_1}{S_0}$ 和小误差概率 $p=\left\{\left|\varepsilon^{(0)}(i)-\overline{\varepsilon}^{(0)}\right|<0.6745S_0\right\}$。

最后根据预测精度等级划分表(表 5-10)，检验得出模型的预测精度。

表 5-10　预测精度等级划分表

小误差概率 p 值	方差比 c 值	预测精度等级
>0.95	<0.35	好
>0.80	<0.5	合格
>0.70	<0.65	勉强合格
≤0.70	≥0.65	不合格

(5) 如果检验合格，则可以用模型进行预测。即

$\hat{x}^{(0)}(n+1)=\hat{x}^{(1)}(n+1)-\hat{x}^{(1)}(n)$，$\hat{x}^{(0)}(n+2)=\hat{x}^{(1)}(n+2)-\hat{x}^{(1)}(n+1)$，…，

作为 $x^{(0)}(n+1), x^{(0)}(n+2),\cdots,$ 的预测值。

2) 工业固体废物产生量预测

根据 2004~2007 年工业固体废物产生量进行数据处理，构造灰色预测模型，并进行模型精确度检验。

根据建模原理，利用预先设计的计算机计算程序，对所选数据进行模拟计算，建立滨海新区工业固体废物产生量 GM(1，1)预测模型为

$$\widehat{X}^{(1)}(i+1)=5831.542\times \mathrm{e}^{0.076i}-5570.432\,,\qquad i=1，2，\cdots，n$$

利用模型预测 2007 年的工业固体废物产生量为 524.13 万 t，实际产生量 524.14 万 t，绝对偏差 0.01 万 t，模型预测准确度非常高。

依据模型精度检验公式，该模型精度检验结果见表 5-11。

表 5-11　滨海新区工业固体废物产生量预测模型精度检验结果

S_0	S_1	$C=S_1/S_0$	$0.6745S_0$	P
122.432	8.884	0.073	82.58	1

$\left|\varepsilon^{(0)}(i)-\overline{\varepsilon}^{(0)}\right|$，残差与残差均值的离差绝对值序列为{10.680，0.688，11.008，1.016}。

由表 5-11 可知：P>0.95，C<<0.35，预测等级为好，可用来预测滨海新区工业固体废物产生量。

根据该模型预测，2020 年滨海新区工业固体废物产生量为 1428.71 万 t/a。

3）工业危险废物产生量预测

根据 2005~2007 年工业固体废物产生量统计，构造灰色预测模型，并进行模型精确度检验。

建立滨海新区工业危险废物产生量 GM(1，1)预测模型为

$$\widehat{X}^{(1)}(i+1)=222.542\times e^{0.055k}-210.872\,,\qquad i=1，2，\cdots，n$$

依据模型精度检验公式，该模型精度检验结果见表 5-12。

$\left|\varepsilon^{(0)}(i)-\overline{\varepsilon}^{(0)}\right|$，残差与残差均值的离差绝对值序列为{0.002，0.001，0.001}。

表 5-12　滨海新区工业危险废物产生量预测模型精度检验结果

S_0	S_1	$C=S_1/S_0$	$0.6745S_0$	P
0.807	0.002	0.002	0.544	1

由表可知：$P>0.95$，$C<<0.35$，预测等级为好，可用来预测滨海新区工业危险废物废物产生量。

5. 环境风险分析与评价方法

环境风险分析与评价的内容包括环境风险识别与分析、典型事故环境风险预测评价、环境风险时空分布趋势分析和环境风险管理。本次评价通过环境风险综合区划，采用 DPSIR 模型建立指标体系，对滨海新区发展过程中的环境风险变化趋势进行分析。

1）环境风险综合区划

环境风险事件的发生由风险因子的释放、风险因子的转运和对受体产生危害三部分组成。风险因子的释放和转运在空间上形成风险严重度区划，而受体在空间上的脆弱性决定了发生一定的风险暴露时可能产生的危害后果。当且仅当受体空间与环境风险影响范围重叠时，才可能产生环境风险危害。因此，环境风险是风险严重度与受体脆弱性相关的函数。

$$\mathrm{RS}=S\times V$$

式中，S 为风险严重度；V 为受体脆弱性，包括人群及环境敏感目标。

突发性环境污染事件规模越大、频次越高，风险严重度越大；受体数量越多、价值越高，评价区生态环境越脆弱，抵抗风险的能力越差，这两方面的共同作用，决定了突发性环境污染事件的风险水平。采用编制环境风险区划图及其说明的形

式反映突发性环境污染事件的风险分布及其控制条件，基本技术思路见图 5-5。

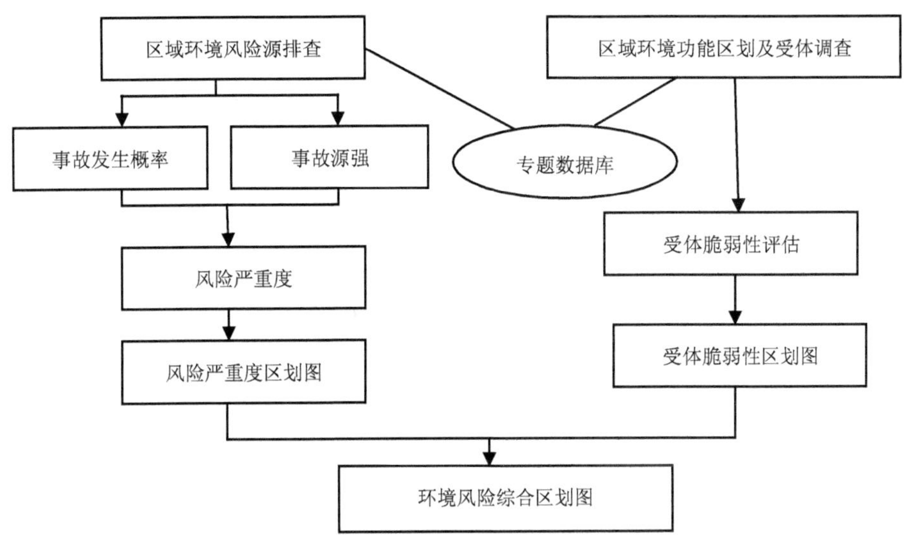

图 5-5　环境风险区划系统框图

环境风险综合区划可采用图形叠置法进行，首先要有一张合适比例尺的最新底图(世界银行建议为 1∶10000)，经过实地调查标出与地图不一致的特征。在叠置过程中，第一张地图为风险严重度区划图，第二张地图为受体脆弱性区划图。通过叠置过程，可以得到反映不同受体受损害大小的环境风险综合区划图。在敏感地区，可选用更为细化的网格划分，提高风险分析中空间辨别的灵敏度；对于非敏感地区，则可适当降低这种灵敏度。

2) DPSIR 模型

DPSIR 模型在我国水资源可持续利用、环境管理能力分析、农业可持续发展、水土保持效益、区域生态环境安全等方面得到了一定的尝试性利用。这些研究表明，DPSIR 模型强调经济运作及其对环境影响之间的联系，具有综合性、系统性、整体性、灵活性等特点，能揭示环境与经济的因果关系并有效整合资源、发展、环境与人类健康。因此，本次评价采用 DPSIR 模型建立指标体系对滨海新区发展过程中的环境风险变化趋势进行分析。

A. 指标体系

基于 DPSIR 模型原理，采用自上而下、逐层分解的方法，将滨海新区环境风险分为 3 个层次。遵守系统性、科学性、可比性、可获取性、相互独立性的原则，对每个层次分别选择反映其主要特征的要素作为评价指标，建立滨海新区环境风险变化趋势评价的指标体系。

第一层为目标层(O)，以环境风险综合指数为目标，用来度量滨海新区环境风险的总体水平；第二层为准则层(C)，包括驱动力、压力、状态、影响、响应五部分；第三层为指标层(I)。

在国内外环境风险评价研究的基础上，结合我国相关环境保护标准和要求与有关专家的建议，同时考虑区域特征，建立天津滨海新区区域环境风险评价指标体系，如表 5-13 所示。

表 5-13　基于 DPSIR 模型的区域环境风险评价指标体系

目标层 O	准则层 C	指标层 I	说明
环境风险综合评价指数	驱动力 C_1	GDP 增长率 I_{11}	表征区域发展速度
		第二产业占 GDP 比例 I_{12}	表征区域工业发展程度
		人口自然增长率 I_{13}	反映城市人口增减速度
	压力 C_2	风险源分布密度 I_{21}(个/100km^2)	表征风险严重度，数值越大，对区域环境安全的影响越大
		城市人口密度 I_{22}	城市人口与建成区面积之比，人口密度越大，抵抗风险能力越弱
		建筑密度 I_{23}	房屋占地面积与建设用地面积之比，建筑密度越大，抵抗风险能力越弱
		敏感区与工业区距离超标率 I_{24}	与各工业区之间距离大于安全防护距离的敏感区个数与敏感区总数之比，值越大，对区域环境风险的压力越大
		工艺先进性企业比例 I_{25}	用达到国际先进清洁生产水平的比例来计算，比例越高，对环境风险的压力越小
	状态 C_3	区域内突发性环境污染事件发生次数 I_{31}	表征区域环境质量，是环境污染压力或生态系统洁净环境功能的反表征
		装置危险性 I_{32}	对区域内工业装置危险性进行安全评价
		城市基础设施系统完好率 I_{33}	衡量区域社会发展、城市基础建设水平及应急反应能力的重要指标
	影响 C_4	亿元生产总值生产安全事故死亡人数 I_{41}	表征环境风险事件造成的损失，其中 I_{42} 用区域内环境风险事件造成的损失与全年 GDP 之比表示
		GDP 损失比 I_{42}	
		人群感知风险损失 I_{43}	人们对环境风险的恐惧心理所带来的损失
		区域环境风险可接受程度 I_{44}	环境风险可接受区域的比例
	响应 C_5	应急预案绩效 I_{51}	对环境风险的响应，指为改善区域环境风险而做出的措施，表征对环境安全所采取的实际行动力度
		应急能力指数 I_{52}	
		环境投入占 GDP 比例 I_{53}	表征对区域环境安全的重视程度

B. 评价方法

(1) 数据预处理。

第一，评价样本矩阵的建立。

定义X为区域环境风险状况对应于m个评价指标与n个评价对象的样本矩阵，则

$$X=\begin{pmatrix} x_{11} & x_{12} & \cdots & x_{1m} \\ x_{21} & x_{22} & \cdots & x_{2m} \\ \vdots & \vdots & & \vdots \\ x_{n1} & x_{n2} & \cdots & x_{nm} \end{pmatrix}=\left(X_{ij}\right)_{n\times m}$$

第二，矩阵元素标准化。

指标确定以后，直接用它们进行评价是困难的，因为各系数之间的量纲不统一，所以没有可比性。即使对于同一个参数，可以根据实测数值的大小来判断它们对环境风险影响的程度，但也因缺少一个可作比较的标准而无法较确切地反映其对环境的影响。为此，必须对参评因子进行规范化处理。假设样本矩阵X标准化后记为Y。

如果参评因子为定量指标，对于正向型指标(数值越大区域环境风险综合指数越大的指标，如 GDP 损失比)：

若以安全值为标准值，①如果 $X_{ij}\leqslant XS_j$，则 $y_{ij}=0$；②如果 $X_{ij}>XS_j$，则 $y_{ij}=1-XS_j/X_{ij}\times100\%$。

若以不安全值为标准值，①如果 $X_{ij}\geqslant XS_j$，则 $y_{ij}=1$；②如果 $X_{ij}<XS_j$，则 $y_{ij}=X_{ij}/XS_j\times100\%$。

对于逆向型指标(数值越大区域环境风险综合指数越小的指标，如城市人口密度)：

若以安全值为标准值，①如果 $X_{ij}\geqslant XS_j$，则 $y_{ij}=0$；②如果 $X_{ij}<XS_j$，则 $y_{ij}=1-X_{ij}/XS_j\times100\%$。

若以不安全值为标准值，①如果 $X_{ij}\leqslant XS_j$，则 $y_{ij}=1$；②如果 $X_{ij}>XS_j$，则 $y_{ij}=XS_j/X_{ij}\times100\%$。

式中，XS_j为第 j 个评价指标的标准值；若参评因子为定性指标，则 y_{ij} 为专家评分值。

本评价所采用的标准值(安全或不安全值)从以下几方面考虑：国家、行业和地方规定的强制性标准；天津市滨海新区或者天津市的平均值；类比标准，即根据类比确定的值；国际或国内的公认值；专家经验值。具体见表 5-14。

(2) 指标权重分配。

根据评价因子对评价等级的贡献大小确定各指标权重的大小，采用 AHP 法和德尔菲法对准则层和指标层的评价指标进行权重分配。 通过计算，对判断矩阵的一致性进行检验，认为判断矩阵的一致性是可以接受的。其对应的特征向量作归

一化处理后可得准则层、指标层权重如下：

表 5-14　区域环境风险评价指标的标准值

指标层	标准值	
	安全值	不安全值
GDP 增长率 I_{11}/%	7.5	
第二产业占 GDP 比例 I_{12}/%	23	
人口自然增长率 I_{13}/%	7	
风险源分布密度 I_{21}/（个/100km^2）	0.073	
城市人口密度 I_{22}/（人/km^2）		3500
建筑密度 I_{23}		35%
敏感区与工业区距离超标率 I_{24}	0	
工艺先进性企业比例（化工）I_{25}/%	100	
区域内突发性环境污染事件发生次数 I_{31}	156	
装置危险性 I_{32}/%	100	
城市基础设施系统完好率 I_{33}	5.7	
亿元生产总值生产安全事故死亡人数 I_{41}	0.0413	
GDP 损失比 I_{42}/%	2.4	
人群感知风险损失 I_{43}		0.6
区域环境风险可接受程度 I_{44}	0.27	
应急预案绩效 I_{51}	70	
应急能力指数 I_{52}	70	
环境投入占 GDP 比例 I_{53}/%	3	

准则层：C_1(0.15)，C_2(0.18)，C_3(0.20)，C_4(0.27)，C_5(0.20)。

指标层：I_{11} (0.16)，I_{12} (0.59)，I_{13} (0.25)，I_{21}(0.27)，I_{22}(0.17)，I_{23}(0.09)，I_{24}(0.38)，I_{25} (0.09)，I_{31} (0.54)，I_{32} (0.30)，I_{33} (0.16)，I_{41}(0.40)，I_{42}(0.34)，I_{43}(0.08)，I_{44}(0.18)，I_{51}(0.26)，I_{52}(0.26)，I_{53}(0.48)。

(3) 综合评价方法。

综合评价方法是在指标权重分配和指标标准化处理的基础上进行的。本文采用区域环境风险综合指数（RS）来表征区域环境风险状况，即

$$\mathrm{RS}=\sum_{j=1}^{m} W_j \times y_{ij}$$

式中，RS 为区域环境风险综合指数；W_j 为各指标的权重；y_{ij} 为各指标标准化值。RS 取值为[0，1]，其值越大，表明区域环境风险越高。按照区域环境风险综合指

数从高到低排序，反映其从劣到优的变化，评价结果分为 5 个等级：[0，0.2]处于理想状态；[0.2，0.6]处于良好状态；[0.6，0.8]处于警戒状态；[0.8，0.9]处于较差状态；[0.9，1]处于恶劣状态。

第 6 章　规划环境影响评价有效性研究[①]

6.1　规划环境影响评价有效性内涵

为客观了解规划环境影响评价开展的深度和强度，识别影响规划环境影响评价有效实施的关键因素，提高规划环境影响评价系统的功效，同时探寻规划环境影响评价对决策的作用，学术界于 20 世纪 90 年代中后期开始开展规划环境影响评价有效性的相关研究。

从评价理论来看，所谓评价，一般是指按照明确目标测定对象的属性，并把它变成主观效用(满足主体要求的程度)的行为，即明确价值的过程。因此，规划环境影响评价有效性评价是一个价值判断，由于规划环境影响评价具有目标的不确定性、环境影响因果关系的不确定性、规划和决策制定的复杂性及制定者目标的迥异性，使得对规划环境影响评价有效性进行评估较为困难，至今，国际上尚未有统一的规划环境影响评价有效性评估框架和标准。

一般认为，规划环境影响评价有效性研究的目的在于，回顾它的实践史，研究它对决策的作用，检验规划环境影响评价预期目标与具体目标的实现程度。具体来说，规划环境影响评价有效性评价是指对已经完成规划环境影响评价的目的、执行过程、效益、作用和影响所进行的系统的客观的分析。通过对规划实践的分析总结，确定预期的目标是否达到，规划是否科学合理，主要效益指标是否实现，分析规划环境影响评价目标的可达性，并总结经验教训，通过及时有效的信息反馈，为未来决策和提高决策管理水平提出建议，同时也为规划实施运营中出现的问题提出改进建议。规划环境影响评价有效性评估基本内容包括：目标评价、实施过程评价、效益评价、影响评价和持续性评价。

6.2　规划环境影响评价有效性研究进展

6.2.1　国外规划环境影响评价有效性研究

国际上最早开展的是有关 EIA 有效性研究。国际影响评价联合会(IAIA)和加拿大环境评价局(CEAA)于 1993 年共同倡议开展 EIA 的有效性研究，认为 EIA 是将

① 该研究得到香港研究资助局（Research Grants Council of Hong Kong Special Administrative Region，RGC）项目(CUHK445809)资助，该项目的负责人为林健枝和陈永勤教授。

环境管理引入发展规划和决策的最主要方式，但也面临严峻的挑战，如 EIA 如何适应可持续发展战略的要求，如何在决策过程中更有效地发挥作用，以及如何开展更加全面、综合的 EIA 等。随后，不断有学者针对 EIA，尤其是环境影响评价有效性的概念内涵、程序进展以及评估方式等进行探讨研究。比较突出的研究有：

Sadler 于 1996 年首先开展环境影响评价的有效性研究，提出“环境影响评价有效性在于其环境影响评价执行情况的有效性，环境影响评价实践对理论和法规的遵循情况，以及环境影响评价目标的可达性”。Sadler 提出三个维度的有效性：目标有效性(目标的可达性)、程序有效性(EA 对导则法规的遵循程序以及环境影响评价过程的有效性)以及绩效(transactive)有效性(时间–费用–效益的有效性)。

2000 年前后，一些学者对环境影响评价的有效性开展了系统研究(Therivel and Minas, 2002; Thissen, 2000; Fischer, 1999; Marsden, 1998; Lawrence, 1997)。Therivel(2002)对英国过去十年 EA 和可持续评价的有效性进行评估；Thissen(2000)对环境影响评价实施前后规划政策的改变进行比较研究，认为环境影响评价的直接效果在于对规划政策的改变。Fischer(1999)分析了欧盟三个区域的交通环境影响评价，并初步提出环境影响评价有效性评估的标准；Lawrence (1997)区别了环境影响评价质量和有效性，认为“质量”是对环境影响评价制度安排和方法的评估，“有效性”是对结果的评估，此外，Lawrence (1997)提出环境影响评价的直接有效性和间接有效性。直接有效性指环境影响评价的目标可达性、环境保护效果、报告书的质量以及对导则规章的遵循程度，间接有效性指环境影响评价对环境管理和研究的效果。

Harridge (2005)认为环境影响评价的有效性依赖于更多的人力物力、技术方法以及能力建设。Therivel (2006，2007，2009)通过问卷调查，分别对英国区域和地方重要空间发展规划评价的有效性调研，认为环境影响评价对规划是辅助作用，很难改变规划主体，环境影响评价也没有促进环境的可持续发展。Noble(2009)在 IAIA(2002)提出的标准基础上，将环境影响评价评估的标准分为系统、过程和结果三部分，并以加拿大环境影响评价为例，评价环境影响评价程序的有效性。

对于环境影响评价的有效性研究，国外学者起初主要针对环境影响评价有效性的概念内涵、程序进展以及评估方式，以及环境影响评价的实施情况、环境影响评价开展内容等展开了研究。近年来环境影响评价的有效性研究主要针对环境影响评价的评价过程，环境影响评价评价的科学性，对环境影响评价是否兑现了其开展的意义和目标，包括如何将环境影响评价纳入政策制定的过程、环境影响评价对政策制定的辅助作用、环境影响评价对政策制定的影响以及环境影响评价结论的有效性等方面展开探讨，并尝试性地提出评估环境影响评价有效性的标准和框架。但是，国际上对环境影响评价有效性缺乏定量研究，有关环境影响评价有效性评估的实证研究较少。

6.2.2 国内规划环境影响评价有效性研究

近年来，我国尝试开展了 EIA 有效性研究。李天威等(1996)对影响 EIA 有效性的行为因素进行了分析，并将这些行为因素划分为战略规划行为、管理控制行为和技术业务行为。于连生等(1997)提出 EIA 有效性包括政策法规有效性、管理机制有效性和技术措施有效性，并进一步研究了环境价值核算对 EIA 有效性的影响，认为 EIA 有效性不应只被看做 EIA 制度本身的“完善”与“健全”，而要看它的实际效果；林逢春和陆雍森(1998)从法规、管理机构、程序、参与人员、验收监测和强制执行、信息和技术支持等多个方面对我国 EIA 的完备性和有效性进行了评估；乔致奇(1994)从 EIA 国家能力建设的角度探讨了如何提高我国 EIA 的有效性；杨凯等(1998)对影响 EIA 有效性的因素进行了层次划分，分为国家层次、管理层次、具体建设项目层次和技术层次。从这些研究中可以看出，我国目前所开展的EIA 有效性研究大多集中在单个要素对有效性的影响或将 EIA 体系要素划分为不同层次，然后针对不同层次的要素实施分析，存在较大的不系统性和片面性。

国内对规划环境影响评价有效性的研究较少，主要集中于对规划环境影响评价报告书的评估，即通过对多本报告书的比较总结，从规划环境影响评价的程序方面入手，研究报告书的有效性，研究范围较窄。中国虽然已经开始意识到有效性评估指标体系的重要性，并尝试提出一些评估指标，但仍缺乏系统的研究，在已有的个别有效性评估的研究中，直接引用国际上提出的一些评估指标体系，没有针对中国的国情和规划环境影响评价的发展阶段，也没有考虑规划环境影响评价不同类型(规划环评、政策环评)的差异。

对比国内外规划环境影响评价有效性研究的进展，不难发现，中国规划环境影响评价的研究尚未全面开展，在研究的深度和广度上都与国外研究有一定的差距。因此，我国当前亟须加强规划环境影响评价有效性的研究。

6.3 规划环境影响评价有效性评估标准

在对环境影响评价有效性进行评估时，不同的学者提出了不同的评估标准(Saddler，1996；Fischer，2002；Baker and Mclelland 2003；Thissen，2000)。本报告对当前规划环境影响评价有效性评估标准进行分析，总结出以下几种主要的评估标准：背景有效性标准、目标有效性标准、执行过程有效性、绩效标准、直接有效性以及规划环境影响评价的增量标准(即规划环境影响评价实施之外潜在产生的有效性)。

背景有效性：规划环境影响评价的政治、制度、法律背景的有效性。即规划环境影响评价开展过程中，是否遵循了国家和地方相应的法规规章，国家和地方政府对规划环境影响评价的支持态度等。

目标有效性：国际上规划环境影响评价的主要目标是规划环境影响评价纳入规划的制定过程，使规划更具科学性，同时保护环境促进可持续发展。中国《环评法》中提出规划环境影响评价的目的为“实施可持续发展战略，预防因规划和建设项目实施后对环境造成不良影响，促进经济、社会和环境的协调发展”。规划环境影响评价目标有效性评价旨在评估规划环境影响评价目标的可达性和符合性。本研究规划环境影响评价目标有效性主要评价规划环境影响评价是否使规划更具科学性，规划对规划环境影响评价的采纳情况，规划环境影响评价是否有利于环境保护，是否促进可持续发展等。

执行过程有效性：规划环境影响评价的程序以及采用的方法是评价规划环境影响评价报告书有效性的重要标准。规划环境影响评价程序的有效性即规划环境影响评价执行过程对导则和法规要求的符合性，此外，规划环境影响评价过程的有效开展对规划的实施也有一定的作用。《规划环境影响评价技术导则(试行)》中规定了规划环境影响评价开展的步骤和过程，包括替代方案的选择、筛选、识别、预测与评价、公众参与、减缓措施、跟踪监测、审批过程等，本研究从这几方面入手，评价规划环境影响评价程序的有效性，规划环境影响评价采用的方法是否先进可行，也是评估规划环境影响评价有效性的重要标准。本研究对案例规划环境影响评价采用的规划环境影响评价方法以及方法的可操作性和先进性进行了评估。

规划环境影响评价绩效：规划环境影响评价时间成本的有效性。主要评价规划环境影响评价的成本–效益与时间–效益。一般来说，规划环境影响评价如果用时少且成本较低，并达到了很好的效果，那么规划环境影响评价的绩效就较高。

直接有效性：一般说来，规划环境影响评价的直接有效性是指其对规划的作用以及规划环境影响评价执行过程的有效性。

增量有效性：规划环境影响评价潜在的有效性，本研究中评估规划环境影响评价的实施的增量有效性主要通过评估规划环境影响评价是否能够增加决策者的环境意识，能否提高公众的环境意识和参与意识，增加不同部门间的交流，增加规划的透明度等方面实现。

6.4　规划环境影响评价有效性评估方法与框架

当前，研究人员对规划环境影响评价实施有效性的评估缺乏统一的认识，这是规划环境影响评价实践研究和理论研究的重要障碍。建立评估的理论框架和基本方法是规划环境影响评价有效性评估的基础和重点，在此基础上才能客观地分析阐述规划环境影响评价的实施效果。目前，对评价规划环境影响评价有效性的理论体系的研究工作开展较少，本论文主要介绍已有的具有代表性的三种理论体系。

6.4.1　分层次评估方法

该评估框架是一种涵括规划环境影响评价框架以及详细清单的综合评估方法，分为四步：

(1) 对规划环境影响评价的制度背景进行综合分析；

(2) 对规划环境影响评价过程的技术方法、管理程序以及公众参与等进行评价；

(3) 对规划环境影响评价对决策制定的影响进行评价；

(4) 对规划环境影响评价实施效果进行评价。

上述对规划环境影响评价有效性的评估方法要求综合考虑EIA的背景因素、决策层次和尺度范围(图6-1)。该理论框架从规划环境影响评价的主要目的、关键

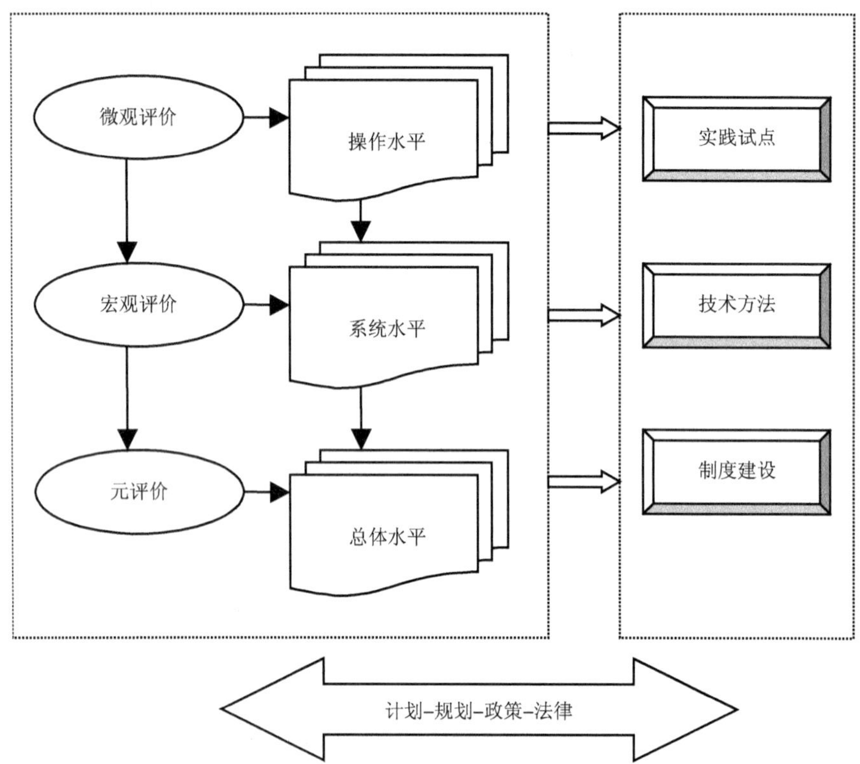

图 6-1　分层次评估规划环境影响评价有效性

因素及不同层次入手，提出从方法学、制度及实践尺度等三个不同方面评估规划环境影响评价的有效性，主要从规划环境影响评价自身的开展情况评估其有效性，评估对象局限于规划环境影响评价的建设发展(制度、理论和实践)，忽略了规划

环境影响评价的开展对其外在环境，如政策、规划的制定和环境意识等背景因素的影响。

6.4.2　理想的有效性评估方法

“理想的规划环境影响评价有效性”的理论框架(图 6-2)是在对现有评价规划环境影响评价有效性的不同方法、标准、和重点进行比较分析的基础上提出的。该理论框架从规划环境影响评价的宏观背景体系入手，切入到规划环境影响评价的微观层次和案例研究，评估规划环境影响评价过程、方法、数据以及其他直接或者间接结果的有效性。该理论框架的结构性比较好，对宏观和微观层次的比较分析较为清楚，且对影响有效性的不同内容进行了分析研究，但是该评估框架较为复杂，且对结果输出的界定不清楚，评估框架实施起来具有一定的挑战。

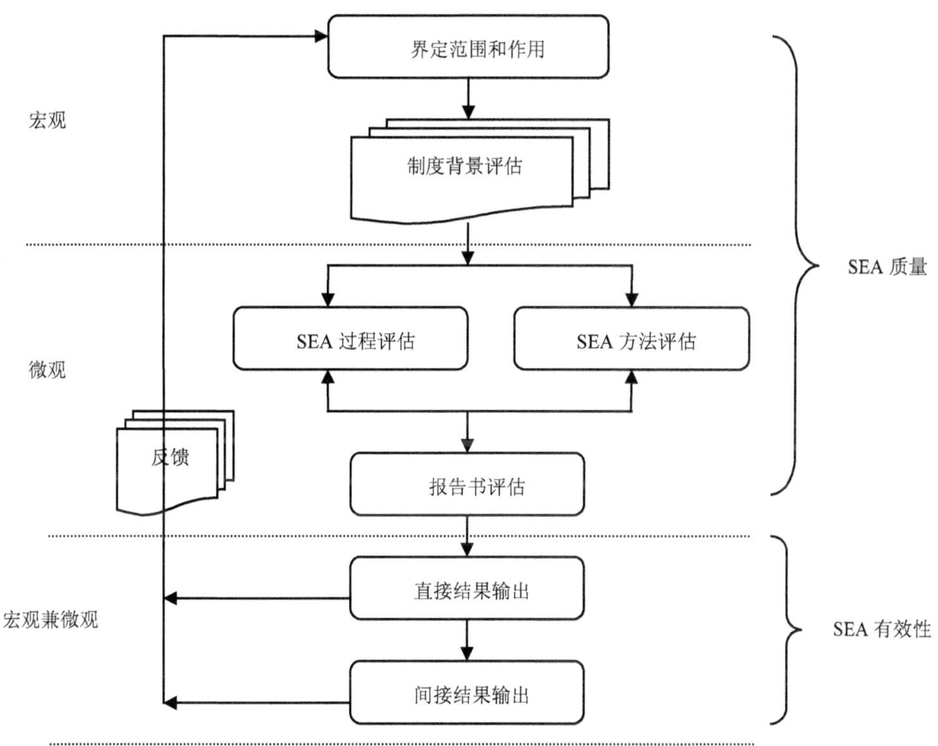

图 6-2　理想的规划环境影响评价有效性分析

6.4.3　输入–输出质量评估法

基于输入–输出质量的评估法理论框架(图 6-3)从规划环境影响评价程序和质量入手，分析规划环境影响评价不同阶段的输入质量，评价其实施效果和最终对政策、规划的作用，本评估框架提出规划环境影响评价开展过程的六种评估标准：输入标准、内容标准、过程标准、结果标准、有用性标准、效果标准。其中前三种标准为规划环境影响评价的“输入质量”，包括规划环境影响评价的信息数据、程序、技术方法、公众参与等内容，属于规划环境影响评价系统建设，后三种为规划环境影响评价实施的效果，如对政策、规划的改变，在政策、规划制定中的应用。

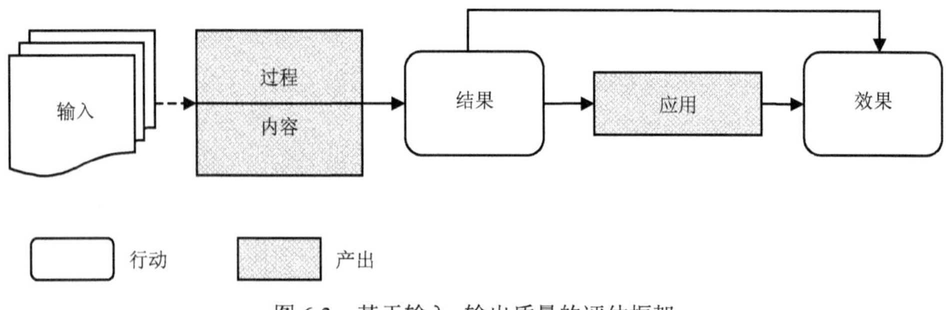

图 6-3　基于输入–输出质量的评估框架

该理论评估框架严格说来是一种理论上的有效性，即强调规划环境影响评价体系各组成要素的完整性和体系结构的合理性，忽略了由于实施环境和机制上的问题产生的实施效果的改变，因此具有一定的局限性。

6.5　规划环境影响评价有效性案例分析

6.5.1　案例背景

《环评法》规定对“一地、三域、十个专项”规划进行战略环境评价。《环评法》颁布至今，我国规划环境影响评价实践中开展最多的为区域建设开发利用规划和城市建设规划的环境影响评价(王会芝等，2010)(统归为区域发展规划的规划环境影响评价)。鉴于我国区域发展规划规划环境影响评价的开展范围广泛且具有一定的代表性，本研究在探讨中国规划环境影响评价的有效性时，选取区域发展规划规划环境影响评价为例，分析案例开展的有效性。

滨海新区依托天津，拥有中国最大的人工港——天津港，包括塘沽、汉沽、大港三个行政区和正在建设的八个产业功能区及中新天津生态城，陆域面积 2270km^2，海域面积 3000km^2，海岸线 153km。滨海新区人口 2007 年为 114.41 万人。2009 年，国务院批复同意天津市调整滨海新区行政区划，建立统一的滨海新区行政区。滨海新区战略环境评价就是在此基础上开展的，也是环保部的试点项目。

6.5.2　研究方法

由于有效性评估指标的种类繁多、性质各异，而且不存在统一的量纲，有的可以量化而有的只能定性分析，又由于规划所处地区差异，导致必然选择以经验判断为基础的定性与定量相结合的综合评价方法。本研究采用定性和定量结合的方法，通过半结构式访谈和专家咨询定性的评价规划环境影响评价的有效性，通过层次分析法进行权重赋值，用模糊数学法评判对规划环境影响评价的有效性进行定量评价。本案例研究在对规划环境影响评价有效性影响因素分析的基础上，构建基于系统需求的规划环境影响评价有效性评估指标体系框架，通过对规划环境影响评价报告书的分析，研究规划环境影响评价实施情况，对规划环境影响评价相关部门、规划相关部门和人员的调查访问和研讨会，评估天津滨海新区规划环境影响评价的有效性。评价工作的程序为：

（1）综合评价的准备工作。明确评价目的；确定被评价对象；系统分析规划环境影响评价各个分部分的评价成果。

（2）建立评价指标体系。评价指标是目标的具体化，根据目标设立相应的评价指标。指标的设立，不仅要与规划环境影响评价的目标、特点等有关，而且还与规划有关。角度不同，评价的侧重点不同，设置的指标也不同。

（3）确立与各项评价指标相对应的权重系数。在实际有效性评价过程中，不同的指标对评价结果的影响程度不同。为了正确反映各类分项指标对整个规划环境影响评价有效性影响的重要程度，通过加权的方法予以修正。重要的指标赋予较大的权重，相对次要的指标赋予较小的权重。在获得各指标的相对重要性系数和判断矩阵的基础上，可以运用层次分析法计算各指标的相对权重。

（4）运用模糊评判法计算得到被评价项目的最终评价等级。专家打分，计算各系统的综合评价值并进行排序或分类。通过相关专家问卷调查获得相应数据，构建项目综合评价的指标体系，模糊判断中需要构建模糊关系矩阵的各指标等级的隶属度。

（5）得出综合评价结论。

总体上说，有效性评价是从确定目标、评价范围开始，到确定指标体系、指标权重、选择综合评价方法，直至做出评价结论，其中包括分析、评定、协调、计算、模拟、综合等工作，而这些工作又是交叉反复进行的。

1. 层次分析法确定权重

采用层次分析法，构造判断矩阵。把指标体系中的某一上层元素和与其具有逻辑关系的下层元素进行两两比较，根据多位专家的经验判断，确定下层元素对于某一上层元素的相对重要性，获得判断矩阵。

$$S=\begin{pmatrix} 1.00 & 5.00 & 7.00 & 2.00 \\ 0.20 & 1.00 & 3.00 & 0.33 \\ 0.14 & 0.50 & 1.00 & 0.20 \\ 0.50 & 3.00 & 5.00 & 1.00 \end{pmatrix}$$

计算一致性指标，得 C.I.=0.053，查得对应平均随机一致性指标为 0.90，可得随机一致性比率 $\text{C.R.}=\frac{\text{C.I.}}{\text{R.I.}}=0.053/0.90=0.059<0.1$，因此认为排序结果具有满意一致性，即权系数的分配合理。计算得到一级指标因子的权重为 $A=(0.06,\ 0.30,\ 0.52,\ 0.12)$。

同理，采用层次分析法对二级指标和三级指标构造判断矩阵，计算各二级和三级指标的层内权重，计算结果见表 6-1。

表 6-1　规划环境影响评价有效性评价指标及其权重

一级指标 *A*	权重	二级指标 *B*	权重	三级指标 *C*	权重	合成权重
背景有效性	0.06	政策背景指标	0.33	国家当地政府对规划环境影响评价的态度	1.00	0.02
		制度法律指标	0.67	制定相关法规并遵循	1.00	0.040
程序有效性	0.30	方法有效性指标	0.34	方法的可行性和灵活性	0.50	0.051
				定性定量方法结合	0.50	0.051
		程序的有效指标	0.52	对规划环评导则的遵循程度	0.33	0.05
				程序开展的有效程度	0.67	0.10
		报告书有效指标	0.14	内容完整，数据翔实	0.33	0.014
				结论清晰，公众易理解	0.67	0.028
目标有效性	0.52	环境影响的减缓	0.34	减缓环境影响程度	1.00	0.177
		对规划有效性	0.52	规划对规划环境影响评价结论的采纳程度	1.00	0.270
		规划环境影响评价结论有效性	0.14	结论的合理性	1.00	0.073
增量有效性	0.12	部门合作	0.36	促进部门合作	1.00	0.043
		规划透明	0.33	使规划更具透明度	1.00	0.040
		环保意识	0.31	公众的环保意识	0.33	0.012
				规划部门环保意识	0.67	0.025

2. 模糊综合评价

1）建立模糊矩阵

在通过层次分析法确定了各个指标的权重以后，利用模糊评价，对规划环境影响评价有效性行评价。各等级对应评分值见表 6-2。

表 6-2　各等级对应评分值

评价	评价分值
好	>3.5
较好	(2.5，3.5)
一般	(1.5，2.5)
较差	<1.5

确定评价对象集：V={天津市滨海新区规划环境影响评价有效性}。

建立评价因子集：$D=\{d_1，d_2，d_3，d_4\}$={政策法律背景，执行程序，目标，增量}。

建立模糊评语集：P={4，3，2，1}，其中，p_4为好，p_3为较好，p_2为一般，p_1为较差(表 6-2)。

根据单因素评价三级指标对等级模糊子集的隶属度，构建各三级指标的模糊关系矩阵，选取规划人员代表和有关专家组成评审团，这些专家再结合自身的工作经验对指标体系的第三级指标进行单因素评价，然后用问卷调查的方法，对数据进行统计得到如下评语集。表 6-3 表示的是 10 个专家对滨海新区规划环境影响评价各指标的评价结果。

表 6-3　专家评判表

三级指标	好	较好	一般	较差
国家当地政府对规划环境影响评价的态度	9	1	0	0
制定相关法规并遵循	10	0	0	0
方法的可行性和灵活性	4	6	0	0
定性定量方法结合	9	1	0	0
对规划环评导则的遵循程度	8	2	0	0
程序开展的有效程度	8	2	0	0
内容完整，数据翔实	4	6	0	0
结论清晰，公众易理解	8	2	0	0
减缓环境影响程度	8	2	0	0
规划对规划环境影响评价结论的采纳程度	1	7	2	0
结论的合理性	3	7	0	0
促进部门合作	8	2	0	0
使规划更具透明度	4	5	1	0
公众的环保意识	0	7	3	0
规划部门环保意识	8	2	0	0

2）计算规划环境影响评价有效性评价的隶属度

根据各三级指标权重和对应各级评价等级的隶属度，采用加权平均模糊合成算子得到 11 个二级指标和 4 个一级指标对应各个评价等级的隶属度，结合一级指标对规划环境影响评价有效性的权重 A，计算得到规划环境影响评价各个评价等级的隶属度(表 6-4)，评价结果如下。

表 6-4　滨海新区规划环境影响评价有效性评价

评价指标	好	较好	一般	较差
背景有效性	0.97	0.03	0	0
执行有效性	0.73	0.27	0	0
目标有效性	0.37	0.53	0.10	0
增量有效性	0.59	0.35	0.06	0
综合有效性	0.54	0.40	0.06	0

3）计算综合评价结果

根据各个评价等级的隶属度和评价等级的取值，加权计算规划环境影响评价有效性的综合评价结果，即 $V=0.54\times4+0.40\times3+0.06\times2=3.48$，综合评价结果接近 3.5，这表明天津市滨海新区规划环境影响评价的有效性较好。

6.5.3　结果与分析

1. 程序的有效性分析

规划环境影响评价程序执行有效性是规划环境影响评价有效性评价的重要内容，是规划环境影响评价开展好坏的最直接体现。对于规划环境影响评价评价人员来说，其对规划环境影响评价的结论是否为规划采纳关注并不多，而更多的关注规划环境影响评价开展过程中所采用的方法和规划环境影响评价的完整性。本研究主要通过规划环境影响评价导则的符合性分析、规划环境影响评价过程分析、规划环境影响评价方法分析以及对规划环境影响评价报告书的整体分析等方面分析规划环境影响评价实践的有效性。

2003 年，《规划环境影响评价技术导则(试行)》规定了规划环境影响评价开展的程序、方法和内容，本研究通过分析天津滨海新区规划环境影响评价程序对《规划环境影响评价技术导则(试行)》的遵循程度，研究规划环境影响评价的程序的有效性，见表 6-5。

总体上，滨海新规划环境影响评价的程序有效性评价如下。

(1) 滨海新区规划环境影响评价的程序和报告书内容基本上遵循规划环评导则的要求，规划环境影响评价程序有效性较高，参照表 6-6 为“好”(0.73)，但也有一定的不足和优势。

表 6-5　规划环境评价章节与规划环评技术导则要求对比一览表

导则内容	导则标准	滨海新区		说明
总则的内容	1. 规划的一般背景	是	增加评价目的与原则、依据、评价工作程序	规划环境影响评价过程是一个研究过程，需要给出具体的技术路线
	2. 与规划有关的环境保护政策、目标和标准	是		
	3. 环境影响识别表	是		
	4. 评价范围、环境目标和评价指标	是		
	5. 评价方法	是		
规划概述与分析	1. 规划的社会经济目标和环境保护目标	是	缺乏对替代方案的分析，增加了规划的主要内容，分析规划布局的合理性，重点阐述了影响发展的资源环境因素	技术导则对规划概述要求较少，但规划作为环评的依据，需要对与环境保护相关的规划内容介绍清楚。替代方案应作为规划环境影响评价的考虑，两个案例中均没考虑
	2. 规划与上下层次规划的关系和一致性分析	是		
	3. 规划目标与其他规划目标、环保规划目标的关系和协调性分析	是		
	4. 符合规划目标和环境目标要求的可行的替代方案概要	否		
区域环境现状调查分析	1. 环境调查工作概述	是	应用情景分析法，详细阐述区域承载力分析(水、能源、土地)	对区域环境承载力的分析很重要
	2. 规划区域的环境问题，预计零方案下的环境发展趋势	是		
	3. 环境敏感区域，环境影响区域	是		
环境影响分析与评价	1. 按照环境主题识别、预测主要环境影响	是	应用不同情景对大气、水、海域、固废、交通进行预测评价，增加环境风险和循环经济分析，缺乏累积影响分析评价	单独提出来社会影响分析，风险分析和循环经济分析加以重点关注，缺乏累积影响分析
	2. 应用不同规划方案或不同设置情景描述识别、预测的主要的直接、间接和累积影响	是		
	3. 对不同规划方案的环境影响进行比较	部分		
规划方案的优化建议与影响减缓措施	1. 描述符合规划目标和环境目标的规划方案并概述防护措施、减缓措施的阶段性目标	是	提出规划的优化和减缓措施(产业结构、产业布局、结构调整和生态格局)没有提供替代方案	
	2. 环境可行的规划方案的综合评述	是		
	3. 提供环境可行规划方案及替代方案	是		
	4. 规划的结论性意见和建议	是		
公众参与	1. 公众参与概况	是	通过规划展览和专家咨询进行公众参与	除专家咨询外的公众参与没有成效，公众参与意见的落实情况没有说明
	2. 与环境评价有关专家咨询和公众意见	是		
	3. 专家咨询和公众意见与建议的落实情况	是		
环境管理与监测体系	1. 对下一层次规划或项目环境评价的要求	否	提出环境管理体系创新。缺乏监测与跟踪评价的计划	均未提出对下一层次规划或项目的环境评价要求，加强了风险评价
	2. 监测和跟踪计划	部分		

续表

导则内容	导则标准	滨海新区		说明
评价结论与建议	执行总结：采用非技术性文字简要说明规划背景规划目标评价过程环境资源现状减缓措施公众参与和结果总体评价结论	是	将报告书主要内容作为小节内容重点关注总结	将报告书的主要内容作为小节内容给以重点关注
困难性和不确定性	概述在编辑和分析用于环境评价的信息时所遇到的困难和由此导致的不确定性	否		对困难性和不确定性涉及较少
其他		添加规划目标与指标的可达性分析 环境容量与总量控制分析		规划目标与指标的可达性分析是规划改革完善的依据

表 6-6　滨海新区规划环境影响评价程序开展的有效性

标准	标准	滨海新区
早期介入	有没有早期介入	在规划初稿完成后介入规划环境影响评价，相对较早
替代方案	有没有考虑替代方案	没有考虑规划的替代方案，但是在对大气、水、土地、噪声等环境因素进行评价时采用了情景分析
有效地识别过程	影响因子识别，影响范围识别，时间跨度识别，影响性质识别	识别滨海新区发展战略对资源、环境等方面产生的影响，判别影响程度及其是否为跨区域环境问题缺乏对社会和经济影响的识别，缺乏对积极的环境影响的识别
对重要的环境影响进行评价	直接间接累积影响，环境保护、质量、规划合理性分析	对环境影响进行了有效评价，定量与定性相结合，定量为主
累积环境影响评价	从时间空间考虑累积环境影响	考虑较少，稍微考虑了多种影响源在时间和空间上的分布
公众参与的机会和效果	参与时间、形式、效果以及参与的主体	以规划展览和专家咨询为主，没有普通公众的参与，专家咨询做得很好
减缓措施	对规划目标和环境目标提出可行的减缓措施	提出环境影响的防护对策以及环境可行的规划方案
跟踪监测	跟踪监测的方案因子指标	没有跟踪监测方案

（2）导则要求在对环境影响进行分析和评价时，需要“对不同规划方案可能导致的环境影响进行比较，包括环境目标、环境质量和/或可持续发展的比较”，近年来规划环境影响评价的评价很少涉及替代方案的评价，滨海新区规划环境影响评价主要设置不同情景对环境影响进行预测和评价，中新天津生态城没有对替代方案进行评价，也没有设置不同的情景分析。滨海新区规划环境影响评价较为充分。

（3）导则要求“规划涉及的环境问题可按照当地环境（包括自然景观、文化遗产、人群健康、社会/经济、噪声、交通）、自然资源（水、空气、土壤、动植物、矿产、能源、固体废物）、全球环境（气候、生物多样性）三类分别表述”，2009 年国家颁布的规划环评条例也规定“对规划实施可能对环境和人群健康产生的长远影响”进行分析评价，但是在案例的规划环境影响评价中，均没有涉及“人群健康和气候”评价。由于缺乏有效的定性和定量的标准，中国的规划环境影响评价很少涉及健康评价。

(4) 累积影响评价是规划环境影响评价的重要内容，导则要求“预测环境影响，包括直接的、间接的环境影响，特别是规划的累积影响”，但是两个规划环境影响评价案例均没有考虑累积环境影响。

(5) 导则要求“概述在编辑和分析用于环境评价的信息时所遇到的困难和由此导致的不确定性”，滨海新区规划环境影响评价对这两项内容均未涉及。

(6) 对于环境管理与监测体系，生态城提出监测与管理措施，增加了风险事故监控和应急预案，但是滨海新区仅提出环境管理体系创新，缺乏监测与跟踪评价的计划。

(7) 案例均进行了“风险分析与评价、循环经济分析评价”。规划环境影响评价技术导则提出了，在拟定环境保护对策与措施时，应遵循“预防为主”的原则和预防、最小化、减量化、修复补救与重建的优先顺序，但未明确要求在环评过程中运用循环经济思想，也没有要求开展风险分析。本文规划环境影响评价案例开展循环经济和风险分析是对规划环境影响评价探索和对环境的重视。

规划环境影响评价涉及不同的阶段和过程，下面就本研究案例规划环境影响评价不同阶段的实施效果进行评价。本次评价选取早期介入、替代方案、识别阶段、规划环境影响评价数据收集及评价、累积影响评价、公众参与、减缓措施和监测跟踪、规划环境影响评价的审查等方面进行规划环境影响评价程序有效性的评价。评价主要针对规划环境影响评价的报告书展开，同时通过访谈和问卷咨询了规划环境影响评价人员和规划部门的意见和建议。

滨海新区规划环境影响评价在规划制定过程中介入，辅助规划的编制，使规划更具有科学性。同时，滨海新区规划环境影响评价考虑了不同设置情景下的发展模式，从而提出环境经济社会相协调的方案。此外，滨海新区规划环境影响评价的识别评价过程较为科学合理，对主要的环境问题进行了有效识别，对环境影响进行了较为合理地论证，但是滨海新区规划环境影响评价没有考虑规划的累积环境影响评价，且缺乏相应的跟踪监测方案。

2. 结果的有效性分析

近年来，国际上普遍认为，判定规划环境影响评价是否有效的重要标准是判定规划环境影响评价的目标可达性，一般来说，规划环境影响评价的有效性在于规划环境影响评价是否减缓或者避免了规划、政策和项目的环境影响，促进了可持续发展，同时使规划更具科学性。

本研究就规划环境影响评价的目标有效性采访了规划环境影响评价专家和规

划人员，通过数学模糊综合评判法得出结论，虽然相对于规划环境影响评价的背景有效性和程序有效性，滨海新区规划环境影响评价的目标有效性较为一般，但通过专家咨询和综合评判，得出评价等级为“较好”(0.53)，说明滨海新区规划环境影响评价的目标可达性较为有效。评价标准及结果见表 6-7。

表 6-7 滨海新区规划环评目标有效性评价标准及结果

标准	滨海新区	说明
使规划更具科学性	规划完善环境保护的内容，修改可能导致不利环境影响的内容，影响程度中等	由于滨海新区规划环境影响评价部分规划的制定人员本身也是该规划环境影响评价的成员，很难界定规划的调整是否采纳了该规划环境影响评价的成果
采纳情况 规划环境影响评价是否纳入规划决策	部分采纳	通过滨海新区规划环境影响评价，战略规划重点采纳了生态格局、水资源利用、产业布局、入区产业控制、滨海新区生态工业建设方面的建议。最大的优点是产业布局与结构的调整
有利于环境保护，促进可持续发展	部分，即使有环境问题仍没有改动规划	规划环境影响评价评价人员和规划人员一致认为，对重点开发区域开展规划环境影响评价是必要的，规划环境影响评价能够从源头防范环境污染、保障区域生态环境安全。滨海新区规划环境影响评价结合现状及规划期间可能产生的主要环境问题提出了减缓措施与战略调整建议，有利于保护环境，减缓对环境和社会的影响
规划环境影响评价结论是否对决策起到至关重要的作用	规划环境影响评价提出可持续的建议，对经济发展不利的建议未采纳	仅仅辅助决策制定，决策仍以经济发展为重

6.5.4 结论

本研究通过问卷调查和半结构式访谈对滨海新区规划环境影响评价有关专家和规划编制人员进行了咨询，并采用层次分析法分析了规划环境影响评价有效性标准的不同权重(背景有效性、执行程序有效性、目标有效性和增量有效性)，通过模糊数学综合评判法对滨海新区规划环境影响评价的有效性进行综合评价，得出结论如下：

(1) 滨海新区规划环境影响评价的政策制度背景有效性“很好”(0.97)，说明天津市滨海新区注重环境保护，针对滨海新区规划环境影响评价颁布了相关的法规规章，对滨海新区规划环境影响评价给予支持态度。此外，滨海新区规划环境影响评价的开展遵循国家环保部的相关规章，环保部颁布的规章条文也为滨海新区规划环境影响评价的展开提供了法律支持和技术支持。

(2) 滨海新区规划环境影响评价执行程序方法的有效性较高，规划环境影响评价的程序遵循《规划环境影响评价技术导则》的要求，同时增加了循环经济和风险评价的内容。滨海新区规划环境影响评价介入战略规划的时间较早，通过设置不同的情景方案综合评价战略规划的发展影响，由于滨海新区发展战略具有层次高、未来发展不确定因素多等特点，普通公众在知识、环境意识等方面都存在局限性，很难独立扮演公众参与的主体角色，而环境专家具备相关的专业知识，能够更加准确地为滨海新区的发展把脉，滨海新区在专家公众参与方面做得较为成功。但是滨海新区规划环境影响评价对战略规划的累积影响以及跟踪评价监测等方面鲜有涉及。

(3) 滨海新区规划环境影响评价的目标有效性相对“较好”(0.53)，规划环境影响评价完善了规划环境保护的内容，修改可能导致不利环境影响的内容，影响程度中等，同时规划采纳了规划环境影响评价报告中有关滨海生态格局、水资源利用、产业布局与结构调整等方面的建议，对战略规划的开展具有积极的意义。

(4) 滨海新区规划环境影响评价的增量有效性为“好”(0.59)，规划环境影响评价的开展在一定程度上加强了部门之间的合作交流，增加战略规划开展的透明度，通过规划环境影响评价的开展，规划人员和政府人员的环境意识有所增加。

根据隶属度的原则，滨海新区规划环境影响评价有效性的模糊综合评价“好”为 0.54，“较好”为 0.40，有效性较高。综合各个单项的评价结果，该规划环境影响评价背景效果为“好”，执行程序和方法等各指标评价为“好”，但是在目标的可达性方面稍有不足，专家认为规划环境影响评价对“减缓环境影响，将环境因素纳入规划考虑中，实现可持续发展”的作用相对较小。

对规划环境影响评价开展有效性评价，能客观了解规划环境影响评价开展的深度和强度，识别影响规划环境影响评价有效实施的关键因素，提高规划环境影响评价系统的功效，同时探寻规划环境影响评价对决策的作用。本研究在对国内外规划环境影响评价有效性研究进行分析总结的基础上，尝试性地构建了评价规划环境影响评价有效性评估的指标体系，并采用层次分析法分析了规划环境影响评价有效性标准的不同权重，通过模糊数学综合评判法对滨海新区规划环境影响评价的有效性进行综合评价。

本章虽然已经建立了规划环境影响评价有效性评价指标体系，但规划环境影响评价制度有效性评价指标体系不是一成不变的，它们都会随着规划环境影响评价理论和实践的深入发生变化，评价指标根据规划环境影响评价的现状进行修订，以便适应客观环境的改变。目前规划环境影响评价有效性评价在国内外都处于起步阶段，其评估方法和运作程序都尚无定量和定性的规定，有赖于评价方法、评价制度的进一步改进和完善。

第 7 章　规划环境影响评价的问题与发展方向

7.1　我国规划环境影响评价开展的主要问题

自中国规划环境影响评价制度建立起，我国众多研究人员对规划环境影响评价开展的障碍和瓶颈进行了较为深入的探讨，研究大都集中在与规划环境影响评价有直接关系的一些问题，如规划环境影响评价法律体系不完善、管理机制的欠缺、规划层次的不科学和复杂性、评价过程的制约因素(方法、指标和公众参与等)等方面。这些问题是影响规划环境影响评价开展的最为直接和重要的因素。但是有关规划环境影响评价开展的外部制约因素，如规划环境影响评价的机制问题、社会文化、行政管理等潜在的外环境，对规划环境影响评价的开展也有着举足轻重的作用，目前对这方面的研究较少。

7.1.1　规划环境影响评价理论研究的不足

当前，规划环境影响评价研究理论的症结主要表现在：

(1) 从研究机构来看，与欧美国家不同，中国极少存在专门进行规划环境影响评价学术研究的机构，全国仅有少数的几家规划环境影响评价研究中心，如 2004 年南开大学与国家环境保护部环境工程评估中心联合成立国内第一家规划环境影响评价研究中心。由于研究经费的短缺、信息获得的有限性，相比于规划环境影响评价的实践，规划环境影响评价的专业研究整体水平较低，进展缓慢。

(2) 从研究主体来说，规划环境影响评价的理论研究主要在于两部分：一是规划环境影响评价的基本理论知识、环境影响评价程序、环境影响评价方法学等方面；二是规划环境影响评价在不同领域的应用研究和与相关理论的关系，如与可持续发展、生态文明、循环经济的关系。通过文献回顾，我们可知，规划环境影响评价的研究重点和研究范围大都是在前人研究的基础上进行补充完善，理论和技术的创新较少，对一些诸如规划环境影响评价与上位规划和下位项目的衔接方面、规划环境影响评价评价体系的有效性、规划环境影响评价运行机制和管理体制、规划环境影响评价技术方法的时效研究以及事后的跟踪评价研究较为缓慢。

7.1.2　规划环境影响评价制度建设的不足

环境问题主要产生于经济过程中的决策机制，以及经济过程中各种社会和政治力量的运作，即制度本身。

历史经验表明，正确的理念，只有被设计为有效的公共政策，或者说只有被转化为一整套制度，才能在实践中变成充满活力而又规范有序的行动。规划环境影响评价要实现其价值和有序的发展，制度建设就显得尤为重要。当前规划环境影响评价的制度问题主要表现在三个方面：①有章不循。虽然规划环境影响评价有规范的法律体系以及明确的政策要求，但是在执行过程中往往得不到整整的贯彻落实。②制度不规范。规划环境影响评价的制度建设涉及的部门、机构、程序较多，虽然各有制度，但是不同制度的衔接性和融合性较差，整体制度不规范，不完善，具体到实践中，规划环境影响评价在技术和操作层面的制度也不健全。③无章可循。规划环境影响评价开展过程中，一些环节如管理机制、责任监督、审批机制等方面没有具体的制度，从而为一些部门规避责任和争取不规范的利益提供了方便。

规划环境影响评价的实施需要完善法律体系作保障，目前，《环评法》面临着缺乏具有可操作性的实施细则和有威慑力的责任追究条款，规划环境影响评价的具体管理细则不明确，监督职能缺失，责任条款软弱等不足。《规划环境影响评价技术导则(试行)》提出了工作程序的要求和技术方法，但未与具体的政府决策流程建立联系，在实质上还是一个末端管理的思路。因此，现有的规划环境影响评价大多从“省事”的角度出发，在决策链的末端进行，这使得规划环境影响评价真正的效用无法体现。法律的不完善，执行起来就会有漏洞。此外，由于不同行业和类别的专项规划具有各自的特点和复杂性，规划环境影响评价的开展应结合不同专项规划合理展开，但是当前仍没有出台针对不同专项规划的规划环境影响评价导则，这使得环境影响评价的开展常常流于形式。

7.1.3　部门的协调合作

长期以来，我国行政部门突出的特点是，决策与执行不分，机构设置偏多，职权交叉重叠，部门利益冲突较为明显。除了环境影响评价机构、审批机构、监督机构等机构设置外，规划环境影响评价在实施过程中涉及的部门众多，如环保部门、交通部、国土资源部以及规划部门等多个部门，因此，部门间的有效协调显得尤为重要。目前在治理环境、推进环境影响评价工作方面，我国还没有形成部门合作的联动机制，从事相关工作的部门很多，但是部门间，在人才、资源等方面没有形成合力，没有实现资源共享，这就造成资源浪费，效率低下，影响规划环境影响评价的整体推进。

此外，与成熟的市场经济体制国家相比，中国行政行为仍然带有经济干预的惯性，规划、政策等一般由政府部门操作，但是由于政府和相关部门对规划环境影响评价的认识不到位以及唯 GDP 是图的错误政绩观，环保部门无力抗衡地方政府的投资冲动，很难对地方官员支持的项目、规划、计划的实施进行严格地监管。环保部门在各大部门中处于弱势地位，其在规划环境影响评价实施中的综合协调和管理职能得不到明确的法律界定，规划环境影响评价直接参与政府决策和部门规划必然遇到相关部门的抵抗，使得规划环境影响评价在上层体位的作用大打折扣。

7.1.4　规划环境影响评价管理机制

对规划环境影响评价本身而言，其在实施运行过程中涉及责任机制、监督机制和保障机制。在责任机制方面，规划环境影响评价的问题包括规划编制机关对规划的责任、组织开展环境影响评价的单位的责任、环境影响评价单位的责任、审批部门和专家等责任的缺失，这就造成各机构对规划环境影响评价责任的规避，而导致责任缺失的主要原因还在于相关制度规章的不完善，以及主体部门对规划环境影响评价的重视和认识不够。在监督机制方面，规划环境影响评价的监督仅仅存在于环保部门对环境影响评价的最后结果组织审查，缺乏对整个工作的监管力度，环境影响评价单位在没有压力和监管的温床下成长，势必会成为温室的花朵，经不起实践的考验。在保障机制方面，目前规划环境影响评价大都重审批轻质量，重事前评价轻事后监测评估，难以对后续项目的建设形成有效地制约，特别是生态建设指标、生态补偿制度和循环经济指标等都难以在具体建设中实现，致使规划环境影响评价缺乏实用性，降低了规划环境影响评价对决策的影响力。此外，规划环境影响评价开展的经费和时间也是需要加以保障的，经费没有法定来源，评价周期过短等因素对规划环境影响评价质量有着重要的影响，只有时间和经费这两个基本条件满足的前提下，规划环境影响评价质量才有可能达到较高的水平。

7.2　规划环境影响评价发展方向

7.2.1　加强规划环境影响评价制度建设

(1) 完善配套法规、规章是落实规划环境影响评价发展的必然要求。我国有关规划环境影响评价的法规规章、政策及标准体系滞后于现有规划环境影响评价的实践进展，多有体系不完善、规定不具体之短，建议尽快完善和维护法律的一致性和有效性，如按照规划环境影响评价、项目环境影响评价、“三同时”管理、竣工环保验收一体化原则对环境保护基本法和环境影响评价法规进行修订。此外，能源、交通、资源开发、流域和生态类环境影响评价管理等方面规划环境影响评价的技术导则也亟须制定。

(2) 规划环境影响评价涉及的利益多元化，这就需要信息公开，需要公众主动参与，官员问责。可以从以下几个方面完善公众参与：建立环境信息公开制度，在现有基础上进一步扩大环境信息公开范围，接受社会监督，搭建公众与相关部门沟通的桥梁；实行环境教育改革，加强宣教，提高公众的法律意识，引导公众合法维权；建立公众参与的保障机制，发展更多的非政府环保社团，提高公众的代表性和有效性。

(3) 规划环境影响评价不仅要成为官员政绩的考评标准之一，还应渗透到国家财政等公共政策领域，以体现其在源头的控制功能。政府相关部门认识的改变，单靠宣传教育，对其科学发展观和正确政绩观的改变无异于杯水车薪，必须具有强有力的约束机制，这就亟待建立包括环保考核问责与规划环境影响评价立法在内的经济、行政和法制保障体系及运行机制，使地方官员转变思想，加强部门沟通和协调。

7.2.2　加强规划环境影响评价能力建设

加强规划环境影响评价的能力建设可以从以下几个方面着手。

第一，成立专门的研究机构和研究系统，如依托高校和科研单位，组建专门的规划环境影响评价研究中心，形成较为完善的规划环境影响评价研究体系，同时实行“产研分开”，规划环境影响评价研究机构专门从事规划环境影响评价的理论研究，环境影响评价单位开展规划环境影响评价的实践进展，将科研成果与实际操作挂钩，缩短新理论和新技术应用到实践的周期。成立规划环境影响评价网站，建立环境影响评价相关数据库，内容包括规划环境影响评价指南、不同行业和领域的做法和经验等，明确各有关部门在数据库建设中的主要职责和工作任务，推动形成环境信息共享机制和交流平台。

第二，经费和时间是限制规划环境影响评价开展的重要因素。目前大部分规划编制无专项经费支持，开展规划环境影响评价无资金保障。应将规划环境影响评价经费作为规划编制经费的一部分，纳入政府财政预算或者设立专项财政资金，用于支持规划部门开展环境影响评价的工作。同时，建议环境影响评价界实行“抱团发展”、互惠合作的发展方式，即环境影响评价单位每年将业务经费的一小部分上缴国家，国家将这部分经费分配给研究机构，用于规划环境影响评价的专业研究，研究机构和环境影响评价单位的信息互为公开化，双方合作，建立规划环境影响评价基础数据库和信息公开制度，以理论指导实践，以实践促进理论，研究成果双方共享。

第三，制定规划环境影响评价有效性评估考核体系，作为评估环境影响评价报告、考核环境影响评价机构、检验规划环境影响评价质量和效果的标准。探索通过试行规划环境影响评价资金托管制度，防止规划环境影响评价机构和业主单位存在利益关系，保证规划环境影响评价的客观性、独立性和公正性。现行的评价人员的数量和专业水平不能适应规划环境影响评价迅速发展的要求，加强规划环境影响评价的能力建设，还需组织开展规划环境影响评价管理人员和技术人员的培训工作。

环境保护部可以根据规划环境影响评价方面的经验，选择几个试点做未来五年经济发展的规划环境影响评价，同时建议公开规划环境影响评价报告，这不但有助于分享经验，还可以提升报告质量，高质量的报告能够影响决策，并且为决策方寻找到真正良好的替代方案。

7.2.3 加强规划环境影响评价学术研究

由于规划环境影响评价在我国开展时间较短，现有的规划环境影响评价的思想和工作模式不能完全满足《环评法》和实践应用的要求，需要探索新的、规划层次的环境影响评价理论方法体系与实证研究，可从以下几个方面着手。

第一，构建规划环境影响评价的体系框架，扩展规划环境影响评价范围。目前规划环境影响评价的研究体系主要用于规划环境影响评价，法律、政策、计划、规划等不同层次、不同要求和内涵的规划环境影响评价的链接和整体研究尚未成型，同层次的不同专项规划间的关系和研究体系仍需探索。

第二，建立规划环境影响评价基础数据库，即不同背景、不同层次、不同行业和领域规划环境影响评价的技术方法应有所异，对规划环境影响评价不同技术方法间进行比较和融合研究。明确将不同类型的政策、规划作为评价的对象，探讨规划环境影响评价与不同类型规划本身的理论与技术的衔接，研究其在实践应用中的时效性和可行性。在规划环境影响评价的应用研究上要持之以恒，对成功或者失败的经验及时总结和改进，以加强对案例的指导。

第三，目前的规划环境影响评价实践基本上都属于反映型评价，应加强对于因政策、计划、规划实施带来的区域空间结构、社会结构、景观格局等多方面变化产生的社会影响、累积影响、连带影响等的深入分析，还应深入开展规划环境影响评价的有效性研究和规划环境影响评价的背景(政治、体制、机制等方面)研究。

7.2.4 加强部门间的合作和信息公开

规划环境影响评价的制度建设应逐渐建立部门之间的协调联动机制。传统的规划环境影响评价涉及不同部门时，部门间的合作协调较少(图 7-1)，信息资源不共享，而且有些部门规避责任，从而降低了工作效率，建议加强部门间的协调合作，给政策制定提供数据和理论方法，理顺规划部门、环保部门、政府部门的关系和责任，对部门之间的分工职责加以明确，使相关部门能够建立起相互协调的机制和平台，促进决策的民主化(图 7-2)。尤其是在规划环境影响评价的监督方面，专家咨询委员会或者人大执法检查可以提升为独立机构，对政府规划环境影响评价负责。主要职能应包括：对所涉及部门进行监督，保证各部门职能有效性；通过咨询和信息反馈，协调部门间、部门与公众间的关系，促进沟通与互动合作；监督规划审批，将规划审批权与规划环境影响评价审查权分开，保证环境影响评价建议和结论在规划审批中得以充分考虑。

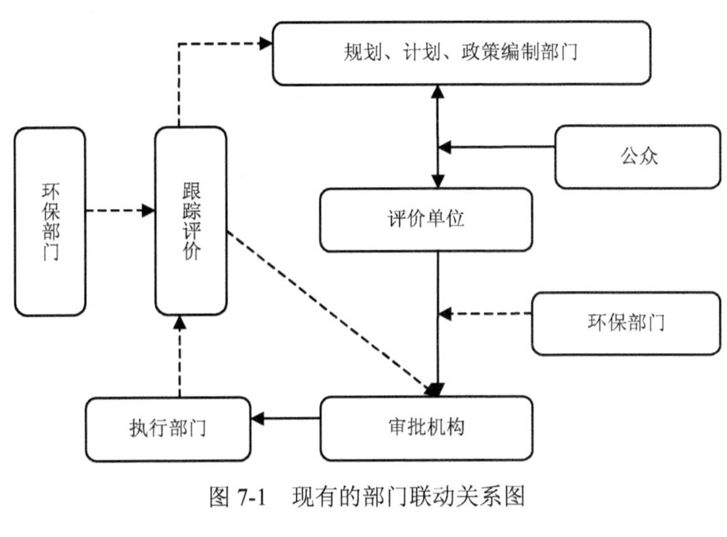

图 7-1　现有的部门联动关系图

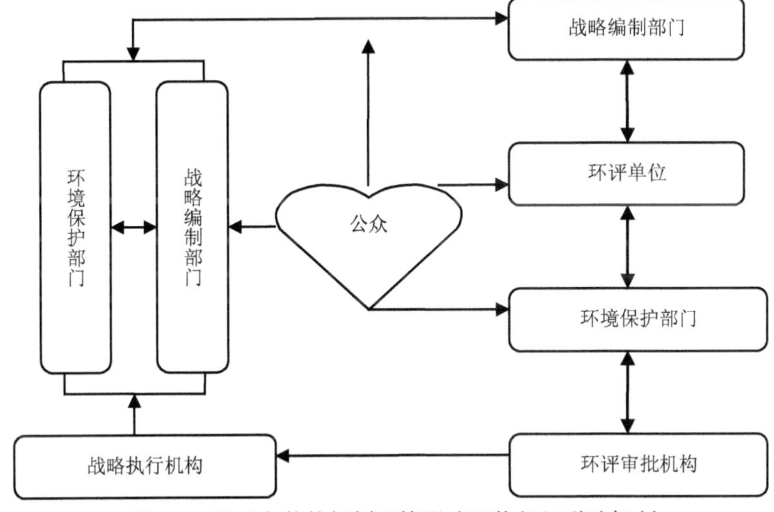

图 7-2　相对完善的规划环境影响评价部门联动机制

7.2.5　建立完善环境影响评价竞争机制

环境影响评价机构整体水平的低下是环境影响评价质量差强人意的一个重要原因。目前，我国环境影响评价机构的主要问题在于评价单位的竞争机制和责任机制尚未建立，这是环境影响评价人员技术水平和工作效率低下的直接原因。完善的竞争机制是提高规划环境影响评价质量，利于规划环境影响评价发展的“加速器”。首先，建立完善规划环境影响评价市场和行政的奖惩机制，制定环境影响评价质量标准考核体系，严格淘汰机制和“黑名单”制，使环境影响评价机构的业务能力高低、社会责任感的强弱、社会效益的优劣等与其切身利益密切相连，促使环境影响评价机构选择愿意担责。其次，培植若干规划环境影响评价品牌机构，使其能够以强大的市场实力和规范的管理制度，摆脱行政单位的地方保护和不当利益的诱惑，独立开展工作并承担社会责任。再次，适时引进国际先进的环境影响评价机构参与国内环境影响评价市场竞争，给国内的环境影响评价机构形成压力，同时能够进行经验交流和共享，带动环境影响评价单位主体的多元化，促使环境影响评价业的整体进步。最后，组建由规划师和环评工程师组成的新的规划环境影响评价咨询团队，从而开展更有针对性和高效性的规划环境影响评价工作，实现规划环境影响评价辅助规划制定的目标。

参考文献

白宏涛，王会芝，乔盛. 2010. 土地资源承载力在城市发展战略环境评价中的应用研究//中国环境科学学会.中国环境科学学会学术年会论文集. 北京：中国环境科学出版社, 1759–1762

白宏涛，徐鹤. 2010. 我国交通规划战略环境评价的若干问题探讨. 环境污染与防治, 32(2): 95–97

白宏涛，朱祉熹，徐鹤，等. 2010. 公路网规划战略环境评价研究——以湖北省骨架公路网规划为例. 长江流域资源与环境, 19(5): 578–581

包存宽，陆雍森. 2001. 在西部开发中应实施战略环境评价. 科技导报, (5): 61–63

蔡艳荣. 2004. 环境影响评价. 北京：高等教育出版社

车秀珍，尚金城. 2001. 城市化进程中战略环境评价的生态学理论基础. 云南环境科学, 20(3): 4–6

陈冲. 2004. 交通发展战略环境评价理论、方法及实证研究. 沈阳：东北师范大学硕士学位论文

陈冲，邵立国，徐凌，等. 2006. 基于系统动力学方法的城市交通规划环境影响预测实证研究. 全国规划环境影响评价技术与管理交流会

陈光建. 2006. 土地利用总体规划环境影响评价指标体系研究——以邛崃市土地利用总体规划为例. 北京：中国科学院博士学位论文

陈瑾，窦立宝，霍文冕，等. 2009. 甘肃地震灾后基础设施重建规划环评指标体系研究. 牡丹江师范学院学报(自然科学版), (4):30–33

陈鹏. 2005. 生态旅游战略环境评价的方法系统研究. 环境科学动态, (4): 40–42

陈庆伟，刘昌明，郝芳华. 2007. 水利规划环境影响评价指标体系研究. 水利水电技术, 38(4): 8–11

程波，常玉梅，陈凌. 2004. 农业规划环境影响评价指标体系研究. 环境保护, (4): 40–44

崔亚伟. 2008. 系统动力学在中国环境科学领域的应用研究进展. 环保科技, 14(3): 44–47

代欣召，肖荣波，刘云亚. 2010. 城乡规划与规划环评一体化实施机制思考. 规划师, 26(8): 82–85

戴聆春，张换水. 2006. 公路规划环境影响评价指标体系研究. 企业技术开发, 25(9): 40–42

董博. 2007. 规划环境影响评价方法学研究. 北京：北京化工大学硕士学位论文

董雯雯，程久苗，王翔. 2011. 我国土地利用规划环境影响评价研究综述. 中国集体经济, (4): 94–95

方秦华，张珞平. 2010. 基于水动力数值模型的港口规划累积影响评价. 环境污染与防治, 28(10): 764–767

符海月，李满春，毛亮，等. 2007. 基于生态足迹的土地利用规划生态成效定量分析——以河北省廊坊市为例. 自然资源学报, 22(2): 225–234

付璐. 2003. 论战略环境影响评价制度的若干主要内容. 中国环境管理, 5: 15–17

高永志，黄北新. 2003. 对建立跨区域河流污染经济补偿机制的探讨. 环境经济, 9: 45–47

关卉，王金生，杜加强，等. 2007. 基于系统动力学与环境承载力的战略环境评价方法研究. 第二届全国规划环境影响评价技术与管理交流会

郭宏亮，余忠和，陈建维，等. 2009. 区域性噪音地图——台中市噪音地图建置. 噪声与振动控制, 2(12): 15–18

郭怀成，王吉华，刘永. 2004. 基于不确定性多目标的规划环境影响评价研究. 环境科学学报, 24(5): 922–929

郭怀成，邹锐，徐云麟，等. 1998. 流域环境系统不确定性多目标规划方法及应用(I)：不确定性模糊多目标规划模型. 中国环境科学, 18(6): 510–514

郭显光. 1989. 多指标综合评价中权数的确定. 数量经济技术经济研究, 11(6): 49–52

国家环境保护总局环境工程评估中心. 2005. 环境影响评价案例分析. 北京：中国环境科学出版社

韩会娟，马蔚纯. 2008. 湖北省骨架公路网规划大气环境评价方法研究. 第二届战略环境影响评价国际论坛论文集: 131–136

韩涛. 2009. 循环经济理论在快速轨道交通规划环境评价中的应用研究. 西安：长安大学硕士学位论文

郝明家，韩庆利，曹艳红. 2004. 沈阳市浑南新区规划环境影响评价指标体系的建立. 环境保护科学, 30(122):

52–55
何凯. 2009. GIS 技术在规划环境影响评价应用中的个例研究. 兰州: 兰州大学硕士学位论文
胡安焱, 郭海晋. 2006. 汉江中下游河流生态需水量探讨. 中国水利, 23: 14–16
胡廷兰, 何孟常, 杨志峰. 2005. 城市生态支持系统瓶颈分析方法及应用研究. 生态学报, (7): 1493–1499
黄霞, 宋国强. 2005. 对生态环境质量评价技术方法的改进. 环境科学与技术, 28(6): 108–109
黄懿瑜, 马蔚纯. 2003. 城市综合交通规划环境评价中大气环境预测的数学模型. 上海环境科学, 22(5): 335–340
贾春明, 吴人坚. 1999. 土地利用的环境影响经济评价方法探讨. 江苏环境科技, 12(3): 16–18
江中秒. 2006. 土地生态适宜性分析与评价的实践应用研究. 北京: 北京林业大学硕士学位论文
蒋欣, 钱瑜, 张玉超, 等. 2005. 层次分析法在规划环评中的应用——以太仓市沿江地区规划为例. 环境保护科学, 31(4): 61–63, 70
靳乐山. l998. 北京大气中 SO_2 浓度削减 50%的健康效益——人力资本法实例研究. 中国环境科学, 18(3): 280–283
寇刘秀, 蒋大和, 包存宽. 2007. 交通规划环境影响评价指标体系研究. 河北科技大学学报, 28(1): 82–86
腊孟珂, 朱晓东. 2009. 情景分析在交通规划环境影响评价中的应用研究——以南通市支路系统规划环境影响评价为例. 环境保护科学, 35(3): 56–62
赖力, 黄贤金, 张晓玲. 2003. 土地利用规划的战略环境影响评价. 中国土地科学, 6: 52–55
雷声. 2009a. 生境破碎法在水电规划环境影响评价中的应用研究. 安徽农业科学, 37(16): 7599–7600, 7603
雷声. 2009b. 水电规划环境影响评价指标体系研究. 兰州: 兰州大学硕士学位论文
李爱年, 胡春冬. 2004. 中美战略环境影响评价制度的比较研究. 时代法学, 1: 23–25
李飞. 2008. 旅游区规划环境影响评价技术与方法研究. 资源与环境, 15: 119–121
李宏,吕春英. 2007. 城市规划的大气环境影响评价技术方法研究. 第二届全国规划环境影响评价技术与管理交流会
李俊. 2007. 北京市旅游环境承载力研究. 北京: 首都经济贸易大学硕士学位论文
李明光. 2003. 规划环境影响评价的工作程序与评价内容框架研究. 环境保护, (1): 32–36
李娜. 2009. 煤炭规划环境影响评价指标体系研究. 西安: 西安科技大学硕士学位论文
李珀松, 朱坦, 朱祉熹. 2009. 电力规划环境影响评价的评价重点与指标体系研究. 生态经济, 12(219): 86–88
李天威, 于连声, 刘伟生, 等. 1996. 环境影响评价有效性及其影响行为要素初探. 环境科学, 7: 11–17
李巍, 程红光, 毛渭峰. 2002. 西部大开发概要性战略环境评价大纲研究. 环境科学与技术, 25(3): 35–38
李巍, 侯锦湘, 刘雯. 2010. 资源型城市工业规划的环境基线空间评价方法——以鄂尔多斯是主导产业发展规划环境影响评价为例. 环境科学与技术, 33(6): 384–389
李巍, 刘艳菊, 陈嘉. 2009. 大气环境承载力分析在规划环境影响评价中的应用研究——以广州南沙地区发展规划环境影响评价为例. 安全与环境学报, 9(3): 78–83
李巍, 王尧. 2007. 循环经济分析在规划环境影响评价中的应用研究——以鄂尔多斯市主导产业与重点区域发展规划环境影响评价为例. 第二届全国规划环境影响评价技术与管理交流会
李巍, 谢卧龙, 王尧, 等. 2010. 循环经济分析在规划环境影响评价中的应用研究. 环境科学与技术, 33(1): 178–182
李霞, 黄冬梅. 2006. 旅游环境承载力在旅游规划环境影响评价中应用初探. 环境科学与管理, 31(3): 169–172
李湘梅. 2007. 面向可持续发展的战略环境评价方法研究——以《武汉城市总体规划纲要》为例. 武汉: 华中科技大学博士学位论文
李艳. 2006. 叠图法在规划环境影响评价中的应用. 2006 年全国规划环境影响评价技术与管理交流会
李燕, 龙炳清, 张礼清, 等. 2007. 规划环境影响评价中的循环经济评价研究. 环境保护科学, 33(6): 119–121
李云辉, 贺一梅, 杨子生. 2002. 云南金沙江流域水土流失直接经济损失测算方法与区域特征分析. 山地学报, 20: 36–42
李贞, 冷飞, 刘艳菊. 2006b. 城市土地利用规划环境影响评价指标与方法研究. 环境保护, (4): 70–74
李贞, 杨岚, 马根慧, 等. 2006a. 山西省农业"十一五"规划环境影响评价的指标与方法. 环境保护, 12(A): 31–33
李智, 鞠美庭, 史聆聆, 等. 2004. 交通规划环境影响评价的指标体系探讨. 交通环保, 25(6): 16–19, 26
梁波, 陆雍森, 杨瑾, 等. 2004. 城市交通规划环境影响评价的特点和案例研究. 交通环保, 25(1): 10–14

梁勇, 成升魁. 2004. 生态足迹方法及其在城市交通环境影响评价中的应用. 武汉理工大学学报(交通科学与工程版), 28(6): 821–824
林而达. 2007. 将适应气候变化纳入我国的战略环评. 绿叶, (12): 33–35
林逢春, 陆雍森. 1998. 中国环境影响评价体系评估研究. 环境科学研究, 12, (2): 8–11
刘光栋. 2004. 人力资本法评估农业污染地下水环境价值损失. 中国环境科学, 24(3): 372–375
刘红光, 刘卫东, 唐志鹏. 2010. 中国产业能源消费碳排放结构及其减排敏感性分析. 地理科学进展, 29(6): 670–676
刘进. 2009. 城市总体规划环境影响评价指标体系建立. 合肥: 合肥工业大学硕士学位论文
刘涛. 2006. 规划环境影响评价的工效学研究. 广西工学院学报, 17(1): 13–17
刘亚萍. 2004. 运用 CVM 对生态保护经济价值的评价——在武陵源国家自然保护区中的应用分析. 绿色中国, 22: 34–37
刘岩, 张珞平. 2001. 以海岸带可持续发展为目标的战略环境评价. 中国环境科学, 21(1): 45–48
刘勇, 井文勇. 1997. 地理信息系统技术及其在环境科学中的应用. 环境科学, 18(2): 62–66
鲁敏, 李英杰. 2005. 生态城市理论框架及特征标准. 山东省青年管理干部学院学报, (1): 117–120
吕昌河, 贾克敬, 冉圣宏, 等. 2007. 土地利用规划环境影响评价指标与案例. 地理研究, 26(2): 249–257
吕建华, 朱坦, 白宏涛, 等. 2011. 天津滨海新区土地利用及景观格局变化分析. 环境污染与防治, 33(2): 94–98
吕睿, 林建国, 徐洪磊. 2006. 港口规划环境影响评价指标体系的研究. 海洋环境科学, 25(2): 92–95
罗志军, 芦贱生. 2007. 土地利用规划环境影响评价指标体系研究——以武汉市黄陂区为例. 安徽农业科学, 35(30): 9657–9659
马风才, 黄学庭. 2002. 无替代市场情况下大气环境影响经济评价. 钢铁, 37(5): 71–74
马兰, 和树桩, 李跃逊. 2007. 对比分析法在规划环评中的应用——以旅游开发项目为例//中国环境科学学会. 第二届全国规划环境影响评价技术与管理交流会论文汇编. 北京: 中国环境科学出版社
马铭锋, 陈帆, 吴春旭, 等. 2008. 规划环境影响评价技术方法的研究进展及对策探讨. 生态经济, (9): 31–36
马蔚纯, 林健枝. 2002. 高密度城市道路交通噪声的典型分布及其在战略环境评价中的应用. 环境科学学报, 22(4): 514–518
马文林, 焦思明. 2007. 城市规划环境影响评价理论和方法. 北京: 第二届全国规划环境影响评价技术与管理交流会
马中. 1999. 环境与资源经济学概论. 北京: 高等教育出版社: 97–123
毛文锋, 张淑娟. 2004.可持续发展与战略环境评价. 上海环境科学, 23(3): 57–60
苗立永. 2008. 煤矿区总体开发规划环境影响评价指标体系的探讨. 安全与环境工程, 15(1): 7–9
牟瑞芳. 2007. 铁路交通规划环境影响评价指标体系的建立. 交通运输工程与信息学报, 5(4): 6–9
牟忠霞. 2003. 流域规划环境影响评价方法研究. 四川: 西南交通大学硕士学位论文
欧阳振宇, 耿春香, 赵朝成. 2008. 化工、石化行业规划环境影响评价指标体系建立的研究. 油气田环境保护, 18(1): 40–42
潘岳. 2005. 战略环评与可持续发展. 环境经济, 5(9): 11–15
彭王敏子. 2009. 规划环境影响评价中环境风险评价方法的探究与实践. 厦门: 厦门大学硕士学位论文
彭应登, 王华东. 1995. 战略环境影响评价与项目环境影响评价. 中国环境科学, 15(6): 452–455
彭应登. 1999. 区域开发环境影响评价. 北京: 中国环境科学出版社
钱洪伟. 2010. 应急避难场所规划环境影响评价体系初探. 防灾科技学院学报, 12(3): 1–5
乔致奇. 1994. 环境影响评价在我国的应用. 见: 全浩, 欧阳讷, 程子峰. 1994. 环境管理与技术. 北京: 中国环境科学出版社
秦建春, 李文水. 2007. 关于规划环境影响评价的思考. 环境科学与管理, 32(5): 71–73
曲艳敏, 白宏涛, 徐鹤. 2010. 基于情景分析的湖北交通碳排放预测研究. 环境污染与防治, 32(10): 102–105
冉圣宏, 吕昌河, 贾克敬, 等. 2006. 基于生态服务价值的全国土地利用变化环境影响评价. 环境科学, 27(10): 2139–2144
任彩银. 2004. 环境影响评价系统的开发与应用——以兴隆环境影响评价为例. 哈尔滨: 东北林业大学硕士学位论

文
任丽军, 袁学良. 2005. 山东省电力发展SEA指标体系的建立. 东北师大学报(自然科学版), 37(2): 132–136
尚金城, 包存宽. 2002. 战略环境评价导论. 北京: 科学出版社
邵立国. 2006. SD-GIS集成模型在城市交通规划环境影响评价的应用研究. 长春: 东北师范大学硕士学位论文
石涓. 2007. 轨道交通规划环境影响评价声环境影响评价方法与指标. 山西建筑, 33(8): 351–352
时进钢, 王亚男, 祝晓燕, 等. 2010. 基于资源环境承载力的规划结构优化方法探讨. 环境科学与技术, 33(9): 187–191
史其信, 李瑞敏. 2002. 交通运输战略环境评价应用的探讨. 广西交通科技, (3): 37–40
宋永昌, 戚仁海, 尤文辉, 等. 1999. 生态城市的指标体系与评价方法. 城市环境与城市生态, 12(5): 16–19
孙贵安. 2003. 公路规划环境影响评价方法学初探. 公路, 12(12): 84–87
孙荪, 庄怡琳, 陈帆, 等. 2007. 化学工业园区规划环评指标体系初探. 四川环境, 26(5): 65–69
汤晓雷. 2006. 基于RS的土地利用规划环境影响评价方法研究. 武汉: 华中科技大学硕士学位论文
唐弢, 徐鹤, 吴婧, 等. 2006. 武汉市"十一五"总体规划纲要战略环境评价研究. 环境保护, 23(12): 27–30
唐晓辉. 2007. 三维潮流数值模拟在规划环境影响评价中的应用. 青岛: 中国海洋大学硕士论文
天津地质调查院. 2006. 天津市滨海新区水资源保证程度论证报告. 天津: 天津地质调查院: 1–10
田丽丽, 徐鹤, 朱坦, 等. 2007. 城市国民经济和社会发展规划战略环境评价研究. 生态经济, (7): 33–36
王超. 2010. 土地利用总体规划环境影响评价研究. 北京: 北京师范大学硕士学位论文
王定武. 1999. 关于中国钢产量"饱和点". 中国冶金, (4): 10–15
王广洪, 黄贤金. 2008. 江苏省1997~2010年土地利用总体规划实施环境影响评价研究. 中国人口·资源与环境, 18(2): 176–180
王浩. 2009. 灾后基础设施重建规划环境影响评价环境影响识别及指标体系研究——以"汉川地震甘肃灾后重建基础设施专项规划环境影响评价"为例. 兰州: 西北师范大学硕士论文
王会芝, 徐鹤. 2010. 基于制度背景下的中国战略环境评价体系建设, 环境科学与管理, 35 (10): 169–173
王会芝, 徐鹤, 吕建华, 等. 2010. 中国战略环境评价实施现状及有效性研究——基于统计分析的调查研究. 环境污染与防治, 32(9): 103–106
王敏, 董金玮, 郑新奇. 2008. 土地规划环境影响评价指标体系的构建. 水土保持研究, 15(1): 142–147
王其藩. 1988. 系统动力学. 北京: 清华大学出版社: 1–23
王西琴, 刘昌明, 杨志峰. 2002. 生态及环境需水量研究进展与前瞻. 水科学进展, 13(4): 507–514
王宪恩, 张海华. 2006. 模糊模式识别理论在规划环境影响评价中的应用. 吉林大学学报, 1: 56–59
王兴太, 李芳. 2010. 灰色关联度分析在水电规划环境影响评价中的应用研究. 西北水电, (1): 1–4
王玉梅, 尚金城. 2007. 汽车工业规划环境影响评价指标体系研究. 环境科学与管理, 32(8): 173–175
王志霞. 2007. 区域规划环境风险评价理论、方法与实践. 上海: 同济大学博士学位论文
吴飚. 2004. 规划环境影响评价的评价指标体系. 重庆: 重庆大学硕士学位论文
吴静. 2007. 累积环境影响评价在战略环评中的应用. 城市环境与城市生态, 20(4): 44–46
吴鸣颖, 楼台芳. 1999. 环境影响经济评价及其价值评估法在电厂建设中的应用研究. 环境与开发, 14(1): 19–20, 42
吴清烈, 徐南荣. 1996. 基于目标满意度多目标决策的改进交互式方法. 管理工程学报, 10 (4): 217–222
肖黎姗, 石晓枫. 2008. 环境库兹涅茨曲线在规划环境影响评价中应用的探讨. 环境科学与技术, 31(5): 122–124
熊鸿斌, 刘进, 项芳, 等. 2010. 城市总体规划环评指标体系的建立及其应用. 四川环境, 29(5): 30–35
胥清波. 2009. 环境承载力分析在规划环境影响评价中的应用研究. 武汉: 华中农业大学硕士学位论文
徐从燕, 赵善伦. 2004. 2002年山东省大气污染造成的经济损失估算. 上海师范大学学报(自然科学版), 33(1): 102–106
徐鹤, 白宏涛. 2007. 构建生态型新区的土地适宜性综合评价方法. 中国发展, 7(4): 116–119
徐鹤, 白宏涛. 2008. 地理信息系统在战略环境评价中的应用及前景分析//中国环境科学学会. 中国环境科学学会学术年会优秀论文集. 北京: 中国环境科学出版社: 2157–2163
徐鹤, 丁洁, 冯晓飞. 2010. 基于ADMS-Urban的城市区域大气环境容量测算与规划. 南开大学学报, 43(4): 67–73

徐鹤，冯晓飞，白宏涛.2009. 省域路网规划噪声环境影响评价方法研究. 噪声与振动控制, 29(5): 165–169
徐鹤，李天威. 2008. 战略环境评价理论与实践——迈向系统化. 北京：科学出版社
徐鹤，林建枝，陈永勤，等. 2010. 战略环境评价的理论与实践. 北京：科学出版社
徐凌，尚金城. 2006. 大连国际航运中心建设规划环境影响评价的系统动力学研究. 地理科学, 26(3): 351–357
许野. 2006. 城市交通规划环境影响评价的替代方案研究. 吉林：东北师范大学硕士学位论文
薛联芳，邱进生，戴向荣. 2007. 流域水电开发规划环境影响评价指标体系的初步探讨. 水电站设计, 23(3): 12–14
薛若晗. 2007. 战略环境评价研究进展和方法探讨. 环境科学导刊, 26(4): 69–72
严登华，何岩，邓伟，等. 2001. 东辽河流域河流系统生态需水研究. 水土保持学报, 15(10): 46–49
杨芳. 2007. 工业区规划环境影响评价指标体系的构建研究. 海峡科学, (6): 28–35
杨洁泉，贾宝全. 1996. 库尔勒—鄯善段输油管道建设工程生态损失的经济估算. 干旱区研究, 13(3): 41–45
杨凯，张勇，叶茂. 1998. 环境影响评价有效性及其建设途径探讨. 上海环境科学, 18(8): 346–347, 351
姚静，杨辉，张玲. 2008. 矿产资源规划环境影响评价指标体系及方法的探讨. 环境科学与管理, 33(4): 176–179
宜慧，詹存卫，陈帆，等. 2009. 我国城市轨道交通规划环境影响评价指标体系初探. 城市环境与城市生态, 22(5): 14–17
尹航，李小敏. 2008. 风险评价在规划环境影响评价中的应用. 环境科学研究, 21(3): 190–194
于连声，王晓华，房春生，等. 1997. 环境价值核算对环境影响评价有效性的影响. 环境科学, 18 (2): 70–73
袁英贤. 2007. GIS 技术在环境影响评价中的应用. 环境科学与管理, 32(4): 169–173
曾贤刚. 2003. 环境影响经济评价. 北京：化学工业出版社: 69–154
曾贤刚，王新，倪宏宏，等. 2010. 规划环评条例促“区域限批”走向成熟. 环境保护, (4): 39–41
曾勇，沈根祥，黄沈发，等. 2005. 上海城市生态系统健康评价. 长江流域资源与环境, 14(2): 208–213
张海华. 2006. 规划环境影响评价方法研究. 长春：吉林大学硕士学位论文
张江山，许丽忠. 2000. 环境影响经济评价方法与应用——提高福州市空气质量健康效益评估. 福建师范大学学报(自然科学版), 16(4): 104–107
张利鸣，李树兵. 2006. 环境风险分析在港口规划环境影响评价中的应用. 中国航海, 67(2): 91–95
张林波，熊严军，王维，等. 2008. 基于 GIS 的城市最小生态用地空间分析模型研究——以深圳市为例. 自然资源学报, 23(1): 69–78
张美华. 2004. 土地利用规划环境影响评价指标体系研究. 武汉：武汉大学硕士毕业论文
张明燕. 2006. 矿产资源规划环境影响评价方法与政策研究. 北京：中国地质大学博士学位论文
张小梅. 2008. 县域土地利用总体规划环境影响评价指标体系研究——以罗甸县为例. 贵阳：贵州师范大学硕士学位论文
张园园. 2008. 滨海城市规划环境影响评价指标体系研究. 科技创新导报, (16): 89
章路燕. 2009. 城市轨道交通线网规划环境影响评价指标体系应用研究. 西安：长安大学硕士学位论文
赵珂，吴克宁，朱嘉伟，等. 2007. 土地生态适宜性评价在土地利用规划环境影响评价中的应用——以安阳市为例. 农业资源与环境科学, 23(6): 586–589
赵蕾. 2009. 系统动力学在规划环境影响评价中的应用研究. 西安：西安科技大学硕士学位论文
赵宁宁. 2009. 基于人工神经网络的高速公路网规划环境影响评价. 湖南：湖南大学硕士学位论文
赵时英. 2003. 遥感应用分析原理与方法. 北京：科学出版社
赵新泽. 2009. 巢湖风景名胜区总体规划环境影响评价指标体系初探. 安徽农学通报, 15(13): 207–209
郑少露,吴仁海,阮文刚. 2010. 基于低碳循环经济的规划环境影响评价指标体系的探讨. 环境科学与技术, 33(6): 199–204
周炳中. 2007. 脆弱度变化模型在规划环境影响评价中的应用. 同济大学学报, 35(5): 695–700
周德群，张玉华. 1995. 经济效益综合评价中指标标准化处理方法. 统计与预测, 14(6): 18–20
周国强. 2003. 环境影响评价. 武汉：武汉理工大学出版社
周嘉. 2004. 模糊综合评判法在生态旅游战略环境评价中的应用. 东北林业大学学报, 32(2): 52–54
周永红，钟飞，赵言文. 2010. 生态服务价值法在土地利用总体规划环评中的应用. 江苏农业科学, 1: 348–351
朱俊，张利鸣，浦静姣，等. 2006. 基于 GIS 的营口港总体规划生态环境影响分析. 环境科学研究, 19(5): 142–148

朱蓉, 徐大海. 2009. 第二代大气污染物排放源强反演模式 SSIM2 及其在城市规划大气环境影响评价中的应用. 气象科技, 37(6): 641–647

朱坦, 白宏涛. 2010. 天津滨海新区低碳发展的现状和对策研究//天津市社会科学界联合会. 天津社会科学年鉴. 天津: 天津人民出版社

朱坦, 徐鹤, 林琳, 等. 2003. 战略环境影响评价(SEA)在中国开展的管理程序和技术路线探讨//国家环境保护总局监督管理司和国家环境保护总局环境工程评估中心. 2003. 规划环境影响评价技术文集. 北京: 规划环境影响评价技术论坛

朱坦, 徐鹤, 吴婧. 2005. 战略环境评价. 天津: 南开大学出版社

朱祉熹, 白宏涛, 李泊松, 等. 2010a. 基于不确定性的公路网规划环境影响预测研究. 南开大学学报, 43(1): 93–101

朱祉熹, 李泊松, 白宏涛, 等. 2010b. 基于情景分析的城市规划资源环境问题研究——以天津滨海新区为例. 未来与发展, 4: 39–45

庄怡琳, 杨海真, 包存宽, 等. 2009. 化工石化集中区规划环境影响评价指标体系研究. 四川环境, 28(5): 99–103

庄优波, 杨锐. 2007. 风景名胜区总体规划环境影响评价的程序和指标体系. 中国园林, 1: 49–52

邹家祥, 袁丹红, 傅慧源. 2007. 江河流域规划环境影响评价指标体系的探讨. 水电站设计, 23(3): 15–20

Bai H T, Qiao S, Xu H, et al. 2011. Some institutional barriers in the application of Transport Strategic Environmental Assessment in China. The International Conference on Remote Sensing, Environment and Transportation Engineering

Bai H T, Wang H Z, Xu H. 2010. Quantitative evaluation of air pollution in transport SEA: a case study based on uncertainty analysis and GIS technology. Journal of Zhejiang University, 11(5): 370–381

Bai H T, Xu H. 2008. Application and prospect of geographical information system in strategic environmental assessment. Advances in Natural Science, 1(1): 57–65

Baker D C, McLelland J N. 2003. Evaluating the effectiveness of British Columbia's environmental assessment process for first nations' participation in mining development. Environmental Impact Assessment Review, 23: 581–603

Bina O, Xu H, Partidario M, et al. 2011. SEA in China, Special issue. Environmental Impact Assessment Review, 9: 5–6

Ehrlich P R, Ehrlich A H. 1981. Extinction: the Causes and Consequences of the Disappearance of Species. NewYork: Randon House

Ehrlich P. 1983. Extinction, substitution, and ecosystem services. Bio-science, (33): 248–254

Fischer T B, Xu H. 2009. Differences in perceptions of effective SEA in the UK and China. Journal of Environmental Assessment Policy and Management, 11(4): 155–183

Fischer T B. 1999. The consideration of sustainability aspects within transport infrastructure related policies, plans and programmes. Journal of Environmental Planning and Management, 42(2): 189–219

Fischer T B. 2002. Strategic environmental assessment performance criteria-the same requirements for every assessment. Journal of Environmental Assessment Policy and Management, 4 (1):83–99

Goodchild M F, Parks B O, Steyaert L T. 1993. Environmental modeling with GIS. New York: Oxford University

Harridge M S, Quinton S. 2005. The initiation of trust and the management of risk in on-line retailing: UK on-line wine market. International Journal of Wine Marketing, 17(2): 5–20

Holdren J P. 1974. Human population and the global environment. American Scientist, (62): 282–292

IAIA. 2002. Strategic Environmental Assessment Performance Criteria, IAIA Special Publication Series.

Lawrence D P. 1997. Need for EIA theory-building. Environmental Impact Assessment Review, 17(2): 10–15

Leu W S, Williams W P, Bark A W, et al. 1996. Development of an environmental impact assessment evaluation model and its application: Taiwan case study. Environmental Impact Assessment Review, 16(2): 115–133

Marsden T K. 1998. Creating competitive space: exploring the social and political maintenance of retail power. Environmental Planning, 30: 481–498

Noble B F. 2009. Promise and dismay: the state of strategic environmental assessment systems and practices in Canada. Environmental Impact Assessment Review, (29): 66–75

Potschin M B, Haines-Young R H. 2003. Improving the quality of environmental assessments using the concept of natural capital: a case study from southern Germany. Landscape and Urban Planning, 63 (2) : 93–108

Qiao R P, Li N, Bai H T, et al. 2005. Degradation of Microcystins by UV/H_2O_2 Photocatalytic Oxidation. Proceedings of Environmental Science and Technology

Sadler B. 1996. Environmental Assessment in a Changing World: Evaluating Practice to Improve Performance. International Study of the Effectiveness of Environmental Assessment. Ottawa: Minister of Supply and Services Canada.

Tang T, Zhu T, Xu H. 2007. Integrating environment into land-use planning through strategic environmental assessment in China: Towards legal frameworks and operational procedures. EIA Review, 27 (3) : 243–265

Thame R E. 2003. A global perspective on environmental flow assessment: emerging trends in the development and application of environmental flow methodologies. River Research and Applications, 19 (5–6) : 397–441

Therivel R, Christian G, Craig C, et al. 2009. Sustainability focused impact assessment: English experiences. Impact Assessment Project Appraisal, (27) : 155–168

Therivel R, Minas P. 2002. Measuring SEA effectiveness. Ensuring effective sustainability appraisal. Impact Asses Proj Apprais, (2) : 81–91

Therivel R, Ross B. 2007. Cumulative effects assessment: Does scale matter? Environmental Impact Assessment Review, 27 (5) : 365–385

Therivel R, Wilson E, Thompson S, et al. 1992. Strategic Environmental Assessment. London: Earthscan Publication Ltd

Therivel R. 2006. Appropriate assessment of plans in England. Environmental Impact Assessment Review, (29) : 261–272

Thissen W. 2000. Criteria for evaluation of SEA//Partidario M P, Clark R. 2000. Perspectives on Strategic Environmental Assessment. London: Lewis Publishers: 113–130

Wang H Z, Xu H. 2009. Review of waste tire reuse & recycling in China—current situation, problems and countermeasures. Advances in Natural Science, 2 (1) : 31–39

Wu J, Xu H. 2007. SEA on the 11th five-year plan for national economic and social development of Wuhan City in China. Management of Environmental Quality: An International Journal, 18 (3) : 340–352

Zhu Z X, Bai H T, Xu H, et al. 2011. An inquiry into the potential of scenario analysis for dealing with uncertainty in strategic environmental assessment in China. Environmental Impact Assessment Review, 31 (6) : 538–548

Zhu Z X, Wang H Z, Xu H, et al. 2010. An alternative approach to institutional analysis in strategic environmental assessment in China. Journal of Environmental Assessment Policy and Management, 12 (2) : 155–183